スロッシング
sloshing

液面揺動とタンクの振動

小松敬治 著
Keiji Komatsu

森北出版株式会社

● 本書のサポート情報を当社 Web サイトに掲載する場合があります．
下記の URL にアクセスし，サポートの案内をご覧ください．

http://www.morikita.co.jp/support/

● 本書の内容に関するご質問は，森北出版 出版部「(書名を明記)」係宛
に書面にて，もしくは下記の e-mail アドレスまでお願いします．なお，
電話でのご質問には応じかねますので，あらかじめご了承ください．

editor@morikita.co.jp

● 本書により得られた情報の使用から生じるいかなる損害についても，
当社および本書の著者は責任を負わないものとします．

───────────────────────────────

■ 本書に記載している製品名，商標および登録商標は，各権利者に帰属
します．

■ 本書を無断で複写複製（電子化を含む）することは，著作権法上での
例外を除き，禁じられています．複写される場合は，そのつど事前に
(社)出版者著作権管理機構（電話 03-3513-6969，FAX 03-3513-6979，
e-mail：info@jcopy.or.jp）の許諾を得てください．また本書を代行業者
等の第三者に依頼してスキャンやデジタル化することは，たとえ個人や
家庭内での利用であっても一切認められておりません．

まえがき

　本書は，液体スロッシング，および液体とタンク（弾性体）との連成振動に関して，基礎的な事柄を中心にまとめたものである．

　スロッシングは自由表面をもつ液体の振動のことで，地震動を受けるタンク（貯槽），船舶，ロケットや衛星において問題となってきた．宇宙分野では大きな質量をもつ液体がタンクの中を移動することにより，重心が変動し，ロケット・衛星の軌道・姿勢に影響を及ぼすことになる．ロケットや衛星は一度打ち上げてしまえば修理，調整はできないので，設計段階から十分に検討され，試験検証することでミッションの成功に結び付けてきた．

　一方で，地上のタンクなどでは地震による加振により，タンク内の液体が強制振動を受け，とくに地震波の振動数成分の中で液体スロッシングの固有振動数付近が卓越している場合，共振して石油などの液体がタンクからあふれる，あるいは固定屋根を破壊する，浮き屋根の上にあふれ出るなどの事故となる．

　船舶においては，液体を輸送するので，スロッシングは，もちろん設計・運用上で考慮に入れておかねばならない．とくに，低温液体を輸送する LNG 船においては液体量が多いので注意が必要である．

　船舶や石油タンクでは，液体の存在は，液体振動による構造破壊と結び付いて，構造−液体の連成振動にも注目されてきた．この場合，今日では有限要素法で解析が可能となっているが，設計検討においては，液体を付加質量に置き換えて計算することも行われてきた．

　本書は，スロッシングについて基礎から詳しく説明を行った．さらに，液体振動に関連して，タンクや板構造の接水振動についても説明した．スロッシングについては，モノグラフは数点出版されているが，なぜそのような結果となるかの丁寧な説明は省かれている．原著論文にさかのぼってもなかなか理解できない部分は多い．本書では，数式をできるだけ省略することなく，詳しく説明を行った．非線形振動と減衰は詳しく説明しすぎた感もあるが，基本的なことはこれまでのどの書物よりも詳しいはずである．このような教科書は本邦では無論のこと，世界的にもはじめてであり，どの項目を取り上げ，どの項目を外すかはいろいろ迷ったが，結局このような内容の本となった．

　第 1 章は，スロッシングのことを手っ取り早く理解したい人のために，概要をハン

ドブック的にまとめた．詳しい理論は後章に回し，結論だけを述べ，どのような問題に対処できるかを，例題を用いて実用的な説明を行っている．

第2章では，スロッシング理論を流体力学の基礎から説き起こした．章末には汎用性のある数値計算法も紹介した．

第3章は減衰に関する事項で，これもストークス方程式の導き方から説明した．ただし，減衰の理論が使えるのは微小振幅の範囲であり，ある程度振幅が大きくなると試験に頼らざるを得なくなるので，3.2.5項以降を読むだけでも実用上差し支えない．

第4章は，液体の有効慣性モーメントの説明である．タンクが回転振動（ねじり振動を含む）するとき，内部液体すべてを剛体と考えると，慣性モーメントを実際より大きく評価することになる．内部液体の一部だけがタンクと一緒に回転するとして，この液体による慣性モーメントを有効慣性モーメントと定義する．この有効慣性モーメントについて，非粘性液体と粘性液体とに分けて説明する．

第5章は，第2章とともに本書の中心をなす内容で，スロッシング現象を力学的に等価な質点モデルに変換する方法を説明している．第3章の減衰，第4章の有効慣性モーメントも取り入れた数学モデルが作られ，実際の地震応答や宇宙機での姿勢制御モデルに取り入れられることを示す．耐震工学で使われてきたハウスナーのモデルについても言及する．

第6章は，スロッシングが大振幅になったときの応答の特性を説明する．水位により，共振曲線がソフトニング，ハードニングの特性を示すとともに，共振点では，横スロッシングとスワールとで現象が交錯することがあることを説明する．

第7章，第8章はいわゆる流力弾性学で，ここではタンク壁が弾性変形するとしたときの液体の付加質量効果を説明する．円筒タンクと球形タンクについてはシェル理論を用いた理論を展開し，一般的なタンクに関しては液体－構造の連成振動解析法も紹介した．

第9章では，特殊な世界であるが，低重力場・無重力場での液体振動を紹介した．とくに低重力ではなくても，扱っている液体の寸法が小さければ，地上でも表面張力が優位となり，この章で説明したようなことが起こる．

筆者の専門は航空宇宙における振動工学であり，これまでにスロッシングを含む液体動力学に関して，技術試験衛星5型でのスピンアップ問題，技術試験衛星6型での制御との連成振動問題，H-2ロケットの無重力再着火問題などの現場的問題に携わってきた．一方で，耐震工学にも無縁というわけではない．若いころに液体振動関係の論文を発表して関心をもっていただいたのは耐震工学の分野の人々であった．英国のSouthampton大学への留学では，土木工学科 (civil engineering) に籍を置いていた．耐震工学でスロッシングがどのように扱われているかも端々に記述してみた．

出版にあたって，研究室の新谷美代子さんには文章・数式入力において協力いただいた．また，森北出版の富井晃氏には原稿の校正と体裁の統一など大変尽力いただいた．心から感謝したい．

　最後に，スロッシング関係の研究で指導を賜り，また共同研究において戦友とよんでくださった H. F. Bauer 先生 (1926–2013, NASA–Georgia Institute of Technology–Universität der Bundeswehr in München) に本書を捧げる．

Dedicated to Professor Helmut F. Bauer

2015 年 3 月

小松敬治

目　次

第1章　スロッシングの概要　　1

1.1　スロッシングとは　……………………………………………　1
1.2　スロッシングの基礎　…………………………………………　2
　　1.2.1　固有振動数　3
　　1.2.2　スロッシングによる力とモーメント　5
　　1.2.3　減衰とバッフル　8
　　1.2.4　スロッシングのメカニカルモデル　9
　　1.2.5　メカニカルモデルと実際の応答関係　12
　　1.2.6　スワール　14
1.3　非線形スロッシング　…………………………………………　15
　　1.3.1　横加振を受ける場合　15
　　1.3.2　縦加振を受ける場合　16
1.4　低重力におけるスロッシング　………………………………　16
1.5　接水振動　………………………………………………………　18
1.6　液体の運動の数値計算法　……………………………………　18

第2章　スロッシングの固有振動特性　　19

2.1　1自由度振動系　………………………………………………　19
　　2.1.1　自由振動　20
　　2.1.2　力加振による強制振動　21
　　2.1.3　土台加振による強制振動　23
　　2.1.4　スロッシングの試験　24
　　2.1.5　散逸エネルギー　26
2.2　完全流体の基礎方程式　………………………………………　27
　　2.2.1　変数と基礎方程式の数　27
　　2.2.2　質量保存の法則　28
　　2.2.3　運動量保存の法則　29

         2.2.4　エネルギー保存則　30
　2.3　渦なし運動と圧力方程式 ･････････････････････････････････････ 30
         2.3.1　流体粒子の運動　31
         2.3.2　渦なし運動　31
　2.4　スロッシングの基礎方程式 ･････････････････････････････････ 35
　2.5　円筒タンクにおけるスロッシング ･････････････････････････ 36
         2.5.1　円筒タンクでの基礎方程式と境界条件　36
         2.5.2　円柱座標系での解　37
         2.5.3　横スロッシングによる動圧　42
　2.6　部分円筒タンクにおけるスロッシング ･･･････････････････ 44
　2.7　長方形タンクにおけるスロッシング ･･････････････････････ 46
　2.8　球形タンクにおけるスロッシング ････････････････････････ 49
　2.9　境界要素法による数値計算 ･････････････････････････････････ 51
         2.9.1　スロッシングの各種数値計算法　51
         2.9.2　境界要素法（間接法）　52
         2.9.3　液体の質量行列と剛性行列　55
         2.9.4　軸対称問題への定式化　59
         2.9.5　数値計算例　69
　2.10　タンクに発生する応力 ････････････････････････････････････ 70

第3章　スロッシングの減衰と抑制　　　　　　　　　　　72

　3.1　粘性流体の理論 ･･･ 72
         3.1.1　粘　性　72
         3.1.2　ナビエ－ストークスの方程式　73
         3.1.3　相似法則　76
　3.2　内部減衰 ･･ 77
         3.2.1　振動平板　77
         3.2.2　球形タンクでの減衰　81
         3.2.3　散逸関数　82
         3.2.4　円筒タンクでの減衰　86
         3.2.5　ベアタンクの実験式　93
　3.3　デバイスによる減衰 ･･･････････････････････････････････････ 94
         3.3.1　円筒タンクでのリングバッフル　94
         3.3.2　長方形タンクでのバッフル　100

3.3.3　可撓性バッフル　102
3.4　CFDによる減衰比の計算　…………………………………　104
3.4.1　ベアタンクの場合　104
3.4.2　バッフル付タンクの場合　105

第4章　液体の有効慣性モーメント　106

4.1　非粘性液体の慣性モーメント　…………………………………　106
4.1.1　楕円タンクの場合　108
4.1.2　楕円筒タンクの場合　109
4.1.3　円筒タンクの場合　110
4.1.4　長方形タンクの場合　115
4.2　粘性液体の慣性モーメント　……………………………………　118

第5章　スロッシングのメカニカルモデル　127

5.1　メカニカルモデルの運動方程式　………………………………　127
5.2　円筒タンクでのメカニカルモデル　……………………………　130
5.2.1　横加振を受ける円筒タンクの応答　130
5.2.2　円筒タンクでのメカニカルモデル　136
5.2.3　回転加振の応答　142
5.3　長方形タンクでの振動応答　……………………………………　143
5.4　ほかのタンク形状でのメカニカルモデルの作り方　…………　148
5.4.1　数値解からの作り方　148
5.4.2　長方形タンクでのメカニカルモデル　151
5.4.3　球形タンク，楕円タンクでのメカニカルモデル　152
5.4.4　円錐タンクでのメカニカルモデル　154
5.5　メカニカルモデルでの変位と横力　……………………………　154
5.5.1　小さなタンクでの砕波条件　154
5.5.2　波高と横力の関係　156

第6章　非線形スロッシング　157

6.1　非線形振動方程式　………………………………………………　157
6.1.1　ダフィングの方程式　157
6.1.2　飛び移り現象　162
6.2　非線形振動解析法　………………………………………………　162

6.2.1　自由振動　163
　　　6.2.2　強制振動　166
　6.3　有限波高理論 ·· 168
　　　6.3.1　変分原理による定式化　169
　　　6.3.2　解　法　171
　　　6.3.3　線形解　184
　6.4　長方形タンクにおける非線形スロッシング ················ 184
　6.5　軸対称タンクにおける非線形スロッシング ················ 188
　　　6.5.1　水平加振を受ける軸対称タンク　188
　　　6.5.2　平面運動　188
　　　6.5.3　平面運動における回転運動成分の出現　190
　　　6.5.4　回転運動　193
　　　6.5.5　数値計算例　194
　6.6　係数励振振動（縦スロッシング） ·························· 198
　　　6.6.1　縦加振時の定式化　198
　　　6.6.2　マシューの方程式　199

第7章　水中振動　　202

　7.1　流体中の物体が受ける力 ····································· 202
　7.2　運動する剛体の付加質量 ····································· 206
　7.3　抵抗係数 ·· 211
　7.4　弾性体の水中振動 ··· 212
　　　7.4.1　板の水中振動　212
　　　7.4.2　二重吹き出しによる定式化　212
　　　7.4.3　板要素との組み合わせ　214
　　　7.4.4　計算例　215

第8章　接水振動　　217

　8.1　接水振動における液体の付加質量 ·························· 217
　8.2　板の接水振動 ··· 218
　8.3　液体の入った円筒タンクの振動 ····························· 221
　　　8.3.1　円筒タンクでの付加質量　221
　　　8.3.2　円筒タンクの振動解　224
　8.4　液体の入った球形タンクの振動 ····························· 227

8.4.1　球形タンクの振動方程式　227
　　　8.4.2　球形タンクの振動解　228
　　　8.4.3　球形タンク中の液体の付加質量　235
　8.5　有限要素と境界要素の組み合わせ数値計算法 ………… 242
　　　8.5.1　考え方　243
　　　8.5.2　軸対称シェル要素　243
　　　8.5.3　構造要素と液体要素の重ね合わせ　245
　　　8.5.4　適用例：球形タンク　245
　　　8.5.5　適用例：部分球　248
　　　8.5.6　適用例：浮き屋根　249

第9章　低重力場でのスロッシング　　　　　　　　　　251

　9.1　各種液体の表面張力 ……………………………………… 251
　9.2　ラプラスの定理 …………………………………………… 252
　9.3　曲面に関する微分幾何学の基礎 ………………………… 253
　　　9.3.1　曲　線　253
　　　9.3.2　曲　面　257
　　　9.3.3　主曲率・全曲率・平均曲率　260
　9.4　無重力での液滴と泡の振動 ……………………………… 265
　9.5　軸対称タンクにおけるメニスカス ……………………… 269
　9.6　低重力でのスロッシング ………………………………… 272
　9.7　低重力での数値計算法 …………………………………… 274
　9.8　プロペラントマネージング ……………………………… 277
　9.9　ブラダー・ダイヤフラム・浮き蓋 ……………………… 277

参考文献 ………………………………………………………………… 281
索　引 …………………………………………………………………… 294

第1章 スロッシングの概要

本章では，スロッシングのことを手っ取り早く理解したい人のために，概要をハンドブック的にまとめる．詳しい理論は後章に回し，結論だけを述べ，どのような問題に対処できるかを，例題を用いて実用的な説明を行う．

1.1 スロッシングとは

液体の振動，とくに自由表面のある液体の振動を**スロッシング** (sloshing) という．**液面揺動**という場合もある．

宇宙工学でのスロッシングの問題は，大きな質量をもつ液体がタンクの中で動くことによる重心移動で，姿勢制御系設計において十分に考慮に入れておかねばならない[64, 68]．

一方で，地上の貯槽（タンク）などでは，地震による加振により液体が強制振動を受け，とくに地震波の振動数成分の中でスロッシングの固有振動数付近が卓越している場合に共振を起こし，石油などの液体がタンクからあふれ出る，あるいは固定屋根を破壊する，浮き屋根の上にあふれ出るなどの事故となる[221]．

海上の船舶においては，液体を輸送するので，スロッシングは，もちろん設計・運用上で考慮に入れておかねばならない[211, 230]．とくに，低温液体を輸送する LNG 船[209] において注意が必要である．

船舶や石油貯槽では，液体の存在は振動による構造破壊と結び付いて，構造－液体の連成振動[142, 171] も注目されてきた．この場合，今日では有限要素法で解析が可能[107, 108, 148] となっているが，設計検討においては，液体を付加質量に置き換えて計算することも行われてきた．

本書では，液体が入っている入れ物をタンクとよぶことにする．書物によって「タンク (tank)」，「コンテナ (container)」，「貯槽 (storage tank)」，「容器，圧力容器 (vessel, pressure vessel)」などが使われているが，本書では「タンク」に統一することとする．

さて，スロッシングとは離れて，液体を入れるタンク形状について考えてみよう．液体を貯蔵しようとすると，液体の重量による静水圧のためタンクには圧力がかかる．

また，揮発性の液体を入れた場合には，液体が蒸発して内圧がかかる場合もある．内圧が高い場合に使われるのは球形タンクであり，石油タンクの場合は円筒タンクが用いられることが多い．矩形タンクは，壁面が平板構造となり，水圧によって曲げ荷重がかかるので単独ではあまり使われない．直線壁は，たとえば船舶の中の貯槽や航空機の翼の燃料タンクの中に隔壁が直線で挿入される．両側から液圧がかかるので，両側から押されて大きな変形はしない．結果として，隔壁に囲まれた部分を見れば長方形（矩形）タンクとなっている場合が多い．

1.2 スロッシングの基礎

タンクが加振されると，その中の液体は運動するが，自由表面がある場合，運動が大きく現れる．その中で，図 1.1 に示すような横（水平）方向のスロッシング (**横スロッシング**，lateral sloshing) が地震工学や宇宙工学では重要である．タンクが縦に加振される場合，図 1.2 に示すような軸対称な波形のスロッシングも生じる．図 1.3，1.4 に示すような自由表面が細かい波面になる場合は，タンク自身が弾性変形している場合が多い．ちなみに，図 1.1，1.2 は剛なアクリルタンク，図 1.3，1.4 は薄いポリエ

図 1.1　横スロッシング

図 1.2　軸対称スロッシング

図 1.3　バルジング（同心円波形）

図 1.4　バルジング（ランダムな波形）

ステルシートでタンクを作っている．水の入ったバケツを軽く蹴っ飛ばすと見られるパターンである．このような弾性体タンクの振動を**バルジング** (bulging, breathing vibration という用語も用いられる) ということもある．バルジングについては第 8 章で説明する．

　加振源は，地上のタンクの場合は地震であり，宇宙や船舶ではタンクの姿勢変化・タンクの弾性変形・風荷重・制御力・分離パルスなどである．スロッシングの減衰は小さいので，一度起こればなかなか減衰しない．また，固有振動数に近い振動数で加振されれば，共振して大変形となる．この液体変形によって生じる横力・回転モーメントが，構造物（タンク）の設計において考慮すべき荷重となる．

1.2.1　固有振動数

　スロッシングで重要なのは低次の振動で，しかも水平加振を受ける場合 (横スロッシング，図 1.1 参照) である．**図 1.5** に示すような各種タンクの固有角振動数 ω を，**表 1.1** に示す．導き方や記号の詳しい説明は第 2 章で行う．スロッシングの固有振動数 f は，水深が極端に浅くなければタンクの直径 $D = 2a$（矩形タンクであれば 1 辺の長さ）で大体決まる．円筒タンクでの横スロッシングの 1 次固有振動数 f_{11} は，重力加速度を $g = 9.8 \,\mathrm{m/s^2}$ とし，半径 a の単位に m を採用すると，

$$f_{11} = \frac{\omega_{11}}{2\pi} = \frac{1}{2\pi}\sqrt{\frac{1.841g}{a}} = \frac{0.676}{\sqrt{a}} \approx \frac{1}{\sqrt{D}}$$

である．直径 1 m の円筒タンクの横スロッシングの固有振動数はおおよそ 1 Hz，周期は 1 s になる．これは，厳密な式 (2.84) において，$h/a > 1$ 程度で

$$\tanh \frac{\xi_{11}h}{a} \approx 1$$

と近似できることによる．

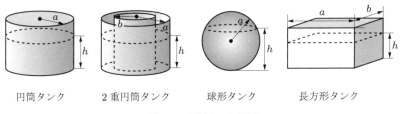

円筒タンク　　2 重円筒タンク　　球形タンク　　長方形タンク

図 1.5　各種タンク形状

表 1.1 各種タンクのスロッシングの固有振動数

形 状	固有角振動数 ω	備 考
円筒タンク (半径 a, 水深 h)	$\omega_{ni}^2 = \xi_{ni} \dfrac{g}{a} \tanh \dfrac{\xi_{ni} h}{a}$ $\zeta_{11} = 1.8412,\ \zeta_{12} = 5.3314$	式 (2.84) $(D = 2a)$
2 重円筒タンク (内径 b, 外径 a)	$\omega_{\nu i}^2 = \xi_{\nu i} \dfrac{g}{a} \tanh \dfrac{\xi_{\nu i} h}{a}$ $a = \sqrt{2}b$ のとき $\xi_{11} a = 1.177$	式 (2.104)
球形タンク (半径 a)	$\omega_1^2 \dfrac{a}{g} = \dfrac{1}{3} \cdot \dfrac{240 - 220\kappa + 72\kappa^2 - 9\kappa^3}{80 - 100\kappa + 44\kappa^2 - 9\kappa^3 + \kappa^4} \times$ $\sin\left\{\dfrac{\pi}{4}(2-\kappa)\left(1+\dfrac{\kappa}{3}\right)\right\}$ $h = a$ のとき $\omega_1^2 = 1.224^2 \times \dfrac{g}{a}$	式 (2.119) $\kappa = \dfrac{h}{a}$
長方形タンク ($a \times b$ の断面)	$\omega_{nm}^2 = g\lambda_{nm} \tanh \lambda_{nm} h$ $\lambda_{nm}^2 = \left\{\dfrac{(2n-1)\pi}{a}\right\}^2 + \left\{\dfrac{(2m-1)\pi}{b}\right\}^2$	式 (2.116)

例題 1.1 直径 $D = 40\,\text{m}$ の巨大円筒タンクに,水位 $h = 15\,\text{m}$ の石油が入っている場合の横スロッシングの固有振動数 f_{11} と周期 T を求めよ.

解答 表 1.1 の中の式 (2.84) が直接使えて,

$$\omega_{11}^2 = 1.8412 \frac{9.8}{20} \tanh \frac{1.8412 \times 15}{20} = 1.8412 \frac{9.8}{20} \times 0.881 = 0.795$$

$$f_{11} = \frac{\omega_{11}}{2\pi} = 0.142\,\text{Hz}, \quad T = \frac{1}{f_{11}} = 7.05\,\text{s}$$

となる.ここで注目すべきは,固有振動数は密度 ρ や粘性 ν には無関係なことで,粘性の小さな液体であれば液体の種類を問わず,固有振動数はそのタンク形状と水位により決定される.

例題 1.2 液体ロケットの発射から 1 段エンジン燃焼末期までの横スロッシングの振動数の範囲を求めよ.ただし,ロケットの円筒タンクの直径を $D = 4\,\text{m}$,最初の水位を $h_1 = 10\,\text{m}$,燃焼末期の水位を $h_2 = 0.2\,\text{m}$ とし,燃焼末期には加速度は $4g$ になっているとせよ.

解答 この問題も式 (2.84) が直接使える.発射時には

$$f_{11} = \frac{\omega_{11}}{2\pi} = \frac{1}{2\pi}\sqrt{1.8412 \frac{9.8}{2} \tanh \frac{1.8412 \times 10}{2}} = 0.478\,\text{Hz}$$

で,燃焼末期では

$$f_{11} = \frac{\omega_{11}}{2\pi} = \frac{1}{2\pi}\sqrt{1.8412 \frac{9.8 \times 4}{2} \tanh \frac{1.8412 \times 0.2}{2}} = 0.408\,\text{Hz}$$

となる．ロケットにおいて横スロッシングは機体への曲げモーメントとなるので，スロッシングの固有振動数を知っておくことは，軌道制御・姿勢制御上，重要である．

例題 1.3 1辺の長さaが4mの正方形タンクに深さ4mの液体が入っている場合の横スロッシングの固有振動数を求め，これを円筒タンクのスロッシングと比較せよ．

解答 表 1.1 の式 (2.116) において 2 次元でのスロッシングを考え，$n=1$ とし，x 方向だけの波を考えるため，見かけ上 $m=1/2$ として，

$$\lambda_{10} = \frac{\pi}{4} = 0.785$$

$$f_{10} = \frac{\omega_{10}}{2\pi} = \frac{1}{2\pi}\sqrt{9.8\lambda_{10}\tanh(\lambda_{10}\times 4)} = 0.440\,\text{Hz}$$

が得られる．先の例題 1.2 の円筒タンク発射時のスロッシングの振動数 0.478 Hz とわりと近い値になる．スロッシングでは，重力が一定で，ある程度水深があれば，直径 (この場合長方形の 1 辺) が振動数をほぼ決めることに注目されたい．

例題 1.4 例題 1.3 の結論を，球形タンクも含めて検証せよ．

解答 円筒タンクと長方形タンク，および球形タンクの固有振動数の式を書き換えてみると，水位が深いとして tanh 項を 1 として，円筒タンクでは，

$$\omega_{11}^2 = 1.356^2 \frac{g}{a}$$

となる．長方形タンクでは，$a/2$ が半径に相当して，

$$\omega_{10}^2 = g\frac{\pi}{a} = 1.253^2\frac{g}{a/2}$$

となる．球形タンクでは，表 1.1 の式 (2.119) において $\kappa = h/a = 1$ とすれば，

$$\omega_1^2 = 1.224^2 \frac{g}{a}$$

と，オーダー的には 3 者は近い振動数となる．

固有振動数があるだけではとくに問題はないわけで，地震力などの外力がこの固有振動数を含んだスペクトルをもっているかどうかが問題である．応答の大きさについては，例題 1.9 で説明する．

1.2.2 スロッシングによる力とモーメント

スロッシングによる力により，構造が破損・転倒する場合がある．横加振変位 A で角振動数 Ω の土台加振を受ける密度 ρ の液体の入ったタンク壁面にかかる力と波高は，式 (5.41)，(5.42) より，

$$p = -\rho\Omega^2 A\cos\theta \cdot e^{j\Omega t}$$
$$\times \left\{\sum_{i=1}^{\infty}\frac{\kappa_i^2}{1-\kappa_i^2}\frac{2a}{(\xi_{1i}^2-1)J_1(\xi_{1i})}J_1\left(\xi_{1i}\frac{r}{a}\right)\frac{\cosh\lambda_{1i}(z+h)}{\cosh\lambda_{1i}h}+r\right\}$$
$$+p_\infty-\rho g z \quad \left(\text{ただし}, \ \kappa_i = \frac{\Omega}{\omega_{1i}}\right) \tag{1.1}$$

$$\eta = \frac{A\Omega^2}{g}\cos\theta \cdot e^{j\Omega t}\left\{\sum_{i=1}^{\infty}\frac{\kappa_i^2}{1-\kappa_i^2}\frac{2a}{(\xi_{1i}^2-1)J_1(\xi_{1i})}J_1\left(\xi_{1i}\frac{r}{a}\right)+r\right\} \tag{1.2}$$

であり,最低次のモード $i=1$ の場合を表示すると,**図 1.6** のようになる.

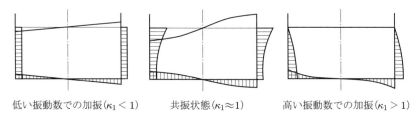

低い振動数での加振($\kappa_1<1$) 　　共振状態($\kappa_1\approx 1$) 　　高い振動数での加振($\kappa_1>1$)

図 1.6 円筒タンクでの応答の圧力分布と自由表面

次に,共振時の最大変位 $\eta_{\max}$ と圧力分布の関係を求めてみる.式 (1.1) と式 (1.2) を使うが,総和の部分は最低次の 1 項で近似し,強制振動項(注釈 1.1 参照)も無視できる.最大変位 $\eta_{\max}$ は,式 (1.2) において

$$r=a, \ \theta=0, \ e^{j\Omega t}=1$$

のとき生じるので,式 (1.2) より,

$$\eta_{\max} = \frac{A\Omega^2}{g}\left(\frac{\kappa_1^2}{1-\kappa_1^2}\frac{2a}{\xi_{11}^2-1}\right) \tag{1.3}$$

である.この A を式 (1.1) に代入すれば,

$$p = -\rho g \eta_{\max}\frac{J_1(\xi_{11}r/a)}{J_1(\xi_{11})}\frac{\cosh\lambda_{11}(z+h)}{\cosh\lambda_{11}h}\cos\theta \cdot e^{j\Omega t} \tag{1.4}$$

となって,最大変位と圧力との関係式が得られる.

> **【注釈 1.1】** 式 (1.1) あるいは式 (1.2) において,共振項と加振項の大きさを比較してみる.共振項の係数は,式 (2.21) のように減衰を導入すれば,
>
> $$\frac{\kappa_1^2}{1-\kappa_1^2} \to \frac{\kappa_1^2}{1+2j\zeta_1\kappa_1-\kappa_1^2}$$

で，$\kappa_1 = 1$ とすればこの項は $1/(2j\zeta_1)$ となる．よって，p の式 (1.1) の $\{\ \}$ の中は $r = a$，$z = 0$ で評価し，$\zeta = 0.005$，$\xi_{11} = 1.8412$ で計算すると，

$$\left\{ \frac{1}{2j\zeta_1} \frac{2a}{(\xi_{11}^2 - 1)J_1(\xi_{11})} J_1(\xi_{11}) \frac{\cosh \lambda_{11} h}{\cosh \lambda_{11} h} + a \right\}$$

$$= \frac{1}{2j \times 0.005} \frac{2}{1.8412^2 - 1} a + a$$

$$= -j84a + a$$

となる．j が付いているのは加振項と応答との位相が 90 度ずれていることを示す．大きさとしては共振項 84 に対して加振項が 1 となり，加振項は無視できる．変位 η に関しても同様の関係となる．

例題 1.5 円筒タンクの液体が地震により共振を起こしたとき，自由表面の波の加速度が $0.1g$ になるときの，タンクにかかる横力 F_y を求めよ．ただし，半径 $a = 10$ m，水位 $h = 5$ m，液体の密度 $\rho = 1 \times 10^3$ kg/m^3 とせよ．

解答 共振なので，まず，固有振動数を求めると，

$$\omega_{11}^2 = \frac{1.8412g}{a} \tanh \frac{1.8412h}{a} = 1.310$$

である．式 (1.4) を使って，横力 F_y は

$$F_y = \hat{F}_y e^{j\Omega t}$$

として，圧力のかかるタンク壁は $r = a$ なので，

$$\hat{F}_y = \int p \cos\theta\, dS = \rho g \eta_{\max} \iint \cos^2\theta \frac{\cosh \lambda_{11}(z+h)}{\cosh \lambda_{11} h} a\, d\theta\, dz$$

$$= \rho g \eta_{\max} \frac{a\pi}{\lambda_{11}} \tanh \lambda_{11} h$$

である．自由表面の加速度 $\eta_{\max} \Omega^2$ が $0.1g$ なので，

$$\eta_{\max} = \frac{0.1g}{\Omega^2} = \frac{0.98}{1.310} = 0.748 \text{ m}$$

であるので，$\xi_{11} = 1.8412 = \lambda_{11} a$ に注意して，

$$\hat{F}_y = (1 \times 10^3) \times 9.8 \times 0.748 \times \frac{10^2 \pi}{1.8412} \times 0.7262 = 908000 \text{ N}$$

となる．なお，最大値 $p_{\max}$ は $z = 0$，$r = a$ で発生して，

$$p_{\max} = 1 \times 10^3 \times 9.8 \times 0.75 = 7350 \text{ Pa}$$

である．参考として，このタンクでの静水圧の最大値 p_s は下部で生じていて，

$$p_s = \rho g h = 1 \times 10^3 \times 9.8 \times 5 = 49000 \text{ Pa}$$

である．静水圧はタンクの円周上に均等にかかるので，振動による曲げモーメントと横力には関係なく，タンクの応力に影響がある．

1.2.3　減衰とバッフル

スロッシングの減衰は小さく，減衰比にして，たかだか 0.5% 程度しかない．そのため，ひとたびスロッシングが起こると，なかなか減衰しない．そもそも大きなタンクでは固有周期が長いので，スロッシングが起きると長時間揺れていることになる．不都合がある場合，積極的に減衰付加機構を付ける．多くの場合，**バッフル** (baffle) といわれる板を水位に応じて複数設置することになる．バッフルを付けた場合でも減衰比は 1.5% 程度である．固有振動数を高めて減衰時間を短くし，かつタンク壁を増やして減衰を増加させるためタンクを分割する (図 2.10 参照) ことは有効である．しかし，そのような分割壁やバッフル板に加わるスロッシング力を考えて設計しなければならないし，宇宙機など，軽量化が要求されるものには適用は難しい．実際の減衰比 (式 (2.9) で定義) は振幅に依存するが，おおよその減衰比の目安を**表 1.2** に示す．

表 1.2　スロッシングと関連構造の減衰比の目安

現象	減衰比 (%)	備考
スロッシング	0.1～0.5	減衰デバイスをもたない場合
	1～2	バッフルなど減衰デバイスを採用した場合
一般建築構造	5	
高層ビル	1～4	4% は大振幅のとき
橋	1	
塔	1	
ロケット構造振動	1～2	POGO 振動解析では 1.5% を採用[231]
衛星	2	ロケット搭載時 (5～100 Hz)
衛星	0.3～1	軌道上の柔軟構造物の振動
衛星	0.1～0.5	軌道上の微小擾乱

例題 1.6　半径 a が 5 m の球形タンクがある．このタンクがスロッシングを誘起された直後に外力がなくなったとして，波高振幅が 1/10 になるまでの時間を求めよ．ただし，水位 $h = a$ で，減衰比 ζ を 0.1% とせよ．

解答　まず，このスロッシングの固有振動数は，表 1.1 の式 (2.119) より $\kappa = 1$ として

$$\omega_1^2 \frac{5}{9.8} = 1.224^2 = 1.50$$

となる．よって，固有振動数 f_1 とその逆数である周期 T は，

$$f_1 = \frac{\sqrt{1.50 \times 9.8/5}}{2\pi} = 0.273, \quad T = \frac{1}{0.273} = 3.67 \text{ s}$$

である.また,対数減衰率 δ と減衰比 ζ との関係は,式 (2.27) より,

$$\delta = 2\pi \frac{\zeta}{\sqrt{1-\zeta^2}} \approx 2\pi\zeta$$

である.一方,対数減衰率の定義は式 (2.25) より,

$$\delta = \frac{1}{n} \ln \frac{A(t)}{A(t+nT)}$$

であるので,

$$\ln \frac{A(t)}{A(t+nT)} = \ln 10 = n\delta = 2n\pi\zeta$$

より,n は

$$n = \frac{\ln 10}{2\pi\zeta} = \frac{2.30}{2\pi 0.001} = 366.5$$

となる.よって,振幅が 1/10 になるまでの時間は,

$$nT = 366 \times 3.67 = 1343 \text{ s} = 22.4 \text{ min}$$

となる.この数値が示すものは,スロッシングはひとたび起こればなかなか減衰しないということと,大きなタンクではもっと減衰のための時間が必要であるということである.

1.2.4 スロッシングのメカニカルモデル

スロッシングを連続体として扱うのは,多くの場合,設計・評価を難しくする.振動系として等価なばね－質点モデル(**メカニカルモデル**)に置き換えることができれば,地震応答や制御系との干渉問題で便利である.**図 1.7** に,円筒タンクの場合のメカニカルモデルを示す.そのパラメータの値を**表 1.3** に示す.**固定マス** (fixed mass) m_0 はタンクに固定しているとみなせる液体の質量,**スロッシュマス** (slosh mass) m_1 は 1 次の横スロッシングに対応する,液体の動的可動質量である.スロッシュマスは,タンクが強制振動を受けたとき,タンクと一緒に動かない液体質量と考えることもでき

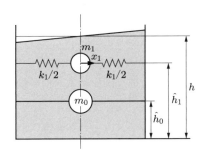

図 1.7 横スロッシングのメカニカルモデル

表 1.3 円筒タンクでのメカニカルモデル (a は半径, m_T は液体の全質量)

固有振動数	$\omega_i^2 = \xi_i \dfrac{g}{a} \tanh \dfrac{\xi_i h}{a}$ $\xi_1 = 1.8412, \quad \xi_2 = 5.3314, \quad \xi_3 = 8.5363$
スロッシュマス	$\dfrac{m_i}{m_T} = \dfrac{2\tanh(\xi_i h/a)}{(\xi_i^2 - 1)\xi_i h/a}$ $\dfrac{\hat{h}_i}{h} = 1 - \dfrac{2a}{\xi_i h} \tanh \dfrac{\xi_i h}{2a}$ $k_i = m_i \omega_i^2$
固定マス	$m_0 = m_T - \displaystyle\sum_{i=1}^{\infty} m_i$ $\hat{h}_0 = \dfrac{h}{2} - \left\{ \displaystyle\sum_{i=1}^{\infty} \dfrac{m_i}{m_T} \left(\hat{h}_i - \dfrac{h}{2} \right) \right\}$

る．x_1 はスロッシュマスの変位（タンク壁に対する相対変位）である．2 次以上のスロッシングのスロッシングマスは m_1 に比べて小さいので，工学上無視できる．減衰や液体の回転慣性モーメントを入れた，より精密なモデルは第 5 章において説明する．

例題 1.7 円筒タンクでの 1 次と 2 次のスロッシュマスを計算し，水位 h を横軸にとって表示せよ．

解答 表 1.3 を使って，図 1.8 のように簡単に求められる．水位が深くなるとスロッシュマスの全質量に対する比は小さくなってゆく．2 次のスロッシュマス m_2 は 1 次のスロッシュマス m_1 に比べてとても小さく，第 1 近似として無視できることがわかる．

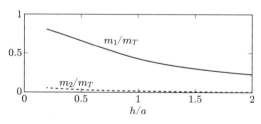

図 1.8 1 次と 2 次のスロッシュマス

例題 1.8 半径 a の円筒タンクで水位 h が $0.2a$ と $2a$ の場合の固定マスの取り付け位置 h_0 とスロッシュマスの位置関係を考察せよ．

解答 表 1.3 を使って簡単に求められて，$h = 0.2a$ のとき，

$$\frac{m_1}{m_T} = \frac{2\tanh(1.8412 \times 0.2)}{(1.8412^2 - 1) \times 1.8412 \times 0.2} = 0.80$$

$$\frac{\hat{h}_1}{h} = 1 - \frac{2}{1.8412 \times 0.2}\tanh\frac{1.8412}{2 \times 0.2} = 0.01$$

$$\frac{\hat{h}_0}{h} = 0.49$$

であり，水位が低いとき，固定マスはスロッシュマスの上に位置する．一方，$h = 2a$ のとき，

$$\frac{m_1}{m_T} = \frac{2\tanh(1.8412 \times 2)}{(1.8412^2 - 1) \times 1.8412 \times 2} = 0.23$$

$$\frac{\hat{h}_1}{h} = 1 - \frac{2}{1.8412 \times 2}\tanh\frac{1.8412}{2 \times 2} = 0.48$$

$$\frac{\hat{h}_0}{h} = 0.39$$

であり，スロッシュマスは固定マスより上側に位置する．この関係を $\hat{h}/a$ に関して連続的に描けば，図 1.9 のように求められる．

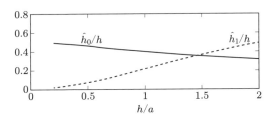

図 1.9 スロッシュマスの取り付け位置

【注釈 1.2】スロッシュマスの位置について 水位が深ければスロッシュマスは固定マスの上に位置するのは直感的に理解しやすい．スロッシングは液体の表面近くが運動している現象だからである．水位が低くなるとこの位置関係が逆転してしまうのは，底面の圧力によるモーメントを考えていることによる．剛な基礎の上の円筒タンクにおいては，この底面圧力を無視すれば，スロッシュマスはつねに固定マスの上部に位置する (注釈 5.2)．これは地震動を受ける剛な基礎の上の円筒タンクに対して適用してよいが (たとえば**ハウスナーのモデル**，注釈 5.3)，ロケットのタンクのように全体が回転運動するようなタンクについては，やはり底面圧力を考慮に入れてメカニカルモデルを作成すべきである．球形タンクのようにどこから底面かわからない場合もあるので，タンク底の圧力を考慮に入れるほうが一般的である．詳しくは第 5 章にて述べる．なお，第 5 章でのマスの取り付け位置は液体重心からの距離で記述し，ここでの距離は底からの距離で，$\hat{h}_1$ のようにハットを付けて区別している．

1.2.5 メカニカルモデルと実際の応答関係

スロッシュマスの変位 $x_1 = \hat{x}_1 e^{j\omega_1 t}$ と自由表面変位の最大値 $\eta_{\max}$ との関係は，式 (5.111) より，

$$\eta_{\max} = \frac{\omega_{11}^2}{g} \frac{2a}{\xi_{11}^2 - 1} \hat{x}_1 = \frac{2\xi_{11}}{\xi_{11}^2 - 1} \tanh \frac{\xi_{11}h}{a} \cdot \hat{x}_1 \tag{1.5}$$

で，$h/a = 1$ のとき $\eta_{\max} = 1.465 x_1$，$h/a = 0.5$ のとき $\eta_{\max} = 1.119 x_1$ となる．

例題 1.9 円筒タンクが図 1.10 (a) のような地震波形により加振されたときのスロッシングの最大変位を求めよ．ただし，半径 $a = 10$ m，水位 $h = 10$ m，液体の密度 $\rho = 1.0 \times 10^{-3}$ kg/m^3 とせよ．

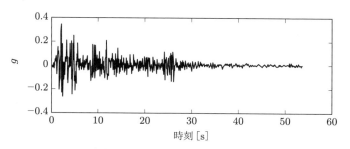

(a) エルセントロ地震の加速度波形

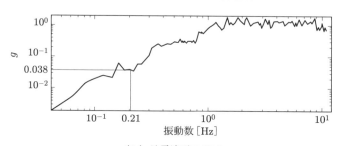

(b) 地震波形の SRS

図 1.10 エルセントロ地震の地震波形とその SRS

解答 まず，地震波の**地震応答スペクトル** (衝撃応答スペクトル (**SRS**, shock response spectrum)，注釈 1.3 参照) を求めると，図 1.10 (b) のようになる．横スロッシングの固有角振動数は，

$$\omega_1 = \sqrt{\frac{\xi_1 g}{a} \tanh \frac{\xi_1 h}{a}} = \sqrt{\frac{1.8412 \times 9.8}{10} \times 0.9509}$$
$$= 1.310 = 2\pi \times 0.208$$

であるので，0.21 Hz の SRS の大きさは図より $0.038g$ と読み取れる．よって，スロッシュマスの応答変位 x_1 は，

$$x_1 = \frac{0.038 \times 9.8}{\omega_1^2} = 0.217$$

となる．式 (1.5) より，実際の波高は

$$\eta_{\max} = \frac{2 \times 1.8412}{1.8412^2 - 1} \tanh 1.8412 \times 0.217 = 0.318$$

となり，32 cm の波高が生じる．

この例題ではオーダー評価のため簡単化してある．耐震設計のより詳しいことは，文献 [110], [111], [120], [142] を参照されたい．

【注釈 1.3】SRS について 図 1.10 (a) の地震波形は 1940 年の 5 月 18 日にロスアンゼルスのエルセントロ (El Centro) で起きた地震の加速度記録 (最大 $0.35g$) である．記録時間間隔 Δt は 0.02 s である．実際問題としては応答の時系列よりも，構造が壊れるか壊れないか，すなわち応答の最大値がもっとも知りたい値である．ここでは周波数と最大応答の関係を示す**衝撃応答スペクトル**について説明する．

地震動を受ける建築構造などの最大応答を知りたいとする．建物をもっとも簡単な 1 自由度の振動系とみなして，図 1.11 のようにさまざまな固有振動数の建物 (ここでは質量 m_1 と m_2 で近似) を並べて，横軸に固有振動数，縦軸に最大応答値をとった図を**地震応答スペクトル**という．この図では質量 m_1 と m_2 の固有振動数をそれぞれ f_1, f_2 とし，その応答の最大値を A_1, A_2 として加速度に関する応答スペクトル曲線としてプロットしている．もし，応答の時系列を変位で計測すれば変位応答スペクトルであり，速度で計測すれば速度応答スペクトルである．応答スペクトルは地震波そのものの周波数特性を表すものではなく，1 自由度系と近似した構造物に与える影響を表現しているものである．

SRS は上記定義で簡単にプログラミングできる[200, 224]．なお，例題での計算では減衰比 $\zeta = 0.005$ (0.5%)，$\Delta t = 0.02$ s とし，最大値の取得には時系列解析法 (Newmark の β 法) を採用している．

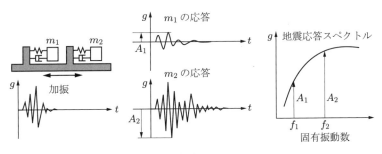

図 1.11 地震応答スペクトルの概念

例題 1.10 例題 1.5 で扱ったタンクへの横力 F_y をメカニカルモデルから求めよ.

解答 式 (5.15) より,

$$-F_y = m_0\ddot{y} + \sum_{i=1}^{\infty} m_i(\ddot{y}_i + \ddot{y}) = \left(m_0 + \sum_{i=1}^{\infty} m_i\right)\ddot{y} + \sum_{i=1}^{\infty} m_i\ddot{y}_i$$

である.ここで,総和の代わりに 1 次のスロッシングモードで近似すれば,

$$\hat{F}_y \approx \omega_{11}^2 m_T \left(\hat{y} + \frac{m_i}{m_T}\hat{y}_i\right)$$

となる.ここに,

$$F_y = \hat{F}_y e^{j\omega_{11}t}, \quad y = \hat{y}e^{j\omega_{11}t}, \quad y_1 = \hat{y}_1 e^{j\omega_{11}t}$$

としている.共振状態において $\hat{y} \ll \hat{y}_1$ であるので,

$$\hat{F}_y \approx \omega_{11}^2 m_i \hat{y}_i$$

である.1 次のスロッシュマスは,表 1.3 より,

$$m_1 = \frac{2\tanh(1.8412 \times 0.5)}{(1.8412^2 - 1) \times 1.8412 \times 0.5} m_T = 0.66 m_T$$

である.式 (1.5) と例題 1.5 より,

$$\hat{y}_1 = \frac{\eta_{\max}}{1.119} = \frac{0.748}{1.119} = 0.668 \text{ m}, \quad \omega_{11}^2 = 1.310$$

であるので,

$$\hat{F}_y = \omega_{11}^2 \frac{m_1}{m_T} m_T \hat{y}_1$$
$$= 1.310 \times 0.66 \times 1570000 \times 0.668 = 907000 \text{ N}$$

となり,例題 1.5 の圧力分布を積分した計算結果に一致する.この例題からも,メカニカルモデルの便利さがわかる.

1.2.6 スワール

スワール (swirl) は,自由表面の回転運動 (rotary motion) である.軸対称タンクでは任意の方向に横スロッシング ($n=1$) が起こり得るが,これが直交方向にも生じて位相が変わればスワールとなる (図 1.12).水の入ったコップをゆっくり揺すると,液体の横振動が回転に変わっていく現象である.スワールの固有振動数は横スロッシングのそれと同じである.液体自身が回転しているわけではなく,自由表面の振幅が回転するだけである.この現象は第 6 章にて説明する.

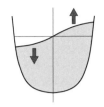 

(a) 平面運動(横スロッシング)　　　(b) 回転運動(スワール)

図1.12　平面運動と回転運動

1.3 非線形スロッシング

　線形の場合ほど重要ではないが，スロッシングにおける非線形現象で顕著な，横スロッシングとスワールの問題，および縦加振の場合の係数励振について説明する．

1.3.1 横加振を受ける場合

　横加振した場合の液面の応答曲線を図1.13と表1.4とに示す．振動数が低い方から加振振動数を上げていくと，実線 P_1 のように固有振動数に近づいて応答が大きくなってくるが，R_3 と交わる境界付近で横スロッシングが不安定となり，もっと振動数を上げるとスワールを始めて，S_1 のスワール共振曲線に沿って応答が増えていく．なおも振動数を上げると応答は急に小さくなって（**飛び移り**という），P_2 で表される共振曲線上の応答となる．重要なことは，

- 共振点で安定な応答はない．応答の上限は加速度で制限される(5.5.1項参照)が，非線形性からも，別な応答の上限がある．
- 平面運動（横スロッシング）と回転運動（スワール）との間で運動が変化する．

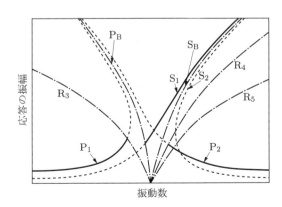

図1.13　横加振した場合の液面の応答曲線

表 1.4 図 1.13 の説明

曲線，領域	説　明
P_B	平面運動の背骨曲線
P_1, P_2	平面運動の共振曲線
R_3 より下領域	平面運動が安定な領域
R_4 より下領域	平面運動が安定な領域
S_B	スワールの背骨曲線
S_1, S_2	スワールの共振曲線
R_5 より上の領域 (S_B まで)	スワールの不安定領域

である．

1.3.2　縦加振を受ける場合

　液体タンクが縦方向の加振を受ける場合，スロッシングに対する復元力としての重力加速度にタンク上下動の加速度が加わって，**係数励振振動** (parametric excitation) という現象が起こる．この現象では，固有角振動数 Ω で垂直方向 (g 方向) に励振すると，自由表面は $\Omega/2$ の成分が加振される．したがって，Ω が固有角振動数の 2 倍に近い振動数であれば，自由表面は大きな共振を起こす．この説明は第 6 章にて行う．

1.4　低重力におけるスロッシング

　低重力環境では，重力とともに液体の表面張力が復元力としてはたらく．低重力の度合いは，次式で定義される無次元の**ボンド数**

$$Bo = \frac{\rho g l^2}{\sigma} \tag{1.6}$$

で推し量ることができる．ここに，σ が**表面張力**，ρ は液体の密度，g は重力加速度，l は代表長さであり，Bo が 0 であれば無重力となる．

例題 1.11　直径 4 m のロケットタンクが $1 \times 10^{-5} g$ の加速度を受けているときの Bo を計算せよ．

解答　液体酸素の表面張力を 13.55 dyne/cm ($-183.6°C$ において，表 9.1 参照) として，代表長さには，直径でなく半径をとると，

$$Bo = \frac{\rho g l^2}{\sigma} = \frac{1.1 \times (1 \times 10^{-5} \times 980) \times 200^2}{13.55} = 32$$

と，長さの次元が大きいと，微小重力環境でも表面張力優位とはならない．

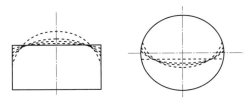

図1.14 液体タンクでの自由表面

Bo が1より小さければ表面張力優位，大きければ慣性力優位とみなせる．円筒タンクと楕円タンクでの自由表面の形状 (**メニスカス**, meniscus) の例を，図 1.14 に示す．図において，Bo 数は曲率の大きいものから 0, 10, 25, 100 であり，接触角は 170° と 0° である．

簡単な形状のタンクの場合，9.5節で説明するような方法でメニスカスは計算できるが，複雑な表面張力デバイスがあるようなものについては計算は困難で，試験により見きわめる．

スロッシングは，この図 1.14 のような状態を平衡位置として生じるが，自由表面がもはや平面ではないので解析解は一般に求められず，系統的な研究も少ない．ただし，固有振動数はほとんどボンド数で決まり，メニスカス形状は2次的効果であるので，固有振動数の一つの目安としては，式 (9.45) より，

$$f = \frac{1}{2\pi}\sqrt{\frac{g}{l} + \frac{\sigma}{\rho l^3}} = \frac{1}{2\pi}\sqrt{\frac{g}{l}}\sqrt{1 + \frac{1}{Bo}} \qquad (1.7)$$

で評価できる．例としては，接触角 θ_c をもつ円筒タンクでの横スロッシング1次の固有振動数は，式 (9.53) より，

$$f = \frac{1}{2\pi}\sqrt{\frac{1.8412g}{a}\tanh\frac{1.8412h}{a}} \times \sqrt{1 + \frac{1.8412^2}{Bo} - \frac{2.59}{Bo}\cos\theta_c} \qquad (1.8)$$

と近似式で与えられ，無重力下での半径 a の球水滴の固有振動数は，式 (9.39) において $m=2$ とおいて，

$$f = \frac{2.83}{2\pi}\sqrt{\frac{\sigma}{\rho a^3}} \qquad (1.9)$$

となる．

メカニカルモデルについては計算例が少ないので断定的なことはいえないが，低重力になるほどスロッシュマスはほんの少しであるが小さくなっていくようであり，その割合は1割程度であるので，スロッシュマスには $1g$ での値を用いれば第1近似としては十分であろう．詳しくは第9章で説明する．

1.5 接水振動

接水振動は，タンクのように液体が片側にある場合の薄板の（あるいはシェルの）振動である．厳密には，液体と弾性体としての板の方程式を連立させて解かねばならないが，多くの場合，液体と板の振動変形が相互に大きな影響を及ぼさない．すなわち，タンク壁が多少の変形をしてもスロッシングの固有振動数はほとんど影響を受けないし，板の振動計算では液体を**付加質量**として考慮すれば実用上大きな間違いは起こさない．付加質量の値を**表 1.5** に示す．弾性体に関する液体の付加質量は振動モード形の関数となるので，ここに示した数値は一つの目安としかなり得ないが，オーダー評価には便利な指標となる．これらの付加質量の計算法，さらに液体と構造との連成振動については，第 7 章と第 8 章で述べる．

表 1.5 各種薄肉板の付加質量 m_v

タンク形状	付加質量	境界条件
板	$m_v = \dfrac{\rho a}{n\pi\sqrt{1+(na/mb)^2}} \approx \dfrac{\rho a}{3}$, $a \gg b$ のとき	式 (8.12)，周辺単純支持，n, m は振動次数
円筒	$m_v = \rho \dfrac{a I_n(\lambda_m)}{\lambda_m I'_n(\lambda_m)} \approx \dfrac{\rho a}{n}$ 式 (8.27)	両端単純支持，円周方向波数 n
球	$m_v = \dfrac{\rho a}{2}$ 式 (8.80)	赤道面支持，軸対称振動

1.6 液体の運動の数値計算法

数値計算法について述べる．通常，自由表面形状は「水平面」であるが，低重力になると「曲面（メニスカス）」となる．この数値計算法としては，フリーソフトの **Surface Evolver** がある．市販汎用の液体解析プログラムとしては **Flow-3D** が定評があり，NASA での宇宙開発において使用されてきた[89, 155, 185]．また，**Fluent** などのプログラムも自由表面流れを解析できるように進化してきている．市販プログラムではないが，研究者レベルでも自由表面解析の研究[206, 214]は行われている．以上は基本的に差分法であるが，最近は**粒子法**による自由表面流れの解析[205]も活発になっており，SPH 法によるフリーウエアのソフト **SPHysics** (smoothed particle hydrodynamics) も FORTRAN のソースコードで入手できる．

第2章 スロッシングの固有振動特性

 本章では，スロッシングの固有振動特性について述べる．まず，微小変形を仮定して，円筒タンクと長方形タンクについての固有振動数と固有振動モードを解析的に求める．さらに，汎用的なスロッシングの計算法として境界要素法による方法を紹介する．スロッシングの動的応答とメカニカルモデルについては第5章で，低重力のスロッシングについては第9章で説明する．振動学と流体力学に知識のある人は，2.4節から読み始めてもよい．

2.1 1自由度振動系

 次章でスロッシングの減衰比を導入する．また，第5章ではスロッシング自体を等価な1自由度振動系に変換する方法を示すので，その準備として1自由度の振動を復習しておく．まず，**図2.1**に示すような1自由度振動系を考える．図(a)が力加振，図(b)が土台加振で，スロッシングの場合は土台加振となる．m, c, kをそれぞれ質量，減衰，剛性とし，$x(t)$を振動変位として，**振動方程式**は

$$m\frac{d^2x}{dt^2} + c\frac{dx}{dt} + kx = f(t)$$

である．ここで，$f(t)$は外力で，時間tに関する微分演算d/dtをドットで表記すると，

$$m\ddot{x} + c\dot{x} + kx = f(t) \tag{2.1}$$

である．

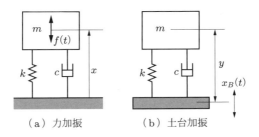

図2.1　1自由度振動系

2.1.1 自由振動

まず，方程式 (2.1) の自由振動解を求める．$f(t) = 0$ として同次微分方程式の形にし，

$$x(t) = Ce^{\lambda t} \tag{2.2}$$

とおいて式 (2.1) に代入すれば，

$$m\lambda^2 + c\lambda + k = 0$$

となる．これを根の公式により解いて，

$$\lambda = \frac{-c \pm \sqrt{c^2 - 4mk}}{2m} \tag{2.3}$$

を得る．ここで，減衰がない場合は $c = 0$ として，

$$\lambda = \pm\sqrt{\frac{-4mk}{4m^2}} = \pm j\sqrt{\frac{k}{m}} = \pm j\omega_0 \tag{2.4}$$

として ω_0 を導入する．式 (2.2) に式 (2.4) を代入すれば，C_1, C_2 を初期条件から決まる複素数の定数として，

$$x(t) = C_1 e^{j\omega_0 t} + C_2 e^{-j\omega_0 t}$$

となるが，

$$e^{\pm j\omega_0 t} = \cos\omega_0 t \pm j\sin\omega_0 t$$

であることを考慮すると，C_c, C_s を定数として，

$$x(t) = C_c \cos\omega_0 t + C_s \sin\omega_0 t \tag{2.5}$$

と，角振動数 ω_0 の調和振動となる．この ω_0 を**固有角振動数**といい，式 (2.4) から明らかなように，

$$k = \omega_0^2 m \tag{2.6}$$

の関係がある．

改めて減衰のある場合に戻ると，式 (2.3) は，ω_0 を使って

$$\lambda = -\frac{c}{2m} \pm j\sqrt{\omega_0^2 - \left(\frac{c}{2m}\right)^2} \tag{2.7}$$

となる．この複素数部がゼロとなる条件，すなわち，振動解でなくなる**粘性減衰係数** c の値を，

$$c_c = 2m\omega_0 = 2m\sqrt{\frac{k}{m}} = 2\sqrt{mk} \tag{2.8}$$

として**臨界減衰係数** (critical damping coefficient) とよび，c と c_c との比

$$\zeta = \frac{c}{c_c} = \frac{c}{2\sqrt{mk}} = \frac{c}{2m\omega_0} \tag{2.9}$$

を**減衰比** (damping ratio) とよぶ．そうすると，式 (2.7) は

$$\lambda = -\zeta\omega_0 \pm j\omega_0\sqrt{1-\zeta^2} \tag{2.10}$$

と書き表すことができる．変位は式 (2.5) と同じように計算して，

$$x(t) = e^{-\zeta\omega_0 t}(C_c \cos\omega_d t + C_s \sin\omega_d t) \tag{2.11}$$

となる．C_c, C_s は初期条件から決まる．また，ω_d は

$$\omega_d = \omega_0\sqrt{1-\zeta^2} \tag{2.12}$$

として**減衰固有角振動数**とよぶ．式 (2.11) で表される変位 $x(t)$ を図示すると，**図 2.2** のような**自由減衰波形**となる．図において，外側の点線は $\pm e^{-\zeta\omega_0 t}$ である．

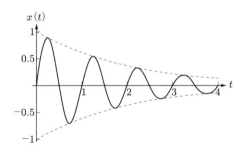

図 2.2　$c < c_c$ の場合：自由減衰

2.1.2　力加振による強制振動

次に，強制振動について考える．図 2.1 (a) の力加振の場合，式 (2.1) において，角振動数 ω の調和加振を考えて，

$$f(t) = \hat{f}_0 e^{j\omega t}$$

とする．この特解を求めるため，常套的方法として

$$x(t) = \hat{x}_0 e^{j\omega t}$$

とおいて代入すると，

$$\hat{x}_0 = \frac{\hat{f}_0}{k - m\omega^2 + jc\omega}$$

となる．この式でわかるように，$\hat{x}_0$ は複素数である．ここで，κ を

$$\kappa = \frac{\omega}{\omega_0} \tag{2.13}$$

として加振振動数 ω と系の固有振動数 ω_0 との**振動数比** (frequency ratio) とすると，式 (2.6) と式 (2.9) の

$$k = m\omega_0^2, \quad c = 2\zeta m\omega_0$$

を考慮して，

$$\hat{x}_0 = \frac{x_{st}}{(1 - \kappa^2) + 2j\zeta\kappa}, \quad x_{st} = \frac{\hat{f}_0}{k} \tag{2.14}$$

となる．ここに，x_{st} は静的な力 $\hat{f}_0$ がかかったときの変位とみなせる．外力と応答は複素数で

$$\hat{f}_0 e^{j\omega t} = \hat{f}_0(\cos\omega t + j\sin\omega t)$$

$$x(t) = \hat{x}_0 e^{j\omega t} = x_{st} \frac{(1 - \kappa^2) - 2j\zeta\kappa}{(1 - \kappa^2)^2 + (2\zeta\kappa)^2}(\cos\omega t + j\sin\omega t)$$

なので，本当の加振力が実部の $\hat{f}_0 \cos\omega t$ の場合，応答も実部の

$$\mathrm{Re}[x(t)] = x_{st}\left\{\frac{1 - \kappa^2}{(1 - \kappa^2)^2 + (2\zeta\kappa)^2}\cos\omega t + \frac{2\zeta\kappa}{(1 - \kappa^2)^2 + (2\zeta\kappa)^2}\sin\omega t\right\}$$

となる．また，加振力が $\hat{f}_0 \sin\omega t$ の場合，応答は虚数部の

$$\mathrm{Im}[x(t)] = x_{st}\left\{\frac{1 - \kappa^2}{(1 - \kappa^2)^2 + (2\zeta\kappa)^2}\sin\omega t + \frac{-2\zeta\kappa}{(1 - \kappa^2)^2 + (2\zeta\kappa)^2}\cos\omega t\right\}$$

となる．いずれの場合も，

$$x_0 = |\hat{x}_0| = \frac{x_{st}}{\sqrt{(1 - \kappa)^2 + (2\zeta\kappa)^2}} \tag{2.15}$$

として

$$\mathrm{Re}[x(t)] = x_0 \cos(\omega t - \beta), \quad \mathrm{Im}[x(t)] = x_0 \sin(\omega t - \beta)$$

$$\beta = \tan^{-1}\frac{2\zeta\kappa}{1 - \kappa^2}$$

となって，応答は式 (2.11) の自由振動解とこの強制振動解 (次式では外力が $\hat{f}_0 \cos\omega t$ の場合) を加え合わせて，

$$x(t) = e^{-\zeta\omega_0 t}(C_c \cos\omega_d t + C_s \sin\omega_d t) + x_0 \cos(\omega t - \beta) \tag{2.16}$$

となる．定数 C_c, C_s は変位と速度の初期条件で決まる．

【注釈 2.1】 複素数のまま計算をするのに抵抗があれば，外力 $f(t)$ として

$$f(t) = \hat{f}_0 \cos\omega t = \frac{1}{2}(\hat{f}_0 e^{j\omega t} + \hat{f}_0 e^{-j\omega t}) = \frac{1}{2}(\hat{f}_0 e^{j\omega t} + cc) \tag{2.17}$$

とすればよい．ここに，cc は complex conjugate で，その前の項までの共役複素である．第 6 章での非線形解析では，この形の表示を使用する．

2.1.3 土台加振による強制振動

スロッシングの場合，タンクが地震動や飛翔体の運動によって励振されるので，式 (2.1) の $f(t)$ による力加振ではなく，土台加振の方程式を解くことにする．すなわち，図 2.1 (b) のように，土台が振幅 $x_B = \hat{x}_B e^{j\omega t}$ の調和振動で加振される場合を考える．質点と土台との相対変位を y とすると，

$$x(t) = y(t) + \hat{x}_B e^{j\omega t} \tag{2.18}$$

である．ばね力と減衰力は相対変位と相対速度に対して，慣性力は絶対加速度に対して成立するので，

$$m\ddot{x} + c\dot{y} + ky = 0 \tag{2.19}$$

となり，y で記述する振動方程式 (2.19) は，

$$m\ddot{y} + c\dot{y} + ky = m\omega^2 \hat{x}_B e^{j\omega t} \tag{2.20}$$

となる．この特解を求めるため，力加振のときと同じく

$$y(t) = \hat{y} e^{j\omega t}$$

とおいて式 (2.20) に代入して，

$$\hat{y} = \frac{\kappa^2}{(1-\kappa^2) + 2j\zeta\kappa} \hat{x}_B \tag{2.21}$$

となる．よって，強制振動項は

$$x(t) = y(t) + \hat{x}_B e^{j\omega t} = \frac{1 + 2j\zeta\kappa}{(1-\kappa^2) + 2j\zeta\kappa} \hat{x}_B e^{j\omega t} = \hat{x} e^{j\omega t} \tag{2.22}$$

となる．応答は力加振の場合と同様に，式 (2.11) の自由振動解と，この強制振動解を加え合わせて作る．$\hat{x}$ と $\hat{x}_B$ との比

$$\frac{\hat{x}}{\hat{x}_B} = \left|\frac{1+2j\zeta\kappa}{(1-\kappa^2)+2j\zeta\kappa}\right| = \frac{\sqrt{1+(2\zeta\kappa)^2}}{\sqrt{(1-\kappa^2)^2+(2\zeta\kappa)^2}} \qquad (2.23)$$

を**伝達率** (transmissibility)，応答倍率という．本書で対象としている構造物の減衰比は，表 1.2 より $\zeta \ll 1$ であるので，共振点近くで応答は最大となり，上式で $\kappa = 1$ として，

$$\frac{\hat{x}}{\hat{x}_B} = \frac{1}{2\zeta}$$

は **Q 値** (quality factor) といわれる．減衰比 1% で Q 値（応答倍率）は 50 となる．

例題 2.1 土台の強制振動解で，絶対変位 $\hat{x}/\hat{x}_B$ と相対変位 $\hat{y}/\hat{x}_B$ とを，κ に対して図示せよ．

解答 式 (2.21) から，

$$\frac{\hat{y}}{\hat{x}_B} = \frac{\kappa^2}{\sqrt{(1-\kappa^2)^2+(2\zeta\kappa)^2}} \qquad (2.24)$$

となる．これを破線で，また，式 (2.23) の $\hat{x}/\hat{x}_B$ を実線で描けば，図 2.3 のようになる．

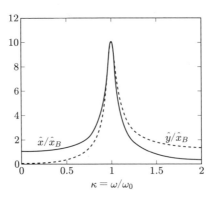

図 2.3　応答曲線

2.1.4　スロッシングの試験

ここで，試験によるスロッシングの固有振動数と減衰比の簡単な求め方を紹介する．試験装置の構成例を図 2.4 (a) に示す．加振波形としては正弦波で加振する．センサーとしては**波高計**（容量型）のセンサー線をタンク内壁に貼ればよい．または，**圧力計**を底の加振方向壁面に取り付けてモニターしてもよい．目視で共振点は見つけられるが，加振波形と波高または圧力との**リサジュー図形** (Lissajous's figure) を見

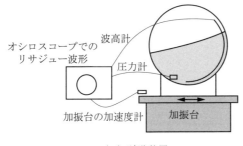

(a) 試験装置　　　　　　(b) センサーからの自由減衰波形

図 2.4　スロッシング試験のセットアップ例とセンサー出力例

て決めてもよい．

共振振動数で加振力を止めて波高計の出力を記録すると，図 (b) のような**自由減衰波形**が得られる．波の数を時間軸に対して数えて，波の数を秒数で割ればそれが固有振動数[†]となる．減衰については，次に説明する対数減衰率を求めて減衰比 ζ に変換する．

対数減衰率の求め方を説明する．図 2.2 において，n 番目と $(n+k)$ 番目の波形のピーク値を a_n，a_{n+k} として，その対数をとって δ とすると，式 (2.11) より，

$$\delta = \frac{1}{k}\log_e \frac{a_n}{a_{n+k}} = \frac{1}{k}\log_e \frac{e^{-\zeta\omega_0 nT}}{e^{-\zeta\omega_0(n+k)T}} = \frac{1}{k}\log_e e^{\zeta\omega_0 kT} = \zeta\omega_0 T \quad (2.25)$$

となる．ここで，T は振動周期であり，固有振動数 f の逆数

$$T = \frac{1}{f} = \frac{2\pi}{\omega_d} = \frac{2\pi}{\omega_0\sqrt{1-\zeta^2}} \quad (2.26)$$

であるので，減衰比 ζ が 1 に比べて小さければ，

$$\delta = \zeta\omega_0 \frac{2\pi}{\omega_0\sqrt{1-\zeta^2}} \approx 2\pi\zeta \quad (2.27)$$

を得る．δ は**対数減衰率** (logarithmic decrement, logarithmic damping ratio) とよばれ，δ から減衰比 ζ が求められる．減衰比は，実際の構造物においては理論的に求めることはできない．スロッシングの場合も，第 3 章で示すように理論計算ではかなり困難であるので，試験により求めるのが簡単で，信頼でき，現実的である．

ここで紹介した方法は簡単な試験ではあるが，固有振動数が 1 Hz 程度なので，そのような低い振動数の加振機を見つけるのが大変である．1960 年代には，タンクをワイヤで吊り下げて振動台の代わりに振動させて試験をしていた．振動数はその吊り

[†] 厳密には減衰固有振動数であるが，減衰比が小さいので $\omega_d \approx \omega_0$ である．

下げ長さで調節できる．また，加振機がない場合，手動でタンクを共振振動数とおぼしき振動数で数回 (1 回でもよい) 振って自由減衰波形を記録する．そのセンサー出力のデータ解析 (高速フーリエ変換 (FFT)，フィルター処理など) をきちんと行っても，固有振動数と減衰比は同定できる．

2.1.5 散逸エネルギー

第 3 章においてスロッシングの減衰に関して理論的考察を行うが，そのときに**散逸エネルギー**を使うので，散逸エネルギーから減衰比を求める方法を説明しておく．式 (2.1) が 1 自由度系の振動方程式である．この式

$$m\ddot{x} + c\dot{x} + kx = f(t)$$

に $\dot{x}$ をかけて，

$$m\ddot{x}\dot{x} + c\dot{x}\dot{x} + kx\dot{x} = f(t)\dot{x} \tag{2.28}$$

としておく．運動エネルギー，ポテンシャルエネルギー，減衰のエネルギーをそれぞれ T，Π，D とすると，

$$T = \frac{1}{2}m\dot{x}^2, \quad \Pi = \frac{1}{2}kx^2, \quad D = \frac{1}{2}c\dot{x}^2 \tag{2.29}$$

であり，

$$\frac{d}{dt}(T + \Pi) = -2D + f\dot{x} \tag{2.30}$$

を計算すると，式 (2.28) と同じ式が得られる．式 (2.30) は，外力 $f(t)$ がなければエネルギー ($T + \Pi$) の減少量が $2D$ に等しいことを表す．よって，$2D$ はエネルギーが散逸される割合を表している．この結果は 3.2.3 項で利用する．

共振点における 1 周期あたりに消費されるエネルギーと振動の全エネルギーの比を**比減衰容量** (specific damping capacity) といい，

$$\phi = \frac{\int_0^T D\,dt}{T + \Pi}$$

で定義する．共振点での変位を $x = a\sin\omega t$ とすると，分子は

$$\int_0^T \frac{1}{2}c\dot{x}^2\,dt = \frac{1}{2}c\int_0^{2\pi/\omega} \omega^2 a^2 \sin^2\omega t\,dt = c\pi a^2 \omega$$

で，分母はひずみエネルギーの最大値をとって $ka^2/2$ であるので，

$$\phi = \frac{c\pi a^2 \omega}{ka^2/2} = 2\pi\omega\frac{c}{k} = 4\pi\zeta \qquad (2.31)$$

と，減衰比 ζ の 4π 倍となる．

2.2 完全流体の基礎方程式

スロッシングのモデリングについては，まず，液体は非圧縮・非粘性で，その運動は渦なし運動とする．非圧縮性はほぼ問題なく成立するが，非粘性の仮定は，減衰を考える場合には外さざるを得ない．これは減衰を考える場合(第3章)にだけ境界層として考えることにし，本章では，液体は非圧縮・非粘性とする．

2.2.1 変数と基礎方程式の数

本章では非粘性流体について考える．この場合の状態量として，速度 $\mathbf{v}$ (x, y, z 方向の3成分, u, v, w) と圧力 p，それに液体の密度 ρ の計五つの量がわかればよい．座標系としてはオイラー座標系を採用する．オイラー座標系では，$\mathbf{v}$, p, ρ は座標 x, y, z と時間 t の関数として考える．したがって，ラグランジュ座標系での時間微分 D/Dt は，オイラー座標系では

$$\begin{aligned}\frac{D}{Dt} &= \frac{\partial}{\partial t} + \frac{\partial}{\partial x}\frac{\partial x}{\partial t} + \frac{\partial}{\partial y}\frac{\partial y}{\partial t} + \frac{\partial}{\partial z}\frac{\partial z}{\partial t} \\ &= \frac{\partial}{\partial t} + u\frac{\partial}{\partial x} + v\frac{\partial}{\partial y} + w\frac{\partial}{\partial z} = \frac{\partial}{\partial t} + (\mathbf{v}\cdot\mathrm{grad})\end{aligned} \qquad (2.32)$$

のようになる(記号 grad については注釈2.2参照)．

五つの状態量に対して，質量保存の法則，3方向の運動量保存の法則，それにエネルギー保存の法則の五つが成り立つ．

【注釈2.2】ベクトル解析の記号(その1) $\mathbf{i}$, $\mathbf{j}$, $\mathbf{k}$ をそれぞれ x, y, z 方向の単位ベクトル，Φ をスカラー量として，

$$\mathrm{grad}\,\Phi = \nabla\Phi = \frac{\partial\Phi}{\partial x}\mathbf{i} + \frac{\partial\Phi}{\partial y}\mathbf{j} + \frac{\partial\Phi}{\partial z}\mathbf{k} = \left(\mathbf{i}\frac{\partial}{\partial x} + \mathbf{j}\frac{\partial}{\partial y} + \mathbf{k}\frac{\partial}{\partial z}\right)\Phi$$

と定義する．∇ はハミルトンの演算子とよばれ，ナブラと読む．一方，$\mathbf{A}$ をベクトル量として

$$\mathrm{div}\,\mathbf{A} = \frac{\partial A_x}{\partial x} + \frac{\partial A_y}{\partial y} + \frac{\partial A_z}{\partial z}$$

を $\mathbf{A}$ の発散 (divergence) という．

ハミルトンの演算子 ∇ をベクトルと考え，これと $\mathbf{A}$ との内積を $\nabla \cdot \mathbf{A}$ とすれば，

$$\nabla \cdot \mathbf{A} = \left(\mathbf{i}\frac{\partial}{\partial x} + \mathbf{j}\frac{\partial}{\partial y} + \mathbf{k}\frac{\partial}{\partial z}\right) \cdot (A_x\mathbf{i} + A_y\mathbf{j} + A_z\mathbf{k}) = \frac{\partial A_x}{\partial x} + \frac{\partial A_y}{\partial y} + \frac{\partial A_z}{\partial z}$$

となるので，

$$\operatorname{div} \mathbf{A} = \nabla \cdot \mathbf{A}$$

である．

2.2.2 質量保存の法則

閉じた曲面 S によって囲まれた領域 V を考える．任意の時刻において V 内にある液体の質量は

$$\int_V \rho\, dV$$

であり，単位時間あたりの質量変化は

$$\frac{\partial}{\partial t}\int_V \rho\, dV$$

となる．この質量変化は**湧き出し** (source)，あるいは**吸い込み** (sink) によって表面 S から出入りする質量と等しくならねばならない．表面 S の面素 dS を通って流出する質量は，単位時間あたり

$$\rho v_n\, dS$$

である．ここに，v_n は液体の速度の dS に対する外向き法線方向の成分である．これを全表面に積分したものが，先の質量変化と等しいので，

$$\frac{\partial}{\partial t}\int_V \rho\, dV = -\int_S \rho v_n\, dS$$

が成立する．ガウスの発散定理 (注釈 2.3 参照) より，面積分を体積分に変換して，

$$\int_V \left(\frac{\partial \rho}{\partial t} + \operatorname{div} \rho\mathbf{v}\right) dV = 0$$

となる．この領域 V のとり方は任意であるので，

$$\frac{\partial \rho}{\partial t} + \operatorname{div} \rho\mathbf{v} = 0 \tag{2.33}$$

が成立する．この式をオイラーの**連続方程式** (equation of continuity) という．式 (2.33) を成分で書き直すと，

$$\frac{\partial \rho}{\partial t} + \frac{\partial (\rho u)}{\partial x} + \frac{\partial (\rho v)}{\partial y} + \frac{\partial (\rho w)}{\partial z} = 0 \tag{2.34}$$

となる.

【注釈 2.3】 ガウスの発散定理 ガウスの積分定理,あるいは**発散定理**は,物理数学 (文献 [5], p. 102) やベクトル解析 [15] の本に詳しく解説されている. $\mathbf{A}$ をベクトル, $\mathbf{n}$ を境界での外向き方向の単位法線ベクトルとして,

$$\int_V \mathrm{div}\, \mathbf{A}\, dV - \int \mathbf{A} \cdot \mathbf{n}\, dS = 0 \tag{2.35}$$

である.
 簡単な証明を試みる.左辺を成分に分けて表示すると,

$$\iiint \left(\frac{\partial A_x}{\partial x} + \frac{\partial A_y}{\partial y} + \frac{\partial A_z}{\partial z} \right) dx\, dy\, dz = \iint (A_x\, dy\, dz + A_y\, dz\, dx + A_z\, dx\, dy)$$

である.ここで,面素 dS の外向き法線 $\mathbf{n}$ の方向余弦を $\bar{l},\ \bar{m},\ \bar{n}$ とすれば,

$$\iint (A_x\, dy\, dz + A_y\, dz\, dx + A_z\, dx\, dy) = \int (A_x \bar{l}\, dS + A_y \bar{m}\, dS + A_z \bar{n}\, dS)$$

となる.ここで,

$$A_x \bar{l} + A_y \bar{m} + A_z \bar{n} = \mathbf{A} \cdot \mathbf{n} = A_n$$

であるので,式 (2.35) が成立する.

2.2.3 運動量保存の法則

 微小表面 dS で囲まれた微小領域 dV での流体の運動量保存,すなわち力のつり合いを考える.質量に関する力は慣性力と重力などの体積力 $\mathbf{K}$ で,表面力は圧力 p であるので,そのつり合いは

$$\int_V \left(-\rho \frac{D\mathbf{v}}{Dt}\, dV + \mathbf{K} \rho\, dV \right) = \int_S p\mathbf{n}\, dS$$

である.ここに,$\mathbf{n}$ は表面 S の外向き法線ベクトルである.表面積分は,ガウスの発散定理と注釈 2.2 により体積分に直すことができて,

$$\int_S p\mathbf{n}\, dS = \int_V \mathrm{div}\, p\, dV = \int_V \mathrm{grad}\, p\, dV$$

となるので,先の式は

$$\int_V \left(-\rho \frac{D\mathbf{v}}{Dt}\, dV + \mathbf{K} \rho\, dV - \mathrm{grad}\, p\, dV \right) = 0$$

となる.領域 V のとり方は任意なので,

$$\rho \frac{D\mathbf{v}}{Dt} = \mathbf{K}\rho - \operatorname{grad} p \tag{2.36}$$

が成立する．時間微分は，式 (2.32) より

$$\frac{D\mathbf{v}}{Dt} = \frac{\partial \mathbf{v}}{\partial t} + (\mathbf{v} \cdot \operatorname{grad})\mathbf{v}$$

であるので，式 (2.36) は

$$\frac{\partial \mathbf{v}}{\partial t} + (\mathbf{v} \cdot \operatorname{grad})\mathbf{v} = \mathbf{K} - \frac{1}{\rho}\operatorname{grad} p \tag{2.37}$$

となる．$\mathbf{K}$ の x, y, z 方向の成分を X, Y, Z として各方向で書き直せば，

$$\begin{aligned}
\frac{\partial u}{\partial t} + u\frac{\partial u}{\partial x} + v\frac{\partial u}{\partial y} + w\frac{\partial u}{\partial z} &= X - \frac{1}{\rho}\frac{\partial p}{\partial x} \\
\frac{\partial v}{\partial t} + u\frac{\partial v}{\partial x} + v\frac{\partial v}{\partial y} + w\frac{\partial v}{\partial z} &= Y - \frac{1}{\rho}\frac{\partial p}{\partial y} \\
\frac{\partial w}{\partial t} + u\frac{\partial w}{\partial x} + v\frac{\partial w}{\partial y} + w\frac{\partial w}{\partial z} &= Z - \frac{1}{\rho}\frac{\partial p}{\partial z}
\end{aligned} \tag{2.38}$$

となる．これが，オイラーの**運動方程式** (equation of motion) である．

2.2.4 エネルギー保存則

エネルギー保存則は熱力学の第 1 法則にほかならない．したがって，流体は熱力学の法則に従う．気体では状態方程式などが採用され，密度 ρ は圧力 p の関数となるが，本書で採用する液体の運動では $\rho = $ 一定，すなわち非圧縮条件とする．よって，連続の方程式 (2.34) は

$$\frac{\partial u}{\partial x} + \frac{\partial v}{\partial y} + \frac{\partial w}{\partial z} = 0 \tag{2.39}$$

となる．

2.3 渦なし運動と圧力方程式

本節では，渦なし運動の仮定の下に速度ポテンシャルを導入する．この速度ポテンシャルを連続方程式（質量保存則）と非圧縮条件（エネルギー保存則）に適用すれば，速度ポテンシャルに関するラプラスの方程式が得られる．また，速度ポテンシャルを使って運動方程式を書き表せば，ベルヌーイの方程式が得られることを示す．

2.3.1 流体粒子の運動

流体が運動する場合，流体粒子間に速度差があるため，流体粒子は変形し，回転する．流体粒子の速度の変化を $d\mathbf{v}$ として，

$$d\mathbf{v} = \frac{1}{2}\omega_x(dy\,\mathbf{k} - dz\,\mathbf{j}) + \frac{1}{2}\gamma_{yz}(dy\,\mathbf{k} + dz\,\mathbf{j}) + \varepsilon_x\,dx\,\mathbf{i}$$
$$+ \frac{1}{2}\omega_y(dz\,\mathbf{i} - dx\,\mathbf{k}) + \frac{1}{2}\gamma_{zx}(dz\,\mathbf{i} + dx\,\mathbf{k}) + \varepsilon_y\,dy\,\mathbf{j}$$
$$+ \frac{1}{2}\omega_z(dx\,\mathbf{j} - dy\,\mathbf{i}) + \frac{1}{2}\gamma_{xy}(dx\,\mathbf{j} + dy\,\mathbf{i}) + \varepsilon_z\,dz\,\mathbf{k} \qquad (2.40)$$

となる．ここに，

$$\left.\begin{array}{l} \omega_x = \dfrac{\partial w}{\partial y} - \dfrac{\partial v}{\partial z}, \quad \gamma_{yz} = \dfrac{\partial w}{\partial y} + \dfrac{\partial v}{\partial z}, \quad \varepsilon_x = \dfrac{\partial u}{\partial x}, \\ \omega_y = \dfrac{\partial u}{\partial z} - \dfrac{\partial w}{\partial x}, \quad \gamma_{zx} = \dfrac{\partial u}{\partial z} + \dfrac{\partial w}{\partial x}, \quad \varepsilon_y = \dfrac{\partial v}{\partial y}, \\ \omega_z = \dfrac{\partial v}{\partial x} - \dfrac{\partial u}{\partial y}, \quad \gamma_{xy} = \dfrac{\partial v}{\partial x} + \dfrac{\partial u}{\partial y}, \quad \varepsilon_z = \dfrac{\partial w}{\partial z} \end{array}\right\} \qquad (2.41)$$

である．各組の第1式 (ω) は回転，第2式 (γ) はせん断変形，第3式 (ε) は伸縮に相当する．たとえば，2次元で x 方向の速度 u については，

$$du = \frac{\partial u}{\partial x}\,dx + \frac{\partial u}{\partial y}\,dy$$
$$= -\frac{1}{2}\left(\frac{\partial v}{\partial x} - \frac{\partial u}{\partial y}\right)dy + \frac{1}{2}\left(\frac{\partial v}{\partial x} + \frac{\partial u}{\partial y}\right)dy + \frac{\partial u}{\partial x}\,dx$$
$$= -\frac{1}{2}\omega_z\,dy + \frac{1}{2}\gamma_{xy}\,dy + \varepsilon_x\,dx$$

となる．

2.3.2 渦なし運動

前節での回転に関する ω を**渦度** (vorticity) という．ベクトル形で書けば，

$$\boldsymbol{\omega} = \mathrm{rot}\,\mathbf{v} \qquad (2.42)$$

である (注釈 2.4 参照)．この $\boldsymbol{\omega} = 0$ が成立する流体の運動を，**渦なし運動**という．静止状態から始まる運動や，一様流中に置かれた物体の周りの流れは渦なし運動とみなすことができる．渦は揚力面理論では重要な役割を果たすが，本書で対象とする液体運動では渦は生じないと考えてよい．

【注釈 2.4】ベクトル解析の記号 (その 2)　ベクトル関数を $\mathbf{A}$ とするとき,

$$\mathrm{rot}\,\mathbf{A} = \begin{vmatrix} \mathbf{i} & \mathbf{j} & \mathbf{k} \\ \dfrac{\partial}{\partial x} & \dfrac{\partial}{\partial y} & \dfrac{\partial}{\partial z} \\ A_x & A_y & A_z \end{vmatrix}$$

$$= \left(\frac{\partial A_z}{\partial y} - \frac{\partial A_y}{\partial z}\right)\mathbf{i} + \left(\frac{\partial A_x}{\partial z} - \frac{\partial A_z}{\partial x}\right)\mathbf{j} + \left(\frac{\partial A_y}{\partial x} - \frac{\partial A_x}{\partial y}\right)\mathbf{k}$$

を $\mathbf{A}$ の**回転**といい,

$$\mathrm{rot}\,\mathbf{A} \quad \text{または} \quad \mathrm{curl}\,\mathbf{A} \quad \text{または} \quad \nabla \times \mathbf{A}$$

と表記する.

渦なしということは, 成分で書き表せば,

$$\omega_x = \frac{\partial w}{\partial y} - \frac{\partial v}{\partial z} = 0, \quad \omega_y = \frac{\partial u}{\partial z} - \frac{\partial w}{\partial x} = 0, \quad \omega_z = \frac{\partial v}{\partial x} - \frac{\partial u}{\partial y} = 0 \qquad (2.43)$$

であるので, あるスカラー関数 Φ を導入して,

$$\mathbf{v} = \mathrm{grad}\,\Phi \qquad (2.44)$$

と表せば, すなわち,

$$u = \frac{\partial \Phi}{\partial x}, \quad v = \frac{\partial \Phi}{\partial y}, \quad w = \frac{\partial \Phi}{\partial z} \qquad (2.45)$$

とすれば, 式 (2.43) の渦なし条件を満足していることがわかる. Φ を**速度ポテンシャル** (velocity potential) という.

次に, 速度ポテンシャルによって 2.1 節の基礎方程式を書き直してみよう. まず, 非圧縮性を仮定した連続方程式 (2.39) は,

$$\frac{\partial^2 \Phi}{\partial x^2} + \frac{\partial^2 \Phi}{\partial y^2} + \frac{\partial^2 \Phi}{\partial z^2} = 0 \qquad (2.46)$$

となり, よく知られた**ラプラスの方程式**となる. この式は,

$$\nabla^2 \Phi = 0 \quad \text{または} \quad \Delta \Phi = 0 \qquad (2.47)$$

とも書き表される. 演算子 Δ は**ラプラシアン**とよばれる. この式には, エネルギー保存則も $\rho = $ 一定という条件で考慮されていることに注意されたい.

次に, 運動量保存則についてのオイラーの運動方程式に関しては, $q = |\mathbf{v}|$ として

$$(\mathbf{v} \cdot \mathrm{grad})\mathbf{v} = \mathrm{grad}\,\frac{q^2}{2} - \mathbf{v} \times \mathrm{rot}\,\mathbf{v} \qquad (2.48)$$

と書き直すことができる (注釈 2.5) ので，式 (2.37) は

$$\frac{\partial \mathbf{v}}{\partial t} = \mathbf{K} - \frac{1}{\rho}\operatorname{grad} p - \operatorname{grad}\frac{q^2}{2} + \mathbf{v} \times \operatorname{rot} \mathbf{v} \tag{2.49}$$

となる．ここで，渦なし運動の仮定と速度ポテンシャルの定義により，

$$\operatorname{rot}\mathbf{v} = 0, \quad \mathbf{v} = \operatorname{grad}\Phi, \quad q^2 = \nabla\Phi\cdot\nabla\Phi$$

であるので，式 (2.49) は

$$\mathbf{K} = \operatorname{grad}\left\{\frac{\partial \Phi}{\partial t} + \frac{1}{2}(\nabla\Phi\cdot\nabla\Phi) + \frac{p}{\rho}\right\} \tag{2.50}$$

となる．

次に，スロッシングへの準備として，物体力として z 方向 ($\mathbf{k}$ 方向) の重力加速度 g のみを考えれば，

$$\mathbf{K} = -g\mathbf{k}$$

である．マイナス符号は，z の正方向 ($\mathbf{k}$ 方向) を重力と逆方向にとっているためである．この式を式 (2.50) に代入して，z 方向に関して積分すると，

$$\frac{\partial \Phi}{\partial t} + \frac{1}{2}(\nabla\Phi\cdot\nabla\Phi) + \frac{p}{\rho} + gz = F(t) \tag{2.51}$$

なる**圧力方程式**（拡張された**ベルヌーイ方程式**）となる．$F(t)$ は時間 t のみの任意の積分定数である．ここで，

$$\bar{\Phi} = \Phi - \int F(t)\,dt$$

とおけば，式 (2.44) と式 (2.51) は

$$\mathbf{v} = \operatorname{grad}\bar{\Phi}, \quad \frac{\partial \bar{\Phi}}{\partial t} + \frac{1}{2}(\nabla \mathbf{v})^2 + \frac{p}{\rho} + gz = 0$$

と書き表せ，$\bar{\Phi}$ を速度ポテンシャルとみなせば任意関数 $F(t)$ は 0 となる．よって，改めて $\bar{\Phi}$ を Φ として，

$$\frac{\partial \Phi}{\partial t} + \frac{1}{2}(\nabla\mathbf{v})^2 + \frac{p}{\rho} + gz = 0 \tag{2.52}$$

あるいは，

$$\frac{\partial \Phi}{\partial t} + \frac{1}{2}\left\{\left(\frac{\partial \Phi}{\partial x}\right)^2 + \left(\frac{\partial \Phi}{\partial y}\right)^2 + \left(\frac{\partial \Phi}{\partial z}\right)^2\right\} + \frac{p}{\rho} + gz = 0 \tag{2.53}$$

となる．

【注釈 2.5】 式 (2.48) は，一般的な公式

$$\mathrm{grad}(\mathbf{A}\cdot\mathbf{B}) = \nabla(\mathbf{A}\cdot\mathbf{B})$$
$$= (\mathbf{A}\cdot\nabla)\mathbf{B} + (\nabla\cdot\mathbf{B})\mathbf{A} + \mathbf{A}\times\mathrm{rot}\,\mathbf{B} + \mathbf{B}\times\mathrm{rot}\,\mathbf{A} \quad (2.54)$$

において $\mathbf{A}=\mathbf{B}=\mathbf{v}$ とおけば，

$$\nabla\mathbf{v}^2 = \nabla(\mathbf{v}\cdot\mathbf{v}) = 2(\mathbf{v}\cdot\nabla)\mathbf{v} + 2\mathbf{v}\times\mathrm{rot}\,\mathbf{v}$$

であるので，

$$(\mathbf{v}\cdot\mathrm{grad})\mathbf{v} = (\mathbf{v}\cdot\nabla)\mathbf{v} = \frac{1}{2}\nabla\mathbf{v}^2 - \mathbf{v}\times\mathrm{rot}\,\mathbf{v}$$

として得られる．公式 (2.54) は，次のように証明できる (文献 [15]，p. 86).

証明 まず，

$$\begin{aligned}
\nabla(\mathbf{A}\cdot\mathbf{B}) &= \mathbf{i}\frac{\partial(\mathbf{A}\cdot\mathbf{B})}{\partial x} + \mathbf{j}\frac{\partial(\mathbf{A}\cdot\mathbf{B})}{\partial y} + \mathbf{k}\frac{\partial(\mathbf{A}\cdot\mathbf{B})}{\partial z} \\
&= \mathbf{i}\left(\frac{\partial\mathbf{A}}{\partial x}\cdot\mathbf{B}\right) + \mathbf{j}\left(\frac{\partial\mathbf{A}}{\partial y}\cdot\mathbf{B}\right) + \mathbf{k}\left(\frac{\partial\mathbf{A}}{\partial z}\cdot\mathbf{B}\right) \\
&\quad + \mathbf{i}\left(\mathbf{A}\cdot\frac{\partial\mathbf{B}}{\partial x}\right) + \mathbf{j}\left(\mathbf{A}\cdot\frac{\partial\mathbf{B}}{\partial y}\right) + \mathbf{k}\left(\mathbf{A}\cdot\frac{\partial\mathbf{B}}{\partial z}\right)
\end{aligned} \quad (2.55)$$

である．次に，公式の右辺に出てくる $\mathbf{A}\times\mathrm{rot}\,\mathbf{B}$ は，

$$\begin{aligned}
\mathbf{A}\times\mathrm{rot}\,\mathbf{B} &= \mathbf{A}\times\left(\mathbf{i}\times\frac{\partial\mathbf{B}}{\partial x} + \mathbf{j}\times\frac{\partial\mathbf{B}}{\partial y} + \mathbf{k}\times\frac{\partial\mathbf{B}}{\partial z}\right) \\
&= \left\{\left(\mathbf{A}\cdot\frac{\partial\mathbf{B}}{\partial x}\right)\mathbf{i} - (\mathbf{A}\cdot\mathbf{i})\frac{\partial\mathbf{B}}{\partial x}\right\} + \left\{\left(\mathbf{A}\cdot\frac{\partial\mathbf{B}}{\partial y}\right)\mathbf{j} - (\mathbf{A}\cdot\mathbf{j})\frac{\partial\mathbf{B}}{\partial y}\right\} \\
&\quad + \left\{\left(\mathbf{A}\cdot\frac{\partial\mathbf{B}}{\partial z}\right)\mathbf{k} - (\mathbf{A}\cdot\mathbf{k})\frac{\partial\mathbf{B}}{\partial z}\right\} \\
&= \mathbf{i}\left(\mathbf{A}\cdot\frac{\partial\mathbf{B}}{\partial x}\right) + \mathbf{j}\left(\mathbf{A}\cdot\frac{\partial\mathbf{B}}{\partial y}\right) + \mathbf{k}\left(\mathbf{A}\cdot\frac{\partial\mathbf{B}}{\partial z}\right) \\
&\quad - \left(A_x\frac{\partial\mathbf{B}}{\partial x} + A_y\frac{\partial\mathbf{B}}{\partial y} + A_z\frac{\partial\mathbf{B}}{\partial z}\right)
\end{aligned}$$

となる．よって，

$$\mathbf{i}\left(\mathbf{A}\cdot\frac{\partial\mathbf{B}}{\partial x}\right) + \mathbf{j}\left(\mathbf{A}\cdot\frac{\partial\mathbf{B}}{\partial y}\right) + \mathbf{k}\left(\mathbf{A}\cdot\frac{\partial\mathbf{B}}{\partial z}\right) = \mathbf{A}\times\mathrm{rot}\,\mathbf{B} + (\mathbf{A}\cdot\nabla)\mathbf{B}$$

同様に，

$$\mathbf{i}\left(\mathbf{B}\cdot\frac{\partial\mathbf{A}}{\partial x}\right) + \mathbf{j}\left(\mathbf{B}\cdot\frac{\partial\mathbf{A}}{\partial y}\right) + \mathbf{k}\left(\mathbf{B}\cdot\frac{\partial\mathbf{A}}{\partial z}\right) = \mathbf{B}\times\mathrm{rot}\,\mathbf{A} + (\mathbf{B}\cdot\nabla)\mathbf{A}$$

であるので，これらを最初の式 (2.55) に代入すれば，式 (2.54) が得られる．

2.4 スロッシングの基礎方程式

前節までの一般論から,スロッシングに関しての基礎方程式と境界条件を求める.スロッシングを考える場合,液体は非粘性・非圧縮で,その運動は渦なしと考える.また,自由表面にはたらく力は,当面,重力のみを考える.よって,速度ポテンシャルが導入できて,その基礎方程式は,式 (2.47) より

$$\nabla^2 \Phi = 0 \tag{2.56}$$

である.静止水面からスロッシング液面の z 方向 (この重力逆方向を z の正方向とする) の変位を η とすると,式 (2.45) より

$$\frac{\partial \eta}{\partial t} = w = \frac{\partial \Phi}{\partial z} \tag{2.57}$$

である.自由表面での力のつり合いは,圧力の平衡と考え,自由表面で圧力 $p=0$ であるので,式 (2.53) において $z=\eta$ として,

$$\frac{\partial \Phi}{\partial t} + \frac{1}{2}\left\{\left(\frac{\partial \Phi}{\partial x}\right)^2 + \left(\frac{\partial \Phi}{\partial y}\right)^2 + \left(\frac{\partial \Phi}{\partial z}\right)^2\right\} + g\eta = 0 \tag{2.58}$$

であるが,速度は小さいとして,速度2乗項をほかの項に比べて省略して (省略しないのが**有限波高理論**,第6章にて説明する),

$$\frac{\partial \Phi}{\partial t} + g\eta = 0 \tag{2.59}$$

となる.これが自由表面での**力学的境界条件**である.液体の入っているタンクの壁面に垂直な液体の速度 v_n と,壁の速度 w_s が等しいという条件が**幾何学的境界条件**で,

$$v_n = \frac{\partial \Phi}{\partial n} = \begin{cases} 0 & (\text{タンクが剛壁のとき}) \\ w_s & (\text{タンクが弾性変形するとき}) \\ W_s & (\text{タンクが剛体運動しているとき}) \end{cases} \tag{2.60}$$

である.本章ではタンクが剛壁の場合を考え,以下の各節で円筒タンクや矩形タンクでのスロッシングの固有振動特性を解析する.タンクが弾性変形する場合には,液体と構造との連成解析を行わねばならず,これは第7章,第8章で取り扱う.タンクが剛体運動している場合は,第5章でスロッシングのメカニカルモデルを導出する場合に取り扱うこととする.

2.5 円筒タンクにおけるスロッシング

前節でスロッシングの基礎方程式と境界条件が設定されたので，まず，円筒タンクにおけるスロッシングについて特性を求めてみる．

2.5.1 円筒タンクでの基礎方程式と境界条件

半径 a，深さ h の円筒タンクについては，図 2.5 に示すような円柱座標系 (r, θ, z) を導入する．速度ポテンシャル Φ に関する**ラプラスの方程式** (2.56) は，

$$\left(\frac{\partial^2}{\partial r^2} + \frac{1}{r}\frac{\partial}{\partial r} + \frac{1}{r^2}\frac{\partial^2}{\partial \theta^2} + \frac{\partial^2}{\partial z^2}\right)\Phi = 0 \tag{2.61}$$

であり (注釈 2.6 参照)，境界条件 (2.60) は側面で r 方向の速度 $w \,(= \partial\Phi/\partial r)$ がゼロ，底面でも z 方向の速度 $u \,(= \partial\Phi/\partial z)$ がゼロで，

$$\frac{\partial \Phi}{\partial r} = 0 \quad (r = a \text{ において}) \tag{2.62}$$

$$\frac{\partial \Phi}{\partial z} = 0 \quad (z = -h \text{ において}) \tag{2.63}$$

である．自由表面では液体の波の高さを η として，ベルヌーイの圧力方程式から式 (2.59) が成立するが，自由表面では，速度ポテンシャルの定義から，式 (2.57) からは

$$\frac{\partial \eta}{\partial t} = \frac{\partial \Phi}{\partial z} \tag{2.64}$$

であるので，式 (2.59) を時間 t で微分して式 (2.64) により η を消去すれば，

$$\frac{\partial^2 \Phi}{\partial t^2} + g\frac{\partial \Phi}{\partial z} = 0 \quad (z = 0 \text{ において}) \tag{2.65}$$

なる速度ポテンシャルのみで記述された境界条件式を得る．

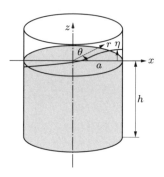

図 2.5 円筒タンクでの座標系

【注釈 2.6】円柱座標で表したラプラスの方程式 　直交座標系 (x,y,z) と円柱座標系 (r,θ,z) との関係は，

$$x = r\cos\theta, \quad y = r\sin\theta, \quad z = z$$

であるので，

$$\frac{\partial}{\partial x} = \frac{\partial}{\partial r}\frac{\partial r}{\partial x} + \frac{\partial}{\partial \theta}\frac{\partial \theta}{\partial x} = \cos\theta\frac{\partial}{\partial r} - \frac{\sin\theta}{r}\frac{\partial}{\partial \theta}$$

であり，さらに，

$$\begin{aligned}
\frac{\partial^2}{\partial x^2} &= \frac{\partial}{\partial x}\left(\cos\theta\frac{\partial}{\partial r} - \frac{\sin\theta}{r}\frac{\partial}{\partial \theta}\right)\\
&= \left(\cos\theta\frac{\partial}{\partial r} - \frac{\sin\theta}{r}\frac{\partial}{\partial \theta}\right)\left(\cos\theta\frac{\partial}{\partial r} - \frac{\sin\theta}{r}\frac{\partial}{\partial \theta}\right)\\
&= \cos^2\theta\frac{\partial^2}{\partial r^2} - \frac{2\sin\theta\cos\theta}{r}\frac{\partial^2}{\partial r\partial \theta}\\
&\quad + \frac{\sin^2\theta}{r}\frac{\partial}{\partial r} + \frac{2\sin\theta\cos\theta}{r^2}\frac{\partial}{\partial \theta} + \frac{\sin^2\theta}{r^2}\frac{\partial^2}{\partial \theta^2}
\end{aligned}$$

となる．同様に，

$$\begin{aligned}
\frac{\partial^2}{\partial y^2} &= \sin^2\theta\frac{\partial^2}{\partial r^2} + \frac{2\sin\theta\cos\theta}{r}\frac{\partial^2}{\partial r\partial \theta}\\
&\quad + \frac{\cos^2\theta}{r}\frac{\partial}{\partial r} - \frac{2\sin\theta\cos\theta}{r^2}\frac{\partial}{\partial \theta} + \frac{\cos^2\theta}{r^2}\frac{\partial^2}{\partial \theta^2}
\end{aligned}$$

となり，式 (2.61) が得られる．

2.5.2 円柱座標系での解

自由表面の境界条件式 (2.65) は時間 t を含んでいる．系に角振動数 ω の調和振動を考えると，時間と空間に関して

$$\Phi(r,\theta,z,t) = \hat{\Phi}(r,\theta,z)e^{j\omega t} \tag{2.66}$$

と変数分離できる．$\hat{\Phi}$ に関してラプラスの方程式と境界条件 (2.62), (2.63) を満足するようにこれから解いていく．ラプラスの方程式を円柱座標系で解くには，通常の**変数分離法**を使って，

$$\hat{\Phi}(r,\theta,z) = R(r)\Theta(\theta)Z(z) \tag{2.67}$$

とおく．これを式 (2.61) に代入して両辺を $R(r)\Theta(\theta)Z(z)$ で割れば，

$$\frac{1}{R}\left(\frac{d^2R}{dr^2} + \frac{1}{r}\frac{dR}{dr}\right) + \frac{1}{r^2\Theta}\frac{d^2\Theta}{d\theta^2} + \frac{1}{Z}\frac{d^2Z}{dz^2} = 0 \tag{2.68}$$

となる．左辺の第3項は z だけの関数，はじめの2項は r と θ だけの関数であるので，α を定数として

$$\frac{1}{R}\left(\frac{d^2R}{dr^2}+\frac{1}{r}\frac{dR}{dr}\right)+\frac{1}{r^2\Theta}\frac{d^2\Theta}{d\theta^2}=-\frac{1}{Z}\frac{d^2Z}{dz^2}=\alpha$$

とおける．これは二つの式となって，

$$\frac{d^2Z}{dz^2}-\alpha Z=0 \tag{2.69}$$

$$\frac{r^2}{R}\left(\frac{d^2R}{dr^2}+\frac{1}{r}\frac{dR}{dr}\right)+\alpha r^2+\frac{1}{\Theta}\frac{d^2\Theta}{d\theta^2}=0 \tag{2.70}$$

となる．さらに，この第2式 (2.70) より，β を定数として，先ほどの α の場合と同様にして，

$$\frac{d^2\Theta}{d\theta^2}-\beta\Theta=0 \tag{2.71}$$

$$\frac{d^2R}{dr^2}+\frac{1}{r}\frac{dR}{dr}+\left(\alpha+\frac{\beta}{r^2}\right)R=0 \tag{2.72}$$

となる．Θ は1価関数でなければならないので，

$$\Theta(\theta+2\pi)=\Theta(\theta)$$

となり，n を整数として $\beta=-n^2$ であって，

$$\Theta(\theta)=\cos n\theta,\sin n\theta \tag{2.73}$$

となる．α は境界条件によって異なる符号をとるが，ともかく整数 n に関しての解なので，添え字 n を付けて

$$\sqrt{\alpha}=\lambda_n \tag{2.74}$$

として，

$$x=\lambda_n r$$

と置き換えると，R に関する方程式 (2.72) は

$$\frac{d^2R}{dx^2}+\frac{1}{x}\frac{dR}{dx}+\left(1-\frac{n^2}{x^2}\right)R=0 \tag{2.75}$$

と書かれる．これを**ベッセルの微分方程式**といい，この一般解は第1種の**ベッセル関数** (Bessel function) $J_n(x)$ と第2種のベッセル関数 (**ノイマン関数** (Neumann function) ともいう) $Y_n(x)$ である．ベッセル関数は**円柱関数** (cylindrical function,

または円筒関数)ともよばれる．というよりも，「円柱座標系でのラプラスの方程式の基本解を円筒関数と名づけた」と考えたほうがわかりやすい[†]．よって，

$$R(r) = R(x) = J_n(x), Y_n(x)$$

である (注釈 2.7 参照)．

【注釈 2.7】 ベッセルの微分方程式 (2.75) の一般解は，A, B を定数として

$$R(x) = AJ_n(x) + BJ_{-n}(x)$$

であるが，第 2 種ベッセル関数は

$$Y_n(x) = \frac{1}{\sin n\pi} \{\cos n\pi \cdot J_n(x) - J_{-n}(x)\}$$

と定義されるので，

$$R(x) = AJ_n(x) + BY_n(x)$$

とも書ける．さらに，微分方程式 (2.75) と類似の

$$\frac{d^2 R}{dx^2} + \frac{1}{x}\frac{dR}{dx} - \left(1 + \frac{n^2}{x^2}\right)R = 0 \tag{2.76}$$

の一般解は

$$R(x) = AI_n(x) + BK_n(x) \tag{2.77}$$

と表せ，$I_n(x)$, $K_n(x)$ はそれぞれ，第 1 種，第 2 種**変形ベッセル関数** (または，変形されたベッセル関数，modified Bessel function) とよばれる．定義式は

$$I_n(x) = j^{-n} J_n(jx), \quad K_n(x) = \frac{\pi}{2\sin n\pi}\{I_{-n}(x) - I_n(x)\} \tag{2.78}$$

である (たとえば，文献 [5]，pp. 495-498)．変形ベッセル関数とは 8.3 節で出会うことになる．

式 (2.69) の一般解は，式 (2.74) より $\sqrt{\alpha} = \lambda_n$ としているので，

$$Z(z) = e^{\lambda_n z}, e^{-\lambda_n z}$$

すなわち双曲線関数で，

$$Z(z) = \sinh \lambda_n z, \cosh \lambda_n z$$

となる．

[†] 同じ考え方でいけば，球座標系での基本解は球関数 (Legendre 関数，注釈 8.4)，直交座標系では三角関数である．

以上をまとめて，C_i ($i = 1, 2, \ldots, 10$) を未定定数として，一般解は

$$\hat{\Phi}(r, \theta, z) = (C_1 \cos n\theta + C_2 \sin n\theta)$$
$$\times [(C_3 \cosh \lambda_n z + C_4 \sinh \lambda_n z)\{C_5 J_n(\lambda_n r) + C_6 Y_n(\lambda_n r)\}$$
$$+ (C_7 r + C_8)(C_9 r^n + C_{10} r^{-n})] \tag{2.79}$$

となる．最後の項 (C_7 以降) は $\lambda_n = 0$ に対応する解である．n は**円周方向波数** (後述の図 2.8 参照) と解釈できる．

未定定数 C_i は次のように決定される．まず，$r = 0$ での解の有界性から $C_6, C_{10} = 0$ であり，C_1, C_2 については位相が $90°$ ずれた運動を表すので，横スロッシングの場合 $C_2 = 0$ としておく．$C_2 = \pm C_1$ とすれば自由表面が振動しながら回るスワール (回転スロッシング，**図 2.6** (b)) となる．C_7, C_8 に関する項は，剛体変位を表すので 0 とする．また，底面の境界条件式 (2.63) より，

$$C_3 \cosh(-\lambda_n h) + C_4 \sinh(-\lambda_n h) = 0$$

となって，C_3 と C_4 との関係が得られて，結局，

$$\hat{\Phi} = C_1 \cos n\theta \cdot J_n(\lambda_n r) \frac{\cosh \lambda_n (z + h)}{\cosh \lambda_n h} \tag{2.80}$$

となる．さらに，側面の境界条件式 (2.62) より，

$$\left. \frac{\partial J_n(\lambda_n r)}{\partial r} \right|_{r=a} = 0 \tag{2.81}$$

となる．この**ベッセル関数のゼロ点**はスロッシングにおいては重要で，ゼロ点となる λ_n は無数にある．この i 番目のゼロ点を λ_{ni} として，

$$\xi_{ni} = \lambda_{ni} a \tag{2.82}$$

とおく．このゼロ点 ξ_{ni} を**表 2.1** に示す．高次の根については，近似的に

$$\xi_{ni+1} \approx \xi_{ni} + \pi$$

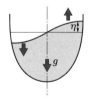
（a）スロッシング

（b）スロッシング波面の回転（スワール）

図 2.6 軸対称タンクでのスロッシング

2.5 円筒タンクにおけるスロッシング

表 2.1 ベッセル関数 $J_n(\xi)$ の微係数のゼロ点 $\xi_{ni} = \lambda_{ni}a$ (文献 [91], table 9.5 より抜粋)

i	$n=0$	$n=1$	$n=2$	$n=3$	$n=4$	$n=5$	$n=6$
1	0.0	1.8412	3.0542	4.2012	5.3176	6.4156	7.5013
2	3.8317	5.3314	6.7061	8.0152	9.2824	10.5199	11.7349
3	7.0156	8.5363	9.9695	11.3459	12.6819	13.9872	15.2682
4	10.1735	11.7060	13.1704	14.5859	15.9641	17.3128	18.6374
5	13.3237	14.8636	16.3475	17.7888	19.1960	20.5755	21.9317
6	16.4706	18.0155	19.5129	20.9725	22.4010	23.8036	25.1839
7	19.6159	21.1644	22.6716	24.1449	25.5898	27.0103	28.4098
8	22.7601	24.3113	25.8260	27.3101	28.7678	30.2029	31.6179

である．これで λ_n の値が λ_{ni} と決められた．よって，式 (2.66) に戻って，

$$\Phi(r,\theta,z,t) = \hat{\Phi}_{ni}(r,\theta,z)e^{j\omega t}$$
$$= C_1 \cos n\theta \cdot J_n(\lambda_{ni}r)\frac{\cosh \lambda_{ni}(z+h)}{\cosh \lambda_{ni}h}e^{j\omega t} \quad (2.83)$$

が得られる．

式 (2.83) を，時間変数を含んだ自由表面境界条件式 (2.65) に代入すると，

$$\omega^2 = g\lambda_{ni}\tanh \lambda_{ni}h$$

となる．このように決められた ω を改めて円周方向波数 n の第 i 次の固有角振動数 ω_{ni} として，

$$\omega_{ni}^2 = \xi_{ni}\frac{g}{a}\tanh \frac{\xi_{ni}h}{a} \quad (2.84)$$

と表す．固有振動数は，自由表面の境界条件式で決定されることに注意されたい．

さて，自由表面の固有振動モードは，式 (2.83) と式 (2.64) を使って，

$$\frac{\partial \eta}{\partial t} = \left.\frac{\partial \Phi}{\partial z}\right|_{z=0} = (C_1\lambda_{ni}\tanh \lambda_{ni}h)\cos n\theta \cdot J_n(\lambda_{ni}r)e^{j\omega_{ni}t} \quad (2.85)$$

である．これは速度に関する固有振動モードであるが，変位として書き直せば，

$$\eta = D_1 J_n(\lambda_{ni}r)\cos n\theta \cdot e^{j\omega_{ni}t} \quad (2.86)$$

$$D_1 = \frac{C_1}{j\omega_{ni}}\lambda_{ni}\tanh \lambda_{ni}h \quad (2.87)$$

である．この振動モードについてタンク側面から自由表面を見ると，図 2.7 のようになる．自由表面としては，$\eta(r,\theta)$ で $\theta=0$ の図形をプロットしていることになる．ここで，円周方向波数 n の第 i 次モードを (n,i) で表すことにする．$n=0$ の軸対称モードのみが中心点で変位をもち，ほかの n では中心では変位ゼロである．横スロッシン

42　第2章　スロッシングの固有振動特性

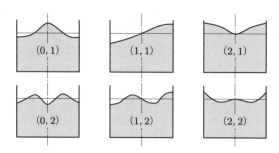

図 2.7　横から見た典型的な振動モード (n, i)

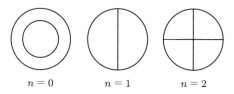

図 2.8　上から見たスロッシングの節線 ($i = 1$ のとき)

グの1次モードが $(1, 1)$, 2次モードが $(1, 2)$ である．上から見た振動の節は**図 2.8** のようになる．これは $\cos n\theta$ を図示していることとなる．したがって，$n = 3$ の場合は円周を6等分する節線となる．

圧力分布の時間変動分は，式 (2.53) において速度2乗項は低振動数領域では無視できて，また，gz 項は時間変動ではないので，

$$p(t) = -\rho\frac{\partial \Phi}{\partial t} = -\rho j\omega_{ni} C_1 \cos n\theta \cdot J_n\left(\frac{\xi_{ni} r}{a}\right)\frac{\cosh \lambda_{ni}(h+z)}{\cosh \lambda_{ni} h} e^{j\omega_{ni} t} \tag{2.88}$$

となる．

2.5.3　横スロッシングによる動圧

前節に示したのが円筒タンクでのスロッシングの連続体としての解で，固有振動数は式 (2.84) で示されるように，$n = 0, 1, 2, 3, \ldots$, $i = 1, 2, 3, \ldots$ の組み合わせで無数に存在する．この中で，タンクを剛体と考えれば，ほとんどの場合，$n = 1$, $i = 1$ の固有振動のみを考えておけばよいことを次に説明する．

地震応答や宇宙機の制御で問題となるのは，スロッシングにより発生する横力とモーメントである．横力とモーメントは，液体がタンク壁に及ぼす力の総和として得られる．よく用いられる軸対称タンクについては，円周方向波数 n が1の**横スロッシング** (lateral sloshing) のモードのみを考えればよい．その理由を以下に示す．

2.5 円筒タンクにおけるスロッシング

まず,軸対称タンクにおける速度ポテンシャルの解は,フーリエ級数的に円周方向に

$$\Phi(r,\theta,z,t) = \sum_{n=0}^{\infty}\sum_{i=1}^{\infty} \hat{\Phi}_{ni}(r,0,z)(C_{cni}\cos n\theta + C_{sni}\sin n\theta)e^{j\omega t} \quad (2.89)$$

と表されることは,前節の円筒タンクでの解 (2.80) からも類推できる.ここに,

$$\hat{\Phi}_{ni}(r,\theta,z) = C_1 \cos n\theta \cdot J_n(\lambda_{ni}r)\frac{\cosh\lambda_{ni}(z+h)}{\cosh\lambda_{ni}h} \quad (2.90)$$

である.また,速度ポテンシャルが式 (2.89) のように表されれば,$\hat{p}_{ni}$,$\hat{\eta}_{ni}$ をそれぞれ (n,i) モードの圧力と波高とすれば,圧力 p と波高 η を

$$p(r,\theta,z,t) = \sum_n \sum_i \hat{p}_{ni}(r,0,z)(C_{cni}\cos n\theta + C_{sni}\sin n\theta)e^{j\omega t} \quad (2.91)$$

$$\eta(r,\theta,t) = \sum_n \sum_i \hat{\eta}_{ni}(r,0)(C_{cnj}\cos n\theta + C_{sni}\sin n\theta)e^{j\omega t} \quad (2.92)$$

と表すことができる.このことは,速度ポテンシャルを介しての p と η との関係式 (2.53) の線形部分,すなわち式 (2.88) と式 (2.64)

$$p = -\rho\frac{\partial \Phi}{\partial t},\quad \frac{\partial \eta}{\partial t} = \frac{\partial \Phi}{\partial z} \quad (2.93)$$

より明らかである.式 (2.92) は,軸対称タンクでの任意の波は,フーリエ級数的に図 2.9 に示すように分解できることを意味している.

図 2.9 自由表面波形の分解

さて,スロッシングによる力は,タンク壁での圧力を総和して得られる.たとえば,y 方向の横力 F_y は

$$F_y = \iint p(r,\theta,z)\cos\theta \cdot r\, d\theta\, dz \quad (2.94)$$

となる.式 (2.91) をこの積分式に入れると,

$$F_y = \sum_n \sum_i \iint \hat{p}_{ni}(r,0,z)(C_c\cos n\theta + C_s\sin n\theta)\cos\theta \cdot r\, d\theta\, dz$$

となり,三角関数の直交性から非ゼロとなるのは $n=1$ の場合のみである.モーメントの場合も同様である.タンクが剛体とみなせれば局所的な強度は問題とならず,運動への影響だけを考えればよいので,横力と横力による曲げモーメントのみを考えれ

ばよい．すなわち，自由表面の波形はいかようなものであろうとも，その $n=1$ の成分だけが問題となるのである．よって，以下の議論では円周方向波数 $n=1$ の場合のみを考える．前節で1次のモード $(i=1)$ だけ考えればよいと述べたことの説明は，第5章のスロッシュマスの項（式 (5.58)）で述べる．これまで $n=0$ や $n=2$ のモードについて触れたのは $n=1$ のモードの特徴を対比させるためであり，今後 $n=1$ 以外は線形理論の範疇ではほとんど不要である．

2.6 部分円筒タンクにおけるスロッシング

図 2.10 に示すような分割されたタンクでのスロッシングを考える．このようなタンクは，分割されていない場合に比べ，固有振動数が高くなり，液体と接している壁面積が増えることによって減衰を高め，かつ液体が分割されるので，スロッシュ力も小さくできる．短所としては構造重量が増えることである．

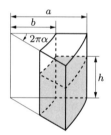

図 2.10　部分円筒タンク

基礎方程式と境界条件は

$$\nabla^2 \Phi = \left(\frac{\partial^2}{\partial r^2} + \frac{1}{r}\frac{\partial}{\partial r} + \frac{1}{r^2}\frac{\partial^2}{\partial \theta^2} + \frac{\partial^2}{\partial z^2} \right) \Phi = 0 \qquad (2.95)$$

$$\frac{\partial \Phi}{\partial z} = 0 \quad (z=-h \text{ において}) \qquad (2.96)$$

$$\frac{\partial \Phi}{\partial r} = 0 \quad (r=a,b \text{ において}) \qquad (2.97)$$

$$\frac{1}{r}\frac{\partial \Phi}{\partial \theta} = 0 \quad (\theta=0, 2\pi\alpha \text{ において}) \qquad (2.98)$$

$$\frac{\partial^2 \Phi}{\partial t^2} + g\frac{\partial \Phi}{\partial z} = 0 \quad (z=0 \text{ において}) \qquad (2.99)$$

である．前節の完全円筒タンクと異なるのは，境界条件式 (2.97), (2.98) のみである．

2.6 部分円筒タンクにおけるスロッシング

一般解は完全円筒タンクと同じ形であるが，式 (2.73) の整数 n の代わりに ν を採用して，

$$\Phi = (C_1 \cos \nu\theta + C_2 \sin \nu\theta)$$
$$\times [(C_3 \cosh \lambda_\nu z + C_4 \sinh \lambda_\nu z)\{C_5 J_\nu(\lambda_\nu r) + C_6 Y_\nu(\lambda_\nu r)\}$$
$$+ (C_7 r + C_8)(C_9 r^\nu + C_{10} r^{-\nu})]e^{j\omega t} \tag{2.100}$$

となる．まず，剛体変位を除去するため，$C_7 \sim C_{10}$ はゼロである．境界条件式 (2.96) は前節と同じであり，C_4 は C_3 で表せて，式 (2.80) と同じ形になって

$$\Phi = (C_1 \cos \nu\theta + C_2 \sin \nu\theta)\frac{\cosh \lambda_\nu(z+h)}{\cosh \lambda_\nu h}\{C_5 J_\nu(\lambda_\nu r) + C_6 Y_\nu(\lambda_\nu r)\}e^{j\omega t}$$

となる．境界条件式 (2.98) の $\theta = 0$ での条件から $C_2 = 0$ となり，$\theta = 2\pi\alpha$ での条件で $\sin \nu 2\pi\alpha = 0$ とならねばならないので，m を整数として

$$\nu 2\pi\alpha = m\pi$$

すなわち，

$$\nu = \frac{m}{2\alpha} \tag{2.101}$$

である．また，境界条件式 (2.97) の $r = a$ での条件から，

$$C_5 J_\nu(\lambda_\nu r) + C_6 Y_\nu(\lambda_\nu r) = C_6 \left\{ J_\nu(\lambda_\nu r) - \frac{J'_\nu(\lambda_\nu a)}{Y'_\nu(\lambda_\nu a)} Y_\nu(\lambda_\nu r) \right\}$$

となり，$r = b$ での条件から，

$$J'_\nu(\lambda_\nu a) Y'_\nu(\lambda_\nu b) - J'_\nu(\lambda_\nu b) Y'_\nu(\lambda_\nu a) = 0 \tag{2.102}$$

を得る．J'_ν は J_ν の r による微分を表す．この式を $\xi_\nu = \lambda_\nu a$ として，

$$J'_\nu(\xi_\nu) Y'_\nu(\xi_\nu b/a) - J'_\nu(\xi_\nu b/a) Y'_\nu(\xi_\nu) = 0 \tag{2.103}$$

と書き直して，式 (2.103) から ξ_ν が求められる．この根も無数にあるので，i 番目の根を $\xi_{\nu i}$ とする．根の一例を $b = a/\sqrt{2}$（ドーナツ部の体積が全円筒体積の半分）と $b = a/2$ の場合について**表 2.2** に示す．ほかの b/a での根については，ニュートン–ラフソン法などで求めることができる．式 (2.99) から，

$$\omega_{\nu i}^2 = \frac{g\xi_{\nu i}}{a} \tanh \frac{\xi_{\nu i} h}{a} \tag{2.104}$$

で，Φ についての固有モードは

表 2.2 式 (2.102) の根 $\xi_{\nu i} = \lambda_{\nu i} a$ （同心円タンクの場合）

ν	$b/a = 1/\sqrt{2},\ \alpha = 1$			$b/a = 1/2,\ \alpha = 1$			
	$i=1$	$i=2$	$i=3$	$i=1$	$i=2$	$i=3$	$i=4$
0	0	10.7745	21.4767	0	6.3932	12.6247	18.8889
1	1.1771	10.8419	21.5099	1.3547	6.5649	12.7064	18.9427
2	2.3526	11.0418	21.6091	2.6812	7.0626	12.9494	19.1032

$$\Phi = C_1 \cos\nu\theta \frac{\cosh\lambda_{\nu i}(z+h)}{\cosh\lambda_{\nu i}h}\left\{J_\nu(\lambda_{\nu i}r) - \frac{J'_\nu(\lambda_{\nu i}a)}{Y'_\nu(\lambda_{\nu i}a)}Y_\nu(\lambda_{\nu i}r)\right\}e^{j\omega_{\nu i}t}$$

$$(2.105)$$

となる．

例題 2.2 4分割の円筒タンク (quarter sector cylindrical tank, $\alpha = 1/4$, $b = 0$) での固有振動数を求めよ．ただし，半径 $a = 1$ m，水位 $h = 2$ m，$g = 9.8$ m/s² を採用せよ．

解答 式 (2.104) と表 2.1 を使う．ここで，$\alpha = 1/4$ なので，表 2.1 において

$$\nu = \frac{m}{2\alpha} = 2m \quad (m\ \text{は整数})$$

で，1次は $\xi_{21} = 3.0542$，2次は $\xi_{41} = 5.3176$，3次は $\xi_{22} = 6.7061$ となって，

$$\omega_{\nu i}^2 = \frac{9.8}{1}\xi_{\nu i} \tanh\frac{\xi_{\nu i}2}{1}$$

より $f_{\nu i} = \omega_{\nu i}/2\pi$ を計算すると，0.87 Hz, 1.15 Hz, 1.29 Hz となる．

例題 2.3 同心円型のタンクで，

外半径 $a = 1.414$ m，内半径 $b = 1$ m，水位 $h = 2$ m

の場合の外側の部分の固有振動数を求めよ．

解答 式 (2.104) と表 2.2 を使う．表 2.2 より，$\zeta_{11} = 1.1771$ なので，ω_{11} を計算すると，

$$\omega_{11}^2 = \frac{9.8}{1.414}1.1771\tanh\frac{1.1771\times 2}{1.414} = (0.447\times 2\pi)^2$$

で，横スロッシングでの1次固有振動数は 0.45 Hz となる．

2.7 長方形タンクにおけるスロッシング

図 2.11 に示すような長方形タンクでのスロッシングを考える．座標原点を，水位 h の液体の中心にとる．基礎方程式と境界条件は，

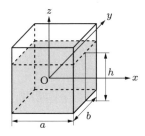

図 2.11 長方形タンク

$$\nabla^2 \Phi = \left(\frac{\partial^2}{\partial x^2} + \frac{\partial^2}{\partial y^2} + \frac{\partial^2}{\partial z^2} \right) \Phi = 0 \tag{2.106}$$

$$\frac{\partial \Phi}{\partial z} = 0 \quad \left(z = -\frac{h}{2} \text{ において} \right) \tag{2.107}$$

$$\frac{\partial \Phi}{\partial x} = 0 \quad (x = \pm a \text{ において}) \tag{2.108}$$

$$\frac{\partial \Phi}{\partial y} = 0 \quad (y = \pm b \text{ において}) \tag{2.109}$$

$$\frac{\partial^2 \Phi}{\partial t^2} + g \frac{\partial \Phi}{\partial z} = 0 \quad \left(z = \frac{h}{2} \text{ において} \right) \tag{2.110}$$

となる.

解を得るために，円筒タンクの場合と同じように変数分離法を用いて，

$$\Phi = e^{j\omega t} X(x) Y(y) Z(z)$$

として式 (2.106) に代入して XYZ で割ると，

$$\frac{1}{X} \frac{\partial^2 X}{\partial x^2} + \frac{1}{Y} \frac{\partial^2 Y}{\partial y^2} + \frac{1}{Z} \frac{\partial^2 Z}{\partial z^2} = 0$$

となる．ここで，各項はそれぞれの変数に対して相互に独立なので，

$$\frac{1}{X} \frac{\partial^2 X}{\partial x^2} = -\alpha, \quad \frac{1}{Y} \frac{\partial^2 Y}{\partial y^2} = -\beta, \quad \frac{1}{Z} \frac{\partial^2 Z}{\partial z^2} = \gamma \tag{2.111}$$

として[†]，

$$-\alpha - \beta + \gamma = 0 \tag{2.112}$$

[†] 符号については，円筒タンクからの類推で X, Y を三角関数，Z を双曲線関数とするためである．

が成立しなければならない．式 (2.111) より，

$$\frac{\partial^2 X}{\partial x^2} = -\alpha X$$

であるので，

$$X = e^{\pm j\sqrt{\alpha}x}$$

の形，すなわち C_1，C_2 を任意の定数として

$$X = C_1 \sin\sqrt{\alpha}x + C_2 \cos\sqrt{\alpha}x$$

が一般解となり，式 (2.108) の境界条件

$$\frac{\partial \Phi}{\partial x} = 0 \quad \left(x = \pm\frac{a}{2} \text{ において}\right)$$

を適用すれば，

$$X = C_n \sin\frac{(2n-1)\pi x}{a} \quad (n = 1, 2, \ldots) \tag{2.113}$$

が得られ，同様に，

$$Y = C_m \sin\frac{(2m-1)\pi y}{b} \quad (m = 1, 2, \ldots) \tag{2.114}$$

となる．C_n，C_m も任意の定数である．最後に，

$$\frac{\partial^2 Z}{\partial z^2} - \gamma Z = 0$$

を解くと，$\lambda^2 = \gamma$ として

$$Z = C_1 e^{\lambda z} + C_2 e^{-\lambda z} \tag{2.115}$$

となる．式 (2.115) を式 (2.106) の

$$\frac{\partial \Phi}{\partial z} = 0 \quad \left(z = -\frac{h}{2} \text{ において}\right)$$

に代入して

$$\lambda C_1 e^{-\lambda h/2} - \lambda C_2 e^{\lambda h/2} = 0, \quad C_2 = C_1 e^{-\lambda h}$$

となるので，式 (2.115) に代入して

$$Z = C_1 e^{-\lambda h/2}\{e^{\lambda(z+h/2)} + e^{-\lambda(z+h/2)}\} = 2C_1 \cosh\lambda\left(z + \frac{h}{2}\right)$$

となる．これを式 (2.109) の条件に代入して，

$$-\omega^2 \cosh \lambda h + g\lambda \sinh \lambda h = 0$$

であるので，固有角振動数は，この解の振動モードのパラメータ n, m を使って，

$$\omega_{nm}^2 = g\lambda_{nm} \tanh \lambda_{nm} h \tag{2.116}$$

となる．ここに，

$$\lambda_{nm}^2 = \gamma = \alpha + \beta = \left\{\frac{(2n-1)\pi}{a}\right\}^2 + \left\{\frac{(2m-1)\pi}{b}\right\}^2 \tag{2.117}$$

である．振動モードについてもまとめると，C を新たな任意定数として

$$\Phi_{nm} = C \sin\frac{(2n-1)\pi x}{a} \sin\frac{(2m-1)\pi y}{b} \cosh \lambda_{nm}\left(z + \frac{h}{2}\right) \cdot e^{j\omega_{nm}t} \tag{2.118}$$

である．

2.8 球形タンクにおけるスロッシング

解析的に解が得られるのは，ここまでに示したタンクだけであり，球形タンクや楕円タンクなどでは，級数展開などの方法で固有振動数を評価する．自由表面の固有振動モードは，ほぼ図 2.7, 2.8 と同じである．詳細は，第 5 章のメカニカルモデルの項で述べる．固有振動数については，タンクの半径を a，水位を h，$\kappa = h/a$ として，Rattayya の式[43]

$$\omega_1^2 \frac{a}{g} = \frac{1}{3}\frac{240 - 220\kappa + 72\kappa^2 - 9\kappa^3}{80 - 100\kappa + 44\kappa^2 - 9\kappa^3 + \kappa^4} \sin\left\{\frac{\pi}{4}(2-\kappa)\left(1 + \frac{\kappa}{3}\right)\right\} \tag{2.119}$$

がよく使われる．この式は 1 次の振動数であるが，2 次も含めて，水位と振動数の関係を図 2.12 に示す．$\kappa = 1$ のとき，

$$\omega_1^2 \frac{a}{g} = 1.50 = 1.22^2$$

である．

【注釈 2.8】剛体振り子でスロッシングが近似できるか？ 球形タンクでのスロッシングは，一見すると剛体振り子の振動のように見える．一方，スロッシングは自由表面の振動であり，液体全体の質量が移動しているわけではない．まず，剛体振り子としての固有振動数を求めてみる．タンク壁面で摩擦がなく，水位 h の液体すべてが剛体として振動する

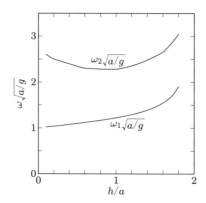

図 2.12 球形タンクにおける固有角振動数

と仮定すると，重心位置は，$\kappa = h/a$ として

$$h_G = \frac{8\kappa^3 - 3\kappa^4}{12\kappa^2 - 4\kappa^3} a$$

であり，回転中心は球形タンクの中心であるので，図 2.13 において中心からの距離 $l = a - h_G$ が決まれば，振り子としての固有振動数 ω が簡単に求められて，

$$\omega = \sqrt{\frac{g}{l}} = \sqrt{\frac{g}{a}} \sqrt{\frac{12\kappa^2 - 4\kappa^3}{12\kappa^2 - 12\kappa^3 + 3\kappa^4}} \tag{2.120}$$

となる．この式と式 (2.119) を比較して数値計算した結果を図 2.14 に示す．水位が低いときは差は小さいが，水位が深くなると両者は合わなくなる．大変形をするときには，スロッシングか，剛体移動が主体の運動かを区別するのは難しくなる．衛星では球形タンクが採用されるが，衛星がスピンし始めるときは液体は剛体移動し，新しい平衡位置でスロッシングが始まるような場合，両モデルを使う[198, 203]．

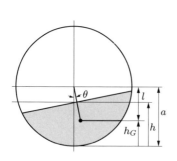

図 2.13 球形タンクでの剛体振り子

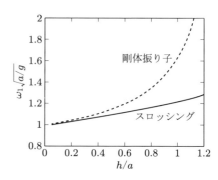

図 2.14 球形タンクでの剛体振り子とスロッシングの比較

境界要素法による数値計算

本節では,スロッシングの数値解析法として境界要素法を説明する.スロッシング解析に限れば,いろいろな方法があるが,境界要素法で液体の定式化をしておけば,タンクとの連成解析 (第 8 章) にも簡単に適用できる.

2.9.1 スロッシングの各種数値計算法

スロッシングの数値計算法としては,

- **(A)** **有限要素法** (**FEM**, Finite Element Method) で解析する方法 (文献 [70], [86], [114] など)
- **(B)** **境界要素法** (**BEM**, Boundary Element Method) で解析する方法 (文献 [66], [84], [124], [139], [149], [152], [161] など)
- **(C)** 級数展開で解析する方法 (文献 [65], [213] など)
- **(D)** 差分法で解析する方法

がある.(D) については偏微分方程式を差分法で解く古典的差分法もあるが,現在はストークス方程式を直接解く数値流体力学 (CFD, Computational Fluid Dynamics) が盛んで,これらについては 1.6 節で簡単に述べた.液体の運動を解析するという観点からは,この (D) の CFD がもっとも有効であるが,タンクの弾性変形も考慮する立場からは (A), (B) の方法が有力である.(A), (B) の方法においては,振動方程式はいずれも行列形式で表示できて,

$$[K_g]\{\delta\} + [M_v]\{\ddot{\delta}\} = \{F(t)\} \tag{2.121}$$

である.$[M_v]$ は液体の運動による質量行列であり,$[K_g]$ は重力による剛性行列で,低重力の場合,表面張力から作られる行列も加えられる (第 9 章参照).$[M_v]$ については,液体でなく,タンクの方に主眼を置く場合は**付加質量行列** (added mass matrix) とよばれる.変位の未知数 $\{\delta\}$ としては,有限要素法の場合,表面と内部の節点変位となるが,境界要素法の場合,液体表面だけの変位となる.スロッシングにおいて境界要素法の利点は,(1) 表面だけを要素分割するので,タンク構造との連成問題で余分な内面の自由度が入らない.(2) データ作成が簡単,ということが挙げられる.本節では,境界要素法による解析方法を説明する.

境界要素法による定式化としては,1980 年代以降は**重み付き残差法**から出発する[146].それまではグリーンの定理から定式化するのが通常の方法で,これは**積分方程式法** (integral equation method)[117] とよばれてきた.おもにポテンシャル問題 (ラプラスの方程式) を解くことに使われ,数値計算の段階では**湧き出し** (source) な

どの**特異点**を境界に分布させて，境界条件を満足するようにそれらの大きさを決めていく．このように境界条件を適用する段階では，**選点法** (collocation method) とも解釈できる．また，離散化の観点からは表面を要素分割するので，境界要素法とも解釈できる．重み付き残差法やグリーンの定理から定式化した境界要素法は特異点は陽に現れてこないので，これらの特異点を使わない定式化を**直接法** (direct method) という．特異点を介した境界要素法の定式化は**間接法** (indirect method) とよばれる．

2.9.2 境界要素法（間接法）

湧き出し，吸い込み，2重湧き出しなどの特異点でポテンシャル流れを解析する方法は，境界要素法の中の間接法として解釈される．本項では，間接法で定式化を行う．

液体の表面（自由表面だけでなくすべての表面）上の点 Q に**湧き出し** (source) $\sigma(q)$ を分布させた場合の点 P での速度ポテンシャルは

$$\Phi(p) = \int \frac{\sigma(q)}{r_{pq}} dS \tag{2.122}$$

と書き表すことができる (たとえば文献 [77])．表面法線方向の速度は，この式を微分して

$$\frac{\partial \Phi(p)}{\partial n} = \int \sigma(q) \frac{\partial}{\partial n}\left(\frac{1}{r_{pq}}\right) dS \tag{2.123}$$

であるが，$r_{pq} \to 0$ のとき，点 P，Q は表面上にあるので，ガウスの積分 (注釈 2.9) より，

$$\frac{\partial \Phi(p)}{\partial n} = 2\pi\sigma(p) + \int_{q \neq p} \sigma(q) \frac{\cos\gamma_{pq}}{r_{pq}^2} dS \tag{2.124}$$

となる．γ_{pq} は，**図 2.15** に示すように **r** と **n** とがなす角度である．式 (2.124) を境界要素で離散化して，

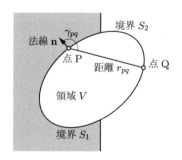

図 2.15　液体の付加質量行列作成時の記号

$$\{\Phi\} = [B]\{\sigma\} \tag{2.125}$$

$$\{v_n\} = \left\{\frac{\partial \Phi}{\partial n}\right\} = [C]\{\sigma\} \tag{2.126}$$

となる．ここに，$\{\Phi\}$，$\{v_n\}$，$\{\sigma\}$ はそれぞれ要素の節点値 Φ_i，v_{ni}，σ_i をその成分とするベクトルである．行列要素は

$$B_{ij} = \begin{cases} \dfrac{S_j}{r_{ij}} & (i \neq j) \\ I_B & (i = j) \end{cases} \tag{2.127}$$

$$C_{ij} = \begin{cases} \dfrac{S_j \cos\gamma_{ij}}{r_{ij}^2} & (i \neq j) \\ 2\pi + I_C & (i = j) \end{cases} \tag{2.128}$$

となる．この二つの式から $\{\sigma\}$ を消去すると，

$$\{\Phi\} = [B][C]^{-1}\{v_n\} \tag{2.129}$$

となる．I_B，I_C は $r_{ij} \to 0$ になったときの特異積分で，次節の軸対称要素で具体的な積分を説明する．

【注釈 2.9】ガウスの積分　閉曲面 S があるとき，その上の点 Q の原点 O に対するベクトルを $\mathbf{r}$ とし，点 Q における曲面の単位法線ベクトルを $\mathbf{n}$ とすれば，原点 O が S の外にあるか，内にあるか，あるいはまた S の上にあるかに従って，次の面積分 I は

$$I = \int_S \frac{\mathbf{r}\cdot\mathbf{n}}{r^3} dS = \begin{cases} 0 & (\text{原点 O が } S \text{ の外}) \\ 4\pi & (\text{原点 O が } S \text{ の内}) \\ 2\pi & (\text{原点 O が } S \text{ の上}) \end{cases} \tag{2.130}$$

である．この面積分 I は**ガウスの積分**とよばれる．

証明　ガウスの積分 I を変形して，

$$I = \int_S \frac{\mathbf{r}\cdot\mathbf{n}}{r^3} dS = -\int_S \frac{\partial}{\partial n}\left(\frac{1}{r}\right) dS = \int_S \frac{1}{r^2}\frac{\partial r}{\partial n} dS$$

としておく．ここで，n による微分項は

$$\frac{\partial r}{\partial n} = \frac{\mathbf{r}\cdot\mathbf{n}}{r} = \cos\gamma \quad (\text{通常 } \mathbf{r}\cdot\mathbf{n} = |\mathbf{r}||\mathbf{n}|\cos\gamma \text{ と定義する})$$

である．$\mathbf{n}$ は単位長さのベクトルであるが，$\mathbf{r}$ は長さが r のベクトルであるので，r による割り算が生じている．$\mathbf{r}\cdot\mathbf{n}$ はベクトルの内積であり，γ はベクトル $\mathbf{r}$ と $\mathbf{n}$ との作る角である．よって，原点 O が図 2.16 (a) のように曲面 S の外部にあるときは，発散定理と $1/r$ がラプラスの方程式を満足することより，

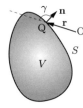  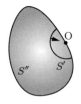

（a）O が外にある場合　　（b）O が内にある場合　　（c）O が境界上にある場合

図 2.16　ガウスの積分

$$I = -\int_S \mathbf{n} \cdot \nabla \frac{1}{r} dS = -\int_V \mathrm{div}\, \nabla \left(\frac{1}{r}\right) dV = -\int_V \nabla^2 \left(\frac{1}{r}\right) dV = 0 \quad (2.131)$$

となる．

原点 O が S の内部にあるときは，O において $1/r$ が無限大となるので証明法を変える[15]．図 (b) のように原点 O を中心とする半径 ρ の球面 S' を考え，S と S' による閉曲面を考えると，O は外部にあるので，

$$\int_S \frac{\mathbf{r} \cdot \mathbf{n}}{r^3} dS + \int_{S'} \frac{\mathbf{r} \cdot \mathbf{n}}{r^3} dS = 0$$

が成立する．よって，

$$\int_S \frac{\mathbf{r} \cdot \mathbf{n}}{r^3} dS = -\int_{S'} \frac{\mathbf{r} \cdot \mathbf{n}}{r^3} dS = -\int_{S'} \frac{\cos \gamma}{r^2} dS$$

である．球面 S' において $r = \rho$ で法線は原点 O に向かっているので，$\mathbf{n}$ と $\mathbf{r}$ は逆方向で $\cos \gamma = -1$ である．よって，

$$-\int_{S'} \frac{\cos \gamma}{r^2} dS = \frac{1}{\rho^2} \int_{S'} dS = \frac{1}{\rho^2} 4\pi \rho^2 = 4\pi$$

となる．

原点 O が境界上にあるとき，図 (c) のように O を中心とする球面の S の内部側にある部分を S' とし，球面の外側の部分を S'' とする．S' と S'' とで作る閉曲面に対して O は外部にあるので，

$$\int_{S'} \frac{\mathbf{r} \cdot \mathbf{n}}{r^3} dS + \int_{S''} \frac{\mathbf{r} \cdot \mathbf{n}}{r^3} dS = 0$$

で，先ほどと同じように，

$$\int_{S''} \frac{\mathbf{r} \cdot \mathbf{n}}{r^3} dS = -\int_{S'} \frac{\mathbf{r} \cdot \mathbf{n}}{r^3} dS = -\int_{S'} \frac{\cos \gamma}{r^2} dS$$

であり，曲面 S' の表面積は球面の半分の $2\pi\rho^2$ であるので，

$$-\int_{S'} \frac{\cos \gamma}{r^2} dS = \frac{1}{\rho^2} \int_{S'} dS = 2\pi$$

である．$\rho \to 0$ のとき，曲面 S'' は S になるので，

$$\int_S \frac{\mathbf{r}\cdot\mathbf{n}}{r^3} dS = 2\pi$$

となる．

ベクトルの方向に関して $\mathrm{OQ} = \mathbf{r}$ としている (図 2.16) が，逆向きの $\mathrm{QO} = \mathbf{r}$ とすれば (図 2.15)，I の値は 0，-4π，-2π となる．

2.9.3 液体の質量行列と剛性行列

本項では，液体の質量行列と剛性行列を求める．この両者が計算できれば，スロッシングの解析ができることになる．表面張力による剛性行列は第 9 章で，変形するタンク構造やブラダーなどは，構造の剛性行列として第 8 章で説明する．

(1) 液体の質量行列

さて，式 (2.129) が液体の速度ポテンシャルを液体表面の速度分布 $\{v_n\}$ で表した関係式である．次に，この速度ポテンシャルから液体の運動エネルギーを計算して，液体の付加質量行列を求めることにする．

液体の運動エネルギー T は，液体の速度ベクトルを $\mathbf{v}$ として

$$T = \frac{1}{2}\int_V \rho \mathbf{v}^2 \, dV \tag{2.132}$$

である．このとき，V は液体の体積である．この積分をグリーンの定理 (注釈 2.10) により，体積分から表面積分に直すと，

$$T = \frac{1}{2}\int_V \rho (\mathbf{v})^2 \, dV = \frac{\rho}{2}\int_V (\nabla \Phi)^2 \, dV = \frac{\rho}{2}\int_S \Phi \frac{\partial \Phi}{\partial n} \, dS \tag{2.133}$$

である．$\partial \Phi/\partial n = v_n$ であるので，Φ，v_n を式 (2.125) と式 (2.126) で定義された要素分割した離散系で書けば，

$$T = \frac{\rho}{2}\int_S \Phi \frac{\partial \Phi}{\partial n} \, dS = \frac{\rho}{2}\int_S \{\Phi\}^T \{v_n\} \, dS \tag{2.134}$$

となる．式 (2.129) を使って $\{\Phi\}$ を代入すると，

$$T = \frac{\rho}{2}\{v_n\}^T \int_S ([B][C]^{-1})^T \, dS \, \{v_n\} = \frac{\rho}{2}\{v_n\}^T ([B][C]^{-1})^T [S]\{v_n\} \tag{2.135}$$

となる．ここに，$[S]$ は対角要素を第 j 要素の面積 S_j とする対角行列である．式 (2.134) の $\{\Phi\}^T\{v_n\}$ の順序は逆になってもいいので，

$$([B][C]^{-1})^T = [B][C]^{-1}$$

と対称行列になっている．さて，質量行列 $[M]$ の定義は

$$T = \frac{1}{2}\{v_n\}^T[M]\{v_n\}$$

であるので，式 (2.135) と見比べれば，液体の付加質量行列 $[M_v]$ は

$$[M_v] = \rho[B][C]^{-1}[S] \tag{2.136}$$

と得られる．

【注釈 2.10】グリーンの定理　まず，グリーンの定理を紹介する．閉曲面 S によって囲まれた領域 V を考える．このとき，スカラー量 ϕ と ψ に関して，
グリーンの第 1 公式：

$$\int_S \psi \frac{\partial \phi}{\partial n} dS = \int_V (\psi \nabla^2 \phi + \nabla \psi \cdot \nabla \phi) dV \tag{2.137}$$

グリーンの第 2 公式：

$$\int_S \left(\psi \frac{\partial \phi}{\partial n} - \phi \frac{\partial \psi}{\partial n} \right) dS = \int_V (\psi \nabla^2 \phi - \phi \nabla^2 \psi) dV \tag{2.138}$$

が成立する．証明は応用数学の教科書 (たとえば文献 [5]) を参照されたい．この公式 (2.137) において，$\psi = \phi$ とすれば，

$$\int_S \phi \frac{\partial \phi}{\partial n} dS = \int_V \{\phi \nabla^2 \phi + (\nabla \phi)^2\} dV$$

となり，ϕ が調和関数であれば $\nabla^2 \phi = 0$ であるので，

$$\int_V (\nabla \phi)^2 dV = \int_S \phi \frac{\partial \phi}{\partial n} dS \tag{2.139}$$

となって，体積分を面積分に変換する公式となる．

(2) 重力による剛性行列

次に，重力によって作られる液体の剛性マトリックス $[K_g]$ を導く．液体の運動変位 δ_n の重力方向成分が生じたことによる重力の力は，微小表面積 dS について $\rho g \delta_n n_z \, dS$ である．ここに，n_z は液体表面における法線ベクトル $\mathbf{n}$ の z 方向（重力と逆方向）成分であり，δ_n は液体表面法線方向の液体の変位であり，

$$\frac{\partial \delta_n}{\partial t} = v_n \tag{2.140}$$

である．自由表面で表面張力が強い場合や，ゴム膜などで覆われていない限り，液体の自由表面は水平面で，その場合 n_z と δ_n は方向が逆である．よって，運動変位 δ_n

が生じたときの重力によるポテンシャルエネルギー Π は,

$$\Pi = \frac{1}{2}\rho g \int_S \delta_n^2 n_z^2 \, dS \tag{2.141}$$

となる. ここで, 要素内の任意点の変位 δ_n をその要素の節点での値 δ_{ni} で近似すると,

$$\Pi = \frac{1}{2}\rho g \{\delta_n\}^T [n_z]^T [S][n_z]\{\delta_n\} \tag{2.142}$$

となる. ここに, $\{\delta_n\}$ は各節点での δ_n を成分とする節点ベクトルであり, $[n_z]$ は各節点での n_z の値を対角成分とする対角行列である. 剛性行列の定義式は

$$\Pi = \frac{1}{2}\{\delta_n\}^T [K_g]\{\delta_n\} \tag{2.143}$$

であるので, 式 (2.142) と式 (2.143) より,

$$[K_g] = \rho g [n_z]^T [S][n_z] \tag{2.144}$$

となる. $[K_g]$ は明らかに対称行列となっている.

【注釈 2.11】**高次要素について** 一つの要素の中で v_n が一定でなく, 内部でも変化させるモデル (高次モデル) とするためには, 次のようにする.

領域 V の境界 (表面) S を m 個の境界要素に分割し, 境界上の離散値から作られるベクトル $\{\Phi\}$ と $v_n = \{\partial \Phi/\partial n\}$ で任意点 p での $\Phi(p)$, $v_n(p)$ を補間すると,

$$\Phi(p) = \{N_i\}\{\Phi_i\} \tag{2.145}$$

$$v_n(p) = \{N_i\}\{v_{ni}\} \tag{2.146}$$

となる. ここに, Φ_i, v_{ni} は第 i 要素の節点での値を成分とするベクトルで, $\{N_i\}$ は第 i 要素での補間関数である. これらの式を式 (2.133) に代入すれば,

$$T = \frac{1}{2}\{v_n^T \rho \{[B][C]^{-1}\}^T [S]\}\{v_n\} \tag{2.147}$$

を得る. ここに,

$$[S] = \int_\Gamma [N]^T [N] \, dS \tag{2.148}$$

であり, $[N]$ は $\{N_i\}$ から作られる行列である.

剛性行列に関しても,

$$\{v_n\} = \frac{d\{\delta_n\}}{dt}$$

であるので, 式 (2.148) が適用できる.

(3) スロッシングの振動方程式

液体に関する剛性行列 $[K_g]$ と質量行列 $[M_v]$ が計算できたので，振動方程式は

$$[M_v]\{\ddot{\delta}\} + [K_g]\{\delta\} = \{F(t)\} \tag{2.149}$$

となる．固有振動特性を求めるには，式 (2.149) において外力項をゼロとして，時間項に角振動数 ω の調和振動

$$\{\delta\} = \{\hat{\delta}\}e^{j\omega t}$$

を導入して，

$$-\omega^2[M_v]\{\hat{\delta}\} + [K_g]\{\hat{\delta}\} = 0 \tag{2.150}$$

となって固有値問題となり，固有振動数 $f_i = \omega_i/(2\pi)$ と固有振動モード $\{\hat{\delta}\}$ が得られる．タンク壁を剛としたスロッシングの場合，液体の自由表面の自由度だけが残って，残りの自由度は拘束条件により消える．

動的応答解析に関しては，スロッシングの場合は土台加振なので，右辺の外力は慣性力となる．土台変位を $\{\delta_b\}$，土台上のタンクと液体との相対変位を $\{\delta_f\}$ とすると，

$$\{\delta\} = \{\delta_f\} + \{\delta_b\} \tag{2.151}$$

であり，剛性力は相対変位に比例し，慣性力は絶対変位に比例するので，式 (2.20) の場合と同様に，振動方程式は

$$[M_v]\{\ddot{\delta}_f\} + [K_g]\{\delta_f\} = [M_v]\{\ddot{\delta}_b\} \tag{2.152}$$

となる．時系列でこの方程式を解くには**モード重畳法**を使うのが一般的で，応答を固有振動モード $\{\phi_i\}$ の線形重ね合わせとして，

$$\{\delta_f(t)\} = \sum_{i=1}\{\phi_i\}q_i(t) \tag{2.153}$$

とする．q_i は時間の関数で，固有振動モードの係数となっており，**モード座標**という．式 (2.153) を式 (2.152) に代入し，固有モード行列 $[\Phi]$，モード座標 $\{q\}$ を

$$[\Phi] = [\{\phi_1\}, \{\phi_2\}, \ldots, \{\phi_n\}], \quad \{q\} = \{q_1, q_2, \ldots, q_n\}^T \tag{2.154}$$

として左から $[\Phi]^T$ をかければ，

$$[\tilde{M}_v]\{\ddot{q}(t)\} + [\tilde{K}_g]\{q(t)\} = \{\Phi\}^T[M_v]\{\ddot{\delta}_b\} \tag{2.155}$$

となる．ここに，

$$[\tilde{M}_v] = [\Phi]^T[M_v][\Phi], \quad [\tilde{K}_g] = [\Phi]^T[K_g][\Phi] \tag{2.156}$$

で，固有ベクトルの直交性から，$[\tilde{M}_v]$, $[\tilde{K}_g]$ は m_i, k_i を対角成分とする対角行列であり，これを書き直せば

$$m_i \ddot{q}_i + k_i q_i = f_i, \quad f_i \equiv \{\phi_i\}^T [M_v]\{\ddot{\delta}_b\} \quad (i=1,2,\ldots,n) \tag{2.157}$$

の n 個の独立した方程式となり，物理座標系における応答は式 (2.153) で与えられる．

第 5 章のメカニカルモデルで明らかになるが，スロッシングの場合，1 次のモードに比べて 2 次以上の項は無視できるので，第 1 近似としては $i=1$ の場合のみを計算すればよい．

2.9.4 軸対称問題への定式化
(1) 軸対称液体要素

本項の (1)，(2) では，これまでの理論を軸対称タンクに適用できるよう，具体化する．液体要素としては，図 2.17 に示すような軸対称の円錐台コンスタント要素 (1 要素に 1 節点) を用いることにする．この図では，第 i 要素上の点 P と第 j 要素上の点 Q とを描いている．これまでの理論解から，円周方向の運動は三角関数で表されることがわかっているので，時間領域では角速度 ω の調和振動として，湧き出しの分布を

$$\sigma(r,\theta,z) = \hat{\sigma}e^{j\omega t} = \tilde{\sigma}(r,z)\cos n\theta \cdot e^{j\omega t} \tag{2.158}$$

とする．これを式 (2.122) と式 (2.124) に代入すれば，点 P での値は

$$\Phi_p = \left(\sum_{j=1}^m \int_{S_j} \frac{\tilde{\sigma}_j \cos n\theta}{r_{pq}} dS\right) e^{j\omega t} = \hat{\Phi}_p e^{j\omega t} \tag{2.159}$$

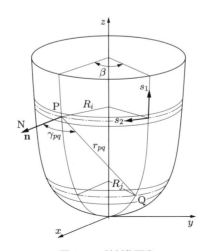

図 2.17 軸対称要素

$$\frac{\partial \Phi_p}{\partial n} = \left(2\pi \tilde{\sigma}_p \cos n\theta + \sum_{j=1}^{m} \int_{S_j} \frac{\tilde{\sigma}_j \cos n\theta \cos \gamma_{pq}}{r_{pq}^2} dS\right) e^{j\omega t} = \frac{\partial \hat{\Phi}_p}{\partial n} e^{j\omega t}$$

(2.160)

となる.ここに,$\tilde{\sigma}_j$ は節点 j における $\hat{\sigma}$ の値であり,γ_{pq} は図 2.17 に示すように r_{pq} と点 P における法線ベクトル **n** とのなす角度である.

ここで,点 P の座標と点 Q の座標を,それぞれ (R_p, α, z_p),(R_q, θ, z_q) とする.点 P を固定して,点 Q を軸対称要素上を一周させる.PQ 間の距離 r_{pq} は

$$r_{pq} = \sqrt{R_p^2 + R_q^2 + (z_p - z_q)^2 - 2R_p R_q \cos\beta}$$

となる.ここに,

$$\beta = \theta - \alpha$$

である.積分変数 θ の代わりに β を導入して,式 (2.159) を書き直せば,

$$\hat{\Phi}_p = \sum_{j=1}^{m} l_j R_j \tilde{\sigma}_j \left(\int_{-\alpha}^{2\pi-\alpha} \frac{\cos n\beta}{r_{pq}} d\beta \cos n\alpha - \int_{-\alpha}^{2\pi-\alpha} \frac{\sin n\beta}{r_{pq}} d\beta \sin n\alpha\right)$$

(2.161)

となる.ここに,l_j は図 2.17 に示すように第 j 要素の幅である.r_{pq} は β に関して偶関数であることを考慮すれば,この式の括弧の中の第 2 項はゼロとなる.よって,式 (2.161) は

$$\hat{\Phi}_p = \left(\sum_{j=1}^{m} l_j R_j \tilde{\sigma}_j \int_{-\alpha}^{2\pi-\alpha} \frac{\cos n\beta}{r_{pq}} d\beta\right) \cos n\alpha = \tilde{\Phi}_p \cos n\alpha \qquad (2.162)$$

となる.同様に,

$$\frac{\partial \hat{\Phi}_p}{\partial n} = \left(2\pi \tilde{\sigma}_p + \sum_{j=1}^{m} l_j R_j \tilde{\sigma}_j \int_{-\alpha}^{2\pi-\alpha} \frac{\cos n\beta \cos \gamma_{pq}}{r_{pq}^2} d\beta\right) \cos n\alpha$$

$$= \frac{\partial \tilde{\Phi}_p}{\partial n} \cos n\alpha \qquad (2.163)$$

となる.ここに,$2\pi\tilde{\sigma}_p$ の項の $\cos n\theta$ が $\cos n\alpha$ になるのは,P = Q となる場所で $\beta = 0$,したがって $\theta = \alpha$ となるからである.

よって,Φ も $\partial\Phi/\partial n$ も,式 (2.158) で表される σ の分布と同じように,円周方向の分布は三角関数で表されることがわかった.

改めて軸対称要素の節点を $\alpha = 0$ の場所に置く.要素 i の節点 P の座標は直交座標系

に直すと $(R_i, 0, z_i)$ で，第 j 要素の円周上の任意点 Q の座標は $(R_j \cos\theta, R_j \sin\theta, z_j)$ であるので，その 2 点間の距離 r_{pq} と面素 dS_j は

$$r_{pq} = \sqrt{R_i^2 + R_j^2 + (z_i - z_j)^2 - 2R_i R_j \cos\theta}$$

$$dS_j = R_j\, d\theta\, ds_1$$

で，s_1 方向の積分は要素の幅 l_j で近似する．すると，

$$\{\tilde{\Phi}\} = [B]\{\tilde{\sigma}\} \tag{2.164}$$

$$\frac{\partial \{\tilde{\Phi}\}}{\partial n} = [C]\{\tilde{\sigma}\} \tag{2.165}$$

として，その行列の成分は

$$B_{ij} = 2R_j l_j \int_0^\pi \frac{\cos n\theta}{r_{pq}}\, d\theta \tag{2.166a}$$

$$B_{ii} = 2R_i l_i \int_\epsilon^\pi \frac{\cos n\theta}{r_{pq}}\, d\theta + I_B \tag{2.166b}$$

$$C_{ij} = 2R_j l_j \int_0^\pi \frac{\cos n\theta \cos \gamma_{pq}}{r_{pq}^2}\, d\theta \tag{2.166c}$$

$$C_{ii} = 2\pi + 2R_i l_i \int_\epsilon^\pi \frac{\cos n\theta \cos \gamma_{pq}}{r_{pq}^2}\, d\theta + I_C \tag{2.166d}$$

である．円周方向の積分は 16 点の**ルジャンドル－ガウスの数値積分公式** (注釈 2.12 参照) を採用する．$\cos\gamma_{pq}$ については，点 P における法線ベクトル **n** の先端を N として，三角形 PQN に余弦第 2 公式を用いて，

$$\cos\gamma_{pq} = \frac{\overline{\mathrm{PN}}^2 + \overline{\mathrm{PQ}}^2 - \overline{\mathrm{QN}}^2}{2\overline{\mathrm{PN}} \cdot \overline{\mathrm{PQ}}}$$

として計算する．$\overline{\mathrm{PN}}$ は線分 PN の長さを表す．

点 P と点 Q とが近くなったときは，

$$\epsilon = \frac{l_i}{2R_i} \tag{2.167}$$

として，**図 2.18** に示すほぼ正方形の斜線部分で I_B と I_C を計算する．

> **【注釈 2.12】 ルジャンドル－ガウスの数値積分公式**　積分範囲を -1 から 1 にとって，
>
> $$\int_{-1}^1 f(x)\, dx = \sum_{j=1}^{16} H_j f(a_j)$$
>
> とする．座標点 a_j と重み係数 H_j を**表 2.3** に示す．積分領域については変数変換する．

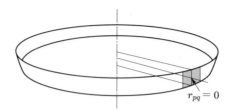

図 2.18　r_{pq} が小さいときの積分領域（網かけ部）

表 2.3　積分公式の座標点 a_j と重み係数 H_j

$\pm a_j$	H_j
0.98940 09349	0.02715 24594
0.94457 50230	0.06225 35239
0.86563 12023	0.09515 85116
0.75540 44083	0.12462 89712
0.61787 62444	0.14959 59888
0.45801 67776	0.16915 65193
0.28160 35507	0.18260 34150
0.09501 25098	0.18945 06104

2 重積分の場合，この数値積分を 2 重に適用する．理論は，たとえば文献 [98] などを参照されたい．

(2) 特異積分の処理 (I_B, I_C の計算)

r_{pq} が小さくなると，式 (2.167) で $i=j$ として数値積分を行うと，$\theta=0$ の近くで分母にある r_{pq} の値が 0 に近くなり積分の値が発散してしまうので，数値積分を直接用いることはできず，I_B, I_C を分離して考えることにする．図 2.18 における網かけ部分を除いて数値積分しておく．I_B, I_C は，**図 2.19** で示されるような曲率の付いた正方形に近い台形領域で積分されることになる．点 P を原点にとって，点 Q を極座標 (r, ξ) で表せば，

$$I_B = \iint \frac{\cos n\theta}{r_{pq}} r \, dr \, d\xi \tag{2.168}$$

$$I_C = \iint_{p \neq q} \frac{\cos \gamma_{pq} \cos n\theta}{r_{pq}^2} r \, dr \, d\xi \tag{2.169}$$

となり，この極座標系で積分する．I_B, I_C の積分を実行するためには，θ と γ_{pq} を r と ξ の関数に書き直さなければならない．図 2.19 よりただちに

$$\theta \approx \frac{r}{R_i} \cos \xi \tag{2.170}$$

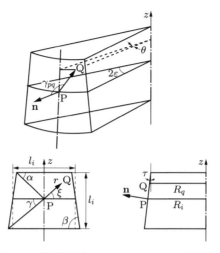

図 2.19 軸対称要素における I_B, I_C の積分領域

が得られるので，

$$\cos n\theta \approx 1 - \frac{1}{2}(n\theta)^2 = 1 - \frac{1}{2}\left(\frac{n}{R_i}\right)^2 (r\cos\xi)^2 \tag{2.171}$$

とすると，式 (2.168) は

$$I_B = \iint \frac{\cos n\theta}{r} r\, dr\, d\xi = \iint dr\, d\xi - \frac{1}{2}\left(\frac{n}{R_i}\right)^2 \iint r^2 \cos^2\xi\, dr\, d\xi$$
$$= I_{B1} + I_{B2} \tag{2.172}$$

と主要項 I_{B1} と微小項 I_{B2} とに分けて積分できる．I_{B1} は台形上で積分するが，I_{B2} は微小項なので，積分領域は図 2.19 の破線で示すような正方形領域で積分する．I_{B1} の積分について注釈 2.13 に示すが，結果は

$$I_{B1} = l_i \left[\sin\beta \cdot \log\left|\frac{\tan\{(\alpha+\beta)/2\}}{\tan(\beta/2)}\right| - \log\left|\tan\frac{\alpha}{2}\right| \right.$$
$$\left. + \sin\beta \cdot \log\left|\frac{\tan(\beta/2)}{\tan\{(\beta-\gamma)/2\}}\right| - \log\left|\tan\frac{\gamma}{2}\right| \right] \tag{2.173}$$

が得られる．I_{B1} の中の α, β, γ は図 2.19 に示す角度であり，積分領域として台形がとられており，I_{B1} の値は Khabbaz の結果[84] と一致する．積分領域が正方形であれば，

$$I_{B1} = 3.5255 l_i \tag{2.174}$$

となる．

I_B の第 2 項の I_{B2} の積分領域としては，図 2.19 の破線で示す 1 辺 l_i の正方形を積分領域として採用し，したがって，角度 α, β, γ の代わりに $\pi/4$, $\pi/2$ が用いられている．式 (2.172) より，

$$\iint r^2 \cos^2 \xi \, dr \, d\xi = 4 \iint_0^{\pi/2} r \cos^2 \xi \cdot r \, dr \, d\xi = \frac{4}{3} \int_0^{\pi/2} r^3 \cos^2 \xi \, d\xi$$

となる．これを $a = l_i/2$ として，

$$r \cos \xi = a \quad (0 \leq \xi \leq \pi/4)$$

$$r \sin \xi = a \quad (\pi/4 \leq \xi \leq \pi/2)$$

と積分領域を分けて，

$$\iint r^2 \cos^2 \xi \, dr \, d\xi = \frac{4a^3}{3} \int_0^{\pi/4} \frac{dx}{\cos x} + \frac{4a^3}{3} \int_{\pi/4}^{\pi/2} \frac{\cos^2 x}{\sin^3 x} dx$$

となるので，積分を実行して a を l_i に戻して，

$$I_{B2} = -\frac{1}{3} l_i \left(\frac{n l_i}{2 R_i}\right)^2 \left(\frac{\sqrt{2}}{2} + \log\left|\tan \frac{3}{8}\pi\right| + \frac{1}{2} \log\left|\tan \frac{\pi}{8}\right|\right)$$

$$= -0.3824 l_i \left(\frac{n l_i}{2 R_i}\right)^2 \tag{2.175}$$

が得られる．

【注釈 2.13】 式 (2.172) の I_B の式を導く．全部を書き下ろすと長くなるので，図 2.19 の台形の第 4 象限での積分について求めてみる．まず，積分領域を図 2.20 の一点鎖線のように A と B とに分ける．領域 B において r を角度で表現するため，

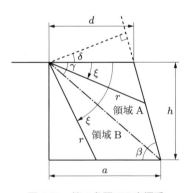

図 2.20　第 4 象限での座標系

$$r\sin\xi = h$$

の関係式を使う．領域 A においては，

$$r\cos(\xi+\delta) = \sqrt{a^2+h^2}\cos(\gamma+\delta) = \sqrt{a^2+h^2}(\cos\gamma\cos\delta - \sin\gamma\sin\delta)$$
$$= a\cos\delta - h\sin\delta \tag{2.176}$$

なる関係式が得られる．ここで，

$$(\delta+\gamma) + (\beta-\gamma) = \frac{\pi}{2}, \quad \delta = \frac{\pi}{2} - \beta$$

であるので，式 (2.176) の左辺は

$$r(\cos\gamma\cos\delta - \sin\gamma\sin\delta) = -r\sin(\xi+\beta)$$

よって，

$$r = \frac{a\sin\beta + h\cos\beta}{\sin(\xi+\beta)}$$

となる．以上の準備をして，

$$\int \frac{1}{r} d\xi = \int_{-\gamma}^{0} \frac{a\sin\beta + h\cos\beta}{\sin(\xi+\beta)} d\theta + \int_{-\pi/2}^{-\gamma} \frac{h}{\sin\xi} d\theta$$
$$= (a\sin\beta + h\cos\beta) \int_{\beta-\gamma}^{\beta} \frac{dx}{\sin x} + \int_{-\pi/2}^{-\gamma} \frac{h}{\sin x} dx$$
$$= (a\sin\beta + h\cos\beta) \left[\log\left(\tan\frac{x}{2}\right)\right]_{\beta-\gamma}^{\beta} + h\left[\log\left(\tan\frac{x}{2}\right)\right]_{-\pi/2}^{-\gamma}$$
$$= d\sin\beta \log\left|\frac{\tan(\beta/2)}{\tan\{(\beta-\gamma)/2\}}\right|$$

となる．ここで，$d = h = l_i/2$ である．残りの象限についても同様の計算を行えば，式 (2.172) が得られる．

次に，式 (2.169) に式 (2.171) を代入すれば，I_B のときと同様に，

$$I_C = I_{C2} + I_{C3} \tag{2.177}$$

と書き表すことができる．ここで，P = Q のとき 2π という値がすでにあるので，この値には I_{B1} が相当し，I_{B2} の微小項に対応するのは I_{C2} である．よって，I_C については I_{C2} までを計算する．γ_{pq} を求めるには，点 P，点 Q と法線ベクトルの先端点 N で作られる三角形の頂点の座標は

$$\mathrm{P}(R_i, 0, 0), \quad \mathrm{N}(R_i + \tilde{r}\cos\tau, 0, \tilde{r}\sin\tau),$$
$$\mathrm{Q}(R_i\cos\theta - r\sin\xi\sin\tau, r\cos\xi, r\sin\xi\cos\tau)$$

であり，ここに，$\tilde{r}$ は法線の長さ，τ は図 2.19 に示す台形の z 軸に対する傾きを表す角度である．$\cos\gamma_{pq}$ を求めるため，この三角形に第 2 余弦定理を用いて，

$$\cos\gamma_{pq} \approx -\frac{r\cos^2\xi}{2R_i}\cos\tau \tag{2.178}$$

となる．よって，I_{B2} の計算のときと同様にして，

$$I_{C2} = \iint \frac{\cos\gamma_{pq}}{r^2} r\,dr\,d\xi = -\frac{1}{2R_i}\int_0^{2\pi} r\cos^2\xi\,d\xi\cos\tau$$

$$= -\frac{2a\cos\tau}{R_i}\left(\int_0^{\pi/4}\cos\xi\,d\xi + \int_{\pi/4}^{\pi/2}\frac{\cos^2\xi}{\sin\xi}\,d\xi\right)$$

$$= \frac{l_i}{R_i}\left(\log\left|\tan\frac{\pi}{8}\right|\right)\cos\tau = -0.8814\frac{l_i}{R_i}\cos\tau \tag{2.179}$$

となる．自由表面では $\tau = \pi/2$ であるので，$I_C = 0$ である．

(3) 液体の接線方向速度

スロッシングを防止するためにバッフル板をタンク内に設ける場合や，第 5 章で述べる非線形スロッシング解析を行うような場合には，タンク壁面も含む液体の表面の接線方向速度に関する情報が必要である．ここでは，接線方向速度の導き方を述べる．

液体表面の接線方向を，ここでは図 2.17 のように，s_1 方向を緯線方向，s_2 方向を経線方向とする．s_1，s_2 方向の速度 u，v は，速度ポテンシャルの定義より

$$u = \frac{\partial\Phi}{\partial s_1} \tag{2.180a}$$

$$v = \frac{\partial\Phi}{\partial s_2} \tag{2.180b}$$

である．まず，u について，

$$\frac{\partial\Phi(p)}{\partial s_1} = \int_\Gamma \frac{\partial}{\partial s_1}\left\{\frac{\sigma(q)}{r_{pq}}\right\}d\Gamma \tag{2.181}$$

である．ここで，

$$\frac{\partial}{\partial n}\left(\frac{1}{r_{pq}}\right) = \frac{\cos\gamma_{pq}}{r_{pq}^2}$$

であり，$\mathbf{n}$ の方向と $\mathbf{s}_1$ の方向は $90°$ ずれていることを考えれば，式 (2.124) より

$$\frac{\partial\Phi(p)}{\partial s_1} = \int_S \frac{\sigma(q)\sin\gamma_{pq}}{r_{pq}^2}\,dS \tag{2.182}$$

となる。この $\sigma(q)$ は，式 (2.158) と同じように

$$\sigma(r, \theta, z, t) = \tilde{\sigma}(r, z) \cos n\theta \cdot e^{j\omega t}$$

と円周方向に展開する．ほかの値も

$$\{\phi_i\} = \{\tilde{\phi}_i\} \cos n\theta \cdot e^{j\omega t}, \quad \{u\} = \{\tilde{u}\} \cos n\theta \cdot e^{j\omega t}, \quad \{v\} = \{\tilde{v}\} \sin n\theta \cdot e^{j\omega t}$$

としておく．すると，$\partial \Phi / \partial n$ の場合と同様にして，

$$\left\{ \frac{\partial \Phi}{\partial s_1} \right\} = \left\{ \frac{\partial \tilde{\Phi}}{\partial s_1} \right\} \cos n\theta \cdot e^{j\omega t} \tag{2.183}$$

$$\left\{ \frac{\partial \tilde{\Phi}}{\partial s_1} \right\} = [A]\{\tilde{\sigma}\} \tag{2.184}$$

となる．ここに，マトリックス $[A]$ の (i,j) 成分 A_{ij} は，

$$A_{ij} = 2l_j R_j \int_0^\pi \frac{\cos n\theta \sin \gamma_{pq}}{r_{pq}^2} d\theta \quad (i \neq j) \tag{2.185}$$

で与えられる．$i = j$ のとき，B_{ii}，C_{ii} の場合と同様に $r_{pq} \approx 0$ となって，数値積分することが困難になる．$r_{pq} = 0$ の近くで A_{ii} を計算すると，図 2.21 に示すような原点に対して点対称な関数となる．それゆえ，A_{ii} では積分の主値 (文献 [5]，p. 70) をとることにして $A_{ii} = 0$ となる．

固有振動の方程式 (2.150) の計算結果の固有ベクトル $\{\hat{\phi}_i\}$ より[†]，

$$\{\hat{v}_n\}e^{j\omega t} \equiv \frac{\partial \{\hat{\delta}\}}{\partial t} e^{j\omega t} = j\omega\{\hat{\phi}_i\}e^{j\omega t} \quad \text{または，} \quad \{\tilde{v}_n\} = j\omega\{\tilde{\phi}_i\}$$

であるので，$\{\hat{v}_n\}$ は既知．したがって式 (2.126) より，

$$\{\tilde{\sigma}\} = [C]^{-1}\{\tilde{v}_n\}$$

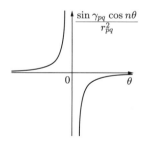

図 2.21　$\sin \gamma_{pq} \cos n\theta / r_{pq}^2$ の値

[†] i 次モードの運動は $\{\hat{\phi}_i\}e^{j\omega t} = \{\tilde{\phi}_i\} \cos n\theta \cdot e^{j\omega t}$ である．

であり，これを式 (2.184) に代入すれば，

$$\{\tilde{u}\} = j\omega[A][C]^{-1}\{\tilde{\phi}_i\} \tag{2.186}$$

と計算できる．

v については，節点 i での値 v_i はベクトル $\{\Phi\}$ の第 i 番目の成分を Φ_i として，

$$v_i = \frac{\partial \Phi_i}{\partial s_2} = \frac{\partial \Phi_i}{R_i \partial \theta} = \frac{n}{R_i}\tilde{\Phi}_i \sin n\theta \cdot e^{j\omega t}$$

となる．$\{\tilde{\Phi}_i\}$ は，式 (2.129) より

$$\{\tilde{\Phi}\} = [B][C]^{-1}\{\tilde{v}_n\}$$

であるので，$\{v\} = \{\tilde{v}\}\sin n\theta \cdot e^{j\omega t}$ の第 i 成分 $\tilde{v}_i$ は

$$\{\tilde{v}_i\} = \frac{n}{R_i}\{\tilde{\Phi}_i\} = \frac{n}{R_i}[B][C]^{-1}\{\tilde{v}_n\} \tag{2.187}$$

として計算できる．

(4) 体積一定条件

液体は非圧縮性であるので，スロッシングによる変形後も体積は一定でなければならない．軸対称問題に関しては，円周方向に $\sin n\theta$, $\cos n\theta$ で変形を仮定しているので，自動的に体積一定となっている．ただし，$n = 0$（軸対称スロッシング）の場合には体積一定条件を課す必要があり，この条件は自由表面の要素 i の変位と要素面積をそれぞれ δ_i, S_i としたとき，

$$\sum_{i=1}^{n} \delta_i S_i = 0 \tag{2.188}$$

である．具体的には，たとえば，δ_n を自由表面中心の要素とした場合，

$$\begin{Bmatrix} \delta_1 \\ \delta_2 \\ \vdots \\ \delta_{n-1} \\ \delta_n \end{Bmatrix} = \begin{bmatrix} 1 & 0 & \cdots & 0 \\ 0 & 1 & \cdots & 0 \\ \vdots & \vdots & \ddots & \vdots \\ 0 & 0 & \cdots & 1 \\ d_1 & d_2 & \cdots & d_{n-1} \end{bmatrix} \begin{Bmatrix} \delta_1 \\ \delta_2 \\ \vdots \\ \delta_{n-1} \end{Bmatrix} \tag{2.189}$$

となる．ここに，

$$d_i = -\frac{S_i}{S_n}$$

であり，この行列を $[D]$ とすれば，$n=0$ の場合の質量行列と剛性行列は

$$[D]^T[M_v][D], \quad [D]^T[K_g][D] \tag{2.190}$$

となる．

2.9.5 数値計算例

剛体タンク中の液体のスロッシングの解析例を示す．円筒タンクについて，軸対称要素を用いたときの境界要素法による計算結果と理論解との比較を，表 2.4 に示す．要素分割は（底面要素数）＋（側面要素数）＋（自由表面要素数）で表示する．図 2.22 には自由表面の振動モードを，図 2.23 には液体表面の法線方向と接線方向速度を，図 2.24 には固有振動数の収束性を示す．

表 2.4 円筒タンクにおけるスロッシングの固有振動数

モード (n,m)	BEM $10+10+20$	理論解 式 (2.84)
$(0,1)$	3.88	3.83
$(0,2)$	7.12	7.02
$(0,3)$	10.33	10.17
$(1,1)$	1.83	1.75
$(1,2)$	5.49	5.33
$(1,3)$	8.81	8.54
$(2,1)$	3.20	3.04
$(2,2)$	6.92	6.71
$(2,3)$	10.31	9.97

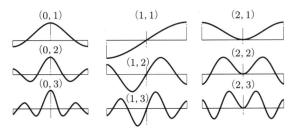

図 2.22 自由表面の振動モード

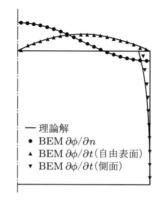

図 2.23 モード $(1,1)$ についての法線方向速度 $\partial\phi/\partial n$, 接線方向速度 $\partial\phi/\partial t$

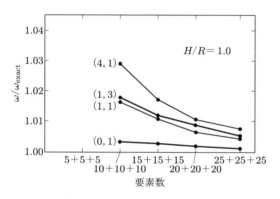

図 2.24 スロッシング振動数の収束性

2.10 タンクに発生する応力

スロッシングにより発生する圧力によるタンクの応力は，通常の応力解析で処理できる．軸対称タンクに関しては，たとえば文献 [143] に膜応力が表にしてまとめてある．最大応力は，膜応力と曲げ応力が加わった状態で生じるので，この場合，第 8 章で説明する有限要素法で計算する．軸対称シェルに関しては，文献 [229] に応力解析プログラムが掲載されている．

タンクにはたらく荷重としては，大きい順に
(1) 静水圧
(2) $n=1$ の横スロッシングによる動荷重
(3) 非線形スロッシングの $n=0$ と $n=2$ の成分の動荷重 (6.5 節参照)
(4) タンク自身の振動 (breathing vibration) による振動応力 (第 8 章参照)

である．(1) の静水圧は軸対称荷重であり，(2) の動荷重と重ね合わせてタンクの設計荷重となる．(3) の動荷重も重ね合わせるべき[227]であるが，この成分は安全率の中に含めてもよい．(4) の振動荷重は (1)〜(3) までとは周波数成分が異なるので，必ずしも重ね合わせる必要はない．疲労強度で問題となるかどうかを検討すればよい．

例題 2.4 半径 $a = 5\,\mathrm{m}$，水位 $h = 5\,\mathrm{m}$ の円筒タンクの水のスロッシングについて，静荷重，動荷重の大きさを比較せよ．ただし，タンクはスロッシング 1 次の共振状態にあり，波高の最大値 $\eta_{\max} = 1\,\mathrm{m}$ とせよ．

解答 タンクの底を $z = 0$ とすると，静水圧 p_s は

$$p_s(z) = \rho g(h - z)$$

である．動圧は，式 (1.4) より $p = \hat{p}e^{j\omega t}$，$r = a$，$\theta = 0$ として，

$$\hat{p} = -\rho g \eta_{\max} \frac{\cosh \lambda_{11}(z + h)}{\cosh \lambda_{11} h}$$

となる．数値は，

$$a = 5, \quad h = 5, \quad \xi_{11} = 1.8412, \quad \lambda_{11} = \frac{\xi_{11}}{a}, \quad g = 9.8, \quad \rho = 1000$$

として計算すれば，**図 2.25** のようになる．この図は加振方向の $\theta = 0$ のタンク壁に沿った圧力である．円周方向には，静圧は軸対称であり，動圧は $\cos\theta$ で円周方向に変化する．静圧の最大値は，$z = 0$ において

$$p_s = \rho g h = 1000 \times 9.8 \times 5 \approx 0.05\,\mathrm{GPa} = 0.5\,\text{気圧}$$

である．なお，このときの自由表面の加速度は，

$$\eta_{\max} \omega_{11}^2 = \eta_{\max} \xi_{11} \frac{g}{a} \tanh \frac{\xi_{11} h}{a} = 3.43\,\mathrm{m/s^2} = 0.35g$$

である．

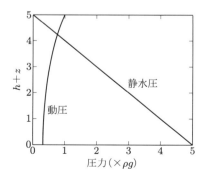

図 2.25 円筒タンク壁面の圧力

第3章 スロッシングの減衰と抑制

本章ではスロッシングの減衰について述べる．スロッシングの減衰は，タンク壁面での境界層と液体内部での粘性応力の結果として生じる．本章では，スロッシングを1自由度の振動系とみなし，減衰を一つのスカラーのパラメータの減衰比で表す．

3.1 粘性流体の理論

試験によって減衰比が得られるのは小さなタンクの場合で，大きなタンクでは試験が困難であるので，相似則を求めてみよう．液体の内部減衰は粘性により生じるので，第2章での仮定の一つである非粘性の仮定をやめて，粘性流体の式を導く．

3.1.1 粘　性

流体が x 方向に流れて，その速度 u が z 方向のみの関数とする．流れに平行な単位面積あたりのせん断力 τ_{zx}（方向と面は図3.1を参照のこと）は，せん断変形に比例して，

$$\tau_{zx} = \mu \frac{du}{dz} \tag{3.1}$$

と書ける[†]．この比例定数 μ を**粘性係数** (viscosity coefficient) という．さらに，流体の密度 ρ との比

$$\nu = \frac{\mu}{\rho} \tag{3.2}$$

を**動粘性係数** (kinematic viscosity coefficient) という．液体の粘性係数は，温度が上がると減少する．水の動粘性係数については，温度を T [°C] として，

$$\nu = \frac{0.0178}{1 + 0.0336T + 0.000221T^2} \; [\text{cm}^2/\text{s}] \tag{3.3}$$

の実験式がある．室温の場合の液体の物性を，**表3.1**に示す．ただし，液化ガスについては低温での値である．また，重油の動粘性係数は $50°$C での値である．

[†] τ_{zx} はせん断応力だが，du/dz はひずみではなくひずみ速度なので，μ の単位は Pa·s である．

表 3.1 液体の物性 (NASA SP-106[48] より抜粋，LPG と重油については JIS より抜粋)

液　体	沸　点 [°C]	密　度 [g/cm^3]	動粘性係数 [cm^2/s]	表面張力 [dyne/cm]
水 (20°C)	100	0.998	0.0101	73.4
灯油 (RP-1)	220	0.806	0.0231	23〜32
重油	100〜150	0.82〜0.95	0.2〜4	
シリコンオイル	高	0.76〜0.90	0.0066〜0.031	25
メタノール	64	0.792	0.00745	22.6
アセトン	56	0.792	0.00417	23.7
エタノール	78	0.79	0.0158	22.3
ヒドラジン	113	1.008	0.0097	63〜75
水銀	357	13.55	0.016	476.1
LPG（メタン）	−107	0.3		
LPG（プロパン）	−42	0.51		
液体窒素	−198	0.815	0.0021	25
液体酸素	−184	1.140	0.0017	13.2
液体水素	−253	0.071	0.00197	1.9

3.1.2　ナビエ - ストークスの方程式

図 3.1 に示すような微小な流体要素のつり合い方程式を導く．要素表面にはたらく応力を，たとえば τ_{yx} とする．添え字の 1 番目が面を表し，2 番目が方向を示す．τ_{yx} は，y 面にはたらく x 方向のせん断応力である．面と方向が同じであれば圧力であり，$\tau_{xx} = \sigma_x$ と表す．このようにして，x 方向の力のつり合いを考える．面素の 6 面にはたらいている x 方向の応力は，

$$+x \text{ 面}: \sigma_x + \frac{\partial \sigma_x}{\partial x} dx, \quad -x \text{ 面}: -\sigma_x$$

$$+z \text{ 面}: \tau_{zx} + \frac{\partial \tau_{zx}}{\partial z} dz, \quad -z \text{ 面}: -\tau_{zx}$$

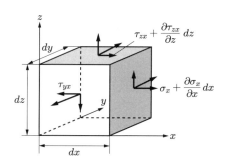

図 3.1　小さな液体要素での応力

である．

$$+y \text{ 面}: \tau_{yx} + \frac{\partial \tau_{yx}}{\partial y} dy, \quad -y \text{ 面}: -\tau_{yx}$$

である．図3.1にはこちらの視点から見えている x 方向の応力を記入してある．各面素の面積，たとえば x 面であれば，$dy\,dz$ を先の応力にかければ力となるので，結局，x 方向のつり合いは

$$\left(\frac{\partial \sigma_x}{\partial x} dx\right) dy\,dz + \left(\frac{\partial \tau_{yx}}{\partial y} dy\right) dx\,dz + \left(\frac{\partial \tau_{zx}}{\partial z} dz\right) dx\,dy + X\,dx\,dy\,dz = 0$$

で，体積 $dx\,dy\,dz$ で割ってやれば，

$$\frac{\partial \sigma_x}{\partial x} + \frac{\partial \tau_{yx}}{\partial y} + \frac{\partial \tau_{zx}}{\partial z} + X = 0 \tag{3.4}$$

となる．ここに，X はこの要素の単位質量あたりにはたらく**体積力** (body force) で，流体の場合，その一つは慣性力となり，

$$X = -\rho \frac{Du}{Dt}$$

である．この慣性力を取り出し，慣性力以外の体積力を改めて X で表すと，

$$\rho \frac{Du}{Dt} = X + \frac{\partial \sigma_x}{\partial x} + \frac{\partial \tau_{yx}}{\partial y} + \frac{\partial \tau_{zx}}{\partial z} \tag{3.5}$$

となる．

次に，応力を速度で表す．これは弾性力学におけるフックの法則，あるいは応力－ひずみ関係式に相当する．まず，せん断応力は，粘性係数 μ を使って

$$\tau_{yx} = \mu\left(\frac{\partial v}{\partial x} + \frac{\partial u}{\partial y}\right), \quad \tau_{zx} = \mu\left(\frac{\partial w}{\partial x} + \frac{\partial u}{\partial z}\right) \tag{3.6}$$

である．垂直応力 σ_x としては，流体の場合，圧縮圧力 p と側面のせん断力と等しくなるので，

$$\sigma_x = -p + 2\mu \frac{\partial u}{\partial x} + \lambda\left(\frac{\partial u}{\partial x} + \frac{\partial v}{\partial y} + \frac{\partial w}{\partial z}\right) \tag{3.7}$$

である．ここに，λ は**第2粘性係数** (second coefficient of viscosity) といわれる．上式の第1項は静圧，第2項は x 面の側面（二つある）にはたらくせん断力，第3項は体積増分に比例する項で，体積の増分 dV は，

$$dV = \left(dx + \frac{\partial u}{\partial x} dx\right) \times \left(dy + \frac{\partial v}{\partial y} dy\right) \times \left(dz + \frac{\partial w}{\partial z} dz\right) - dx\,dy\,dz$$

$$= dx\,dy\,dz\left(\frac{\partial u}{\partial x} + \frac{\partial v}{\partial y} + \frac{\partial w}{\partial z}\right) \tag{3.8}$$

であり，λ はこの体積増分の比例定数となる．また，せん断力は

$$\mu\left(u + \frac{\partial u}{\partial x}\,dy - u\right)dx\,dz + \mu\left(u + \frac{\partial u}{\partial x}\,dz - u\right)dx\,dy = 2\mu\frac{\partial u}{\partial x} \times dx\,dy\,dz$$

である．式 (3.5) と同様に σ_y，σ_z も計算できるので，この三つの応力を加算して，

$$\sigma_x + \sigma_y + \sigma_z = -3p + (2\mu + 3\lambda)\left(\frac{\partial u}{\partial x} + \frac{\partial v}{\partial y} + \frac{\partial w}{\partial z}\right)$$

であるが，$\sigma_x + \sigma_y + \sigma_z$ は平均的に $-3p$ に等しいので，

$$2\mu + 3\lambda = 0 \tag{3.9}$$

の関係 (**ストークスの関係**, Stokes's relation) がある．よって，式 (3.5) に式 (3.6)，(3.7) を代入して速度で書き表すと，

$$\rho\frac{Du}{Dt} = X + \frac{\partial}{\partial x}\left\{-p + 2\mu\frac{\partial u}{\partial x} + \lambda\left(\frac{\partial u}{\partial x} + \frac{\partial v}{\partial y} + \frac{\partial w}{\partial z}\right)\right\}$$
$$+ \frac{\partial}{\partial y}\left\{\mu\left(\frac{\partial v}{\partial x} + \frac{\partial u}{\partial y}\right)\right\} + \frac{\partial}{\partial z}\left\{\mu\left(\frac{\partial w}{\partial x} + \frac{\partial u}{\partial z}\right)\right\}$$
$$= X - \frac{\partial p}{\partial x} + \mu\left(2\frac{\partial^2 u}{\partial x^2} + \frac{\partial^2 u}{\partial y^2} + \frac{\partial^2 u}{\partial z^2}\right)$$
$$+ \lambda\frac{\partial}{\partial x}\left(\frac{\partial u}{\partial x} + \frac{\partial v}{\partial y} + \frac{\partial w}{\partial z}\right) + \mu\frac{\partial}{\partial x}\left(\frac{\partial v}{\partial y} + \frac{\partial w}{\partial z}\right)$$

となる．

運動方程式を 3 方向について書き直して，

$$\frac{Du}{Dt} = \frac{X}{\rho} - \frac{1}{\rho}\frac{\partial p}{\partial x} + \frac{\mu}{\rho}\nabla^2 u + \frac{\mu + \lambda}{\rho}\frac{\partial}{\partial x}\left(\frac{\partial u}{\partial x} + \frac{\partial v}{\partial y} + \frac{\partial w}{\partial z}\right)$$
$$\frac{Dv}{Dt} = \frac{Y}{\rho} - \frac{1}{\rho}\frac{\partial p}{\partial y} + \frac{\mu}{\rho}\nabla^2 v + \frac{\mu + \lambda}{\rho}\frac{\partial}{\partial y}\left(\frac{\partial u}{\partial x} + \frac{\partial v}{\partial y} + \frac{\partial w}{\partial z}\right)$$
$$\frac{Dw}{Dt} = \frac{Z}{\rho} - \frac{1}{\rho}\frac{\partial p}{\partial z} + \frac{\mu}{\rho}\nabla^2 w + \frac{\mu + \lambda}{\rho}\frac{\partial}{\partial z}\left(\frac{\partial u}{\partial x} + \frac{\partial v}{\partial y} + \frac{\partial w}{\partial z}\right)$$

が得られる．これを x，y，z の 3 方向でベクトル形に書けば，式 (3.9) より $\mu + \lambda = \mu/3$ であり，$\mu = \rho\nu$ を考慮して，

$$\frac{\partial \mathbf{v}}{\partial t} + (\mathbf{v} \cdot \nabla)\mathbf{v} = \mathbf{K} - \frac{1}{\rho}\nabla p + \nu\nabla^2\mathbf{v} + \frac{\nu}{3}\nabla(\mathrm{div}\,\mathbf{v}) \tag{3.10}$$

となる．ここに，$\mathbf{K} = \{X, Y, Z\}/\rho$ である．これを**ナビエ-ストークスの方程式**

(Navier–Stokes equations) という．非圧縮性流体であれば式 (3.8) において $dV = 0$ なので，

$$\operatorname{div} \mathbf{v} = \frac{\partial u}{\partial x} + \frac{\partial v}{\partial y} + \frac{\partial w}{\partial z} = 0 \tag{3.11}$$

となり，

$$\frac{\partial \mathbf{v}}{\partial t} + (\mathbf{v} \cdot \nabla)\mathbf{v} = \mathbf{K} - \frac{1}{\rho}\nabla p + \nu \nabla^2 \mathbf{v} \tag{3.12}$$

が粘性・非圧縮性流体の運動方程式となる．変形速度が小さいとして左辺第 2 項の非線形項を省略した

$$\frac{\partial \mathbf{v}}{\partial t} + (\mathbf{v} \cdot \nabla)\mathbf{v} \approx \frac{\partial \mathbf{v}}{\partial t}$$

を**ストークス近似** (Stokes's approximation) といい，このとき，

$$\frac{\partial \mathbf{v}}{\partial t} = \mathbf{K} - \frac{1}{\rho}\nabla p + \nu \nabla^2 \mathbf{v} \tag{3.13}$$

を，線形化された非圧縮性流体のナビエ–ストークス方程式という．

3.1.3 相似法則

式 (3.13) の中の慣性力と粘性力との比を**レイノルズ数** (Reynolds number) といい，

$$Re = \frac{\rho \partial \mathbf{v}/\partial t}{\mu \nabla^2 \mathbf{v}}$$

とする．これは無次元化量である．U を代表速度（一様流れ速度など），L を代表寸法（タンクの半径など）としてオーダー評価してみると，

$$Re = \frac{\rho U/(L/U)}{\mu U/L^2} = \frac{\rho LU}{\mu} = \frac{UL}{\nu} \tag{3.14}$$

である．Re が大きければ粘性力は無視でき，Re が小さければ慣性力が無視できるということになる．

次に，式 (3.13) を無次元化して相似則を求めてみる[77]．$\mathbf{K}$ は重力のような保存力であるとすると，圧力に含めることができるので，この保存力のポテンシャルを Ω として，

$$p \to p + \rho\Omega$$

として，式 (3.13) は見かけ上，外力が存在しない式となる．よって，

$$\frac{\partial \mathbf{v}}{\partial t} = -\frac{1}{\rho}\nabla p + \nu \nabla^2 \mathbf{v} \tag{3.15}$$

を基に無次元化する．無次元化量をバーを付けて表し，

$$\frac{\partial \bar{\mathbf{v}}}{\partial \bar{t}} = -\bar{\nabla}\bar{p} + \frac{1}{Re}\bar{\nabla}^2\bar{\mathbf{v}} \tag{3.16}$$

となる．無次元化された式 (3.16) の解は Re にだけ依存するので，したがって，「境界の形が幾何学的に相似な二つの流れは，Re が等しければ流れ場全体が相似になる」という**レイノルズの相似法則** (Reynolds's law of similarity) が成立する．

3.2 内部減衰

本節では，液体自身の粘性による減衰について説明する．この粘性による減衰比は小さい (大体 $\zeta < 0.01$) ので，減衰が必要な場合，抵抗減衰としてバッフル板などがタンクに設置されるが，それらについては本章後半にて説明する．

3.2.1 振動平板

タンク壁面を平板とみなして，振動平板[135]とモデル化して，減衰比 ζ のオーダーを求めてみる[†]．方程式は式 (3.13) において 1 次元とし，かつ $K = 0$, $p = 0$ として，

$$\frac{\partial u}{\partial t} = \nu \frac{\partial^2 u}{\partial z^2} \tag{3.17}$$

となる．境界条件は

$$u = 0 \quad (z \to \infty \text{ において}), \quad u = U\cos\omega t \quad (z = 0 \text{ において}) \tag{3.18}$$

である．変数分離法で

$$u(z,t) = Ce^{\lambda z}e^{j\omega t}$$

として式 (3.17) に代入すれば，

$$\nu\lambda^2 = j\omega$$

となるので，

$$\lambda = \pm\sqrt{\frac{j\omega}{\nu}} = \pm(1+j)k, \quad k = \sqrt{\frac{\omega}{2\nu}} \tag{3.19}$$

である．よって，一般解は

[†] この問題は最初にストークス，後にレイリーにより研究されたので，ストークスの第 2 の問題 (Stokes's second problems) ともよばれる．ちなみに，ストークスの第 1 の問題とは急に動き出す板の問題である．

$$u(z,t) = (C_1 e^{\lambda z} + C_2 e^{-\lambda z})e^{j\omega t}$$

となる．境界条件式 (3.18) の $z = \infty$ の条件から $C_1 = 0$ となり，もう一つの境界条件の $z = 0$ の条件から $C_2 = U$ となって，

$$u = Ue^{-\lambda z}e^{j\omega t} = Ue^{-kz}e^{j(\omega t - kz)} \tag{3.20}$$

となる．解として，この実部をとれば，

$$u = Ue^{-\lambda z}e^{j\omega t} = Ue^{-kz}\cos(\omega t - kz) \tag{3.21}$$

となる．これは，z 方向に位相速度

$$c = \frac{\omega}{k} = \sqrt{2\omega\nu}$$

で伝わる減衰性の正弦波である．波数と減衰定数はともに k である．1 波長 $(2\pi/k)$ 進む間に振幅は $e^{-2\pi} = 0.002$ 倍に減衰する．

波数 k の逆数 δ を

$$\delta = \frac{1}{k} = \sqrt{\frac{2\nu}{\omega}} \tag{3.22}$$

とおけば，δ は振幅が $1/e = 0.368$ に減衰する距離を表し，近似的に厚さ δ の中だけで流体が動いていると考えてもよい．図 3.2 に平板近くの速度分布を示す．縦軸は z/δ であり，速度変動はおもに $z/\delta < 1$ の領域で起こっていることがわかる．このことから，厚さ δ の**境界層** (boundary layer) が振動平板に付いていると考えると便利である．

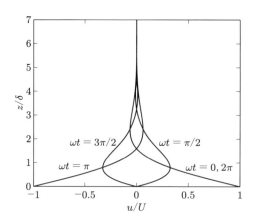

図 3.2 振動平板近傍の速度 ($\omega t = 0, \pi/2, \pi, 3\pi/2, 2\pi$ として計算)

平板にはたらくせん断力 τ_{zx} は

$$\tau_{zx} = \mu\left(\frac{\partial u}{\partial z}\right)_{z=0} = -\mu U k e^{-kz}\{\cos(\omega t - kz) - \sin(\omega t - kz)\}_{z=0}$$

$$= -\sqrt{2}\mu k U \cos\left(\omega t + \frac{\pi}{4}\right)$$

であり，k を ν で書き換えれば，

$$\tau_{zx} = -\rho U\sqrt{\omega\nu}\cos\left(\omega t + \frac{\pi}{4}\right) \tag{3.23}$$

が得られる．このせん断力（摩擦力）に逆らって平板を振動させるためには，平板の面積 S あたり $\tau_{zx} U\cos\omega t$ だけエネルギーをつぎ込まなければならない．1 周期 T あたりの仕事量 W_1 は，$\omega = 2\pi/T$ を考慮して，

$$W_1 = \frac{S}{T}\int_0^T \tau_{zx} U\cos\omega t\, dt$$

$$= -\mu U^2 k \frac{S}{T}\int_0^T \left(\cos^2\frac{2\pi t}{T} - \sin\frac{2\pi t}{T}\cos\frac{2\pi t}{T}\right) dt$$

$$= -\frac{\mu U^2 k S}{2} = \frac{1}{2}\rho U^2 S\sqrt{\frac{\omega\nu}{2}}$$

となる．一方，減衰係数 c をもつ 1 自由度振動系での減衰による 1 周期あたりの仕事量については，まず，強制変位 $U\cos\omega t$ を発生させるための力 F は，ばね力と減衰力の和

$$F = kU\cos\omega t - c\omega U\sin\omega t$$

であるので，1 周期あたりの仕事量 W_2 は

$$W_2 = \frac{1}{T}\int_0^T F\dot{x}\, dt = \frac{1}{T}\int_0^T (kU\cos\omega t - c\omega U\sin\omega t)U\cos\omega t\, dt = \frac{1}{2}cU^2$$

となり，$W_1 = W_2$ より，

$$c = \rho S\sqrt{\frac{\omega\nu}{2}}$$

となる．減衰比は式 (2.9) の定義より，

$$\zeta = \frac{c}{c_c} = \frac{c}{2m_1\omega} = \frac{\rho S \delta}{4m_1} \tag{3.24}$$

となる．ここに，1 自由度振動系の質量 m として，スロッシュマス m_1 （第 5 章にて

説明するが，タンク内液体質量の3割程度の値) を採用する．また，δ は，ここでは対数減衰率ではなく境界層の厚さとして使用しており，式 (3.22) で定義される量である．

例題 3.1 球形タンクに半分液体が入っているとして，近似式として式 (3.24) を採用し，スロッシングの減衰比を求めよ．

解答 1次の固有振動数 ω_1 は，式 (2.119) より

$$\omega_1 = C_1\sqrt{\frac{g}{a}} = 1.22\sqrt{\frac{g}{a}}$$

であるので，境界層の厚さは，式 (3.22) に上式を代入して，

$$\delta = \frac{2\nu}{\omega_1} = \sqrt{\frac{2}{C_1}}\mu^{1/2}g^{-1/4}a^{1/4}$$

である．スロッシュマスは，表 5.3 より

$$m_1 = C_2 \times \frac{4\pi a^3 \rho}{3} = 0.595 \times \frac{4\pi a^3 \rho}{3}$$

であり，液体と接しているタンク表面積 S は

$$S = C_3 \times 4\pi a^2 = 0.5 \times 4\pi a^2$$

なので，これらを式 (3.24) に代入すれば，

$$\begin{aligned}\zeta &= \frac{\rho C_3 4\pi a^2}{4 \times C_2 4\pi a^3 \rho/3}\sqrt{\frac{2}{C_1}}\nu^{1/2}g^{-1/4}a^{1/4} \\ &= \frac{C_3}{C_2\sqrt{C_1}}\frac{3\sqrt{2}}{4}\nu^{1/2}g^{-1/4}a^{-3/4} = C_0 \nu^{1/2}g^{-1/4}a^{-3/4}\end{aligned} \quad (3.25)$$

で，ここでの数値は

$$C_0 = \frac{C_3}{C_2\sqrt{C_1}}\frac{3\sqrt{2}}{4} = \frac{0.5}{0.595\sqrt{1.22}}\frac{3\sqrt{2}}{4} = 0.81$$

となる．

式 (3.25) での次元を表す項を

$$d = \nu^{1/2}g^{-1/4}a^{-3/4}$$

とおいてみる．じつは，この項の2乗がレイノルズ数の逆数になっているが，このことを以下に証明する．すなわち，

$$\frac{1}{d^2} = \frac{g^{1/2}a^{3/2}}{\nu}$$

であるが，速度 U はスロッシングの角振動数 $\sqrt{g/a}$ に振幅のオーダー a をかけたものに等しいので，

$$g^{1/2}a^{1/2} = U$$

で，先の式に代入すれば，

$$\frac{1}{d^2} = \frac{g^{1/2}a^{-3/2}}{\nu} = \frac{Ua}{\nu} = Re$$

が得られる．よって，スロッシングの内部減衰比は $1/\sqrt{Re}$ に比例することになり，

$$\zeta = C_0 \nu^{1/2} g^{-1/4} a^{-3/4} = \frac{C_0}{\sqrt{Re}} \tag{3.26}$$

と表すことができる．ここに，レイノルズ数 Re は

$$Re = \frac{\sqrt{ga^3}}{\nu} \tag{3.27}$$

である．例題 3.1 での結果については，

$$\zeta = \frac{0.81}{\sqrt{Re}} \quad (h = a \text{ のとき}) \tag{3.28}$$

である．

3.2.2 球形タンクでの減衰

例題 3.1 で球形タンクでのスロッシングの近似解を求めた．このときの水位は 1/2 満 ($h/a = 1$) であった．球形タンクに関しては実験的に減衰比が求められていて，

$$\zeta = \frac{0.79}{\sqrt{Re}} \frac{a}{h} \quad (0.1a < h < a \text{ のとき}) \tag{3.29}$$

$$\zeta = \frac{0.79}{\sqrt{Re}} \frac{1 + 0.46(2 - h/a)}{1.46(2 - h/a)} \quad (a < h \text{ のとき}) \tag{3.30}$$

となっている[22, 30]．例題 3.1 の結果は式 (3.28) なので，かなりよい近似であったといえる．

> **例題 3.2** 球形タンクの減衰比 ζ について，式 (3.29), (3.30) を使って図示せよ．ただし，タンクの半径 $a = 0.75$ m で，動粘性係数 ν は式 (3.3) より，20°C において 1.01×10^{-6} m²/s とせよ．

解答 計算結果を図 3.3 に示す.$h/a = 1$ のとき最低値をとる.

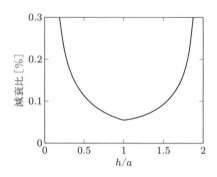

図 3.3 球形タンクでの減衰比と水位との関係 (液体は水,$1g$ 下条件,半径 $a = 75$ cm)

減衰は振幅依存性があり,一般に振幅が大きくなると減衰は大きくなる.球形タンク (半径 $a = 0.5$ m,液体は水) での減衰比 ζ と振幅 η との関係の一例[198] を図 3.4 に示す.

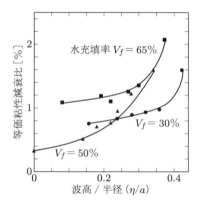

図 3.4 球形タンクでの横スロッシングの減衰比と振幅との関係 (液体は水,$1g$ 下条件)

3.2.3 散逸関数

本項は,円筒タンクでの減衰の理論解を求めるための準備の項である.粘性流体の理論の応用分野としては興味深いが,難解であるし,実務者にとっては減衰比さえわかればよい場合には,本項から 3.2.5 項まではスキップしてよい.

さて,粘性力による仕事を考える.仕事量は (力) × (変位) あるいは (応力) × (ひずみ) である.垂直応力 σ に関しては,圧力と体積膨張は関与しないので式 (3.7) において p と div $\mathbf{v}$ を除く.したがって,式 (3.6),(3.7) より,単位体積あたりの仕事

$\tilde{D}$ は

$$\tilde{D} = \mu\left\{\left(\frac{\partial v}{\partial x}+\frac{\partial u}{\partial y}\right)^2 + \left(\frac{\partial w}{\partial y}+\frac{\partial v}{\partial z}\right)^2 + \left(\frac{\partial u}{\partial z}+\frac{\partial w}{\partial x}\right)^2\right\}$$
$$+ 2\mu\left\{\left(\frac{\partial u}{\partial x}\right)^2 + \left(\frac{\partial v}{\partial y}\right)^2 + \left(\frac{\partial w}{\partial z}\right)^2\right\}$$

である[†]. $\tilde{D}$ を **散逸関数** (dissipation function) という. この式から, 非圧縮性の条件で本来ゼロである

$$2\mu\left(\frac{\partial u}{\partial x}+\frac{\partial v}{\partial y}+\frac{\partial w}{\partial z}\right)^2$$

を引き算すれば,

$$\tilde{D} = \mu\left\{\left(\frac{\partial w}{\partial y}-\frac{\partial v}{\partial z}\right)^2 + \left(\frac{\partial u}{\partial z}-\frac{\partial w}{\partial x}\right)^2 + \left(\frac{\partial v}{\partial x}-\frac{\partial u}{\partial y}\right)^2\right\}$$
$$- 4\mu\left(\frac{\partial v}{\partial y}\frac{\partial w}{\partial z}-\frac{\partial v}{\partial z}\frac{\partial w}{\partial y}+\frac{\partial w}{\partial z}\frac{\partial u}{\partial x}-\frac{\partial w}{\partial x}\frac{\partial u}{\partial z}+\frac{\partial u}{\partial x}\frac{\partial v}{\partial y}-\frac{\partial u}{\partial y}\frac{\partial v}{\partial x}\right)$$
$$= \mu(\xi^2+\eta^2+\zeta^2) + 4\mu\left(\frac{\partial v}{\partial z}\frac{\partial w}{\partial y}+\frac{\partial w}{\partial x}\frac{\partial u}{\partial z}+\frac{\partial u}{\partial y}\frac{\partial v}{\partial x}\right)$$
$$+ 2\mu\left\{\left(\frac{\partial u}{\partial x}\right)^2 + \left(\frac{\partial v}{\partial y}\right)^2 + \left(\frac{\partial w}{\partial z}\right)^2\right\} \tag{3.31}$$

となる (注釈 3.1). ここに, ξ, η, ζ は式 (2.42) で定義された **渦度** で,

$$\xi = \frac{\partial w}{\partial y}-\frac{\partial v}{\partial z}, \quad \eta = \frac{\partial u}{\partial z}-\frac{\partial w}{\partial x}, \quad \zeta = \frac{\partial v}{\partial x}-\frac{\partial u}{\partial y} \tag{3.32}$$

である. よって, 全体での散逸エネルギー D は

$$D = \frac{1}{2}\int_V \tilde{D}\,dV \tag{3.33}$$

で, 1/2 がかかっているのは変位（ひずみ）が力（応力）に比例するためである. 書き直せば,

$$q^2 = u^2 + v^2 + w^2$$

として, 液体表面外向きに法線ベクトル $\mathbf{n}$ をとれば, 注釈 3.2 にあるような変形を行って,

[†] 最後の項は 4μ とはならない. ひずみは $\partial u/\partial x$ で, それぞれ二つの側面ではたらくので, 2 倍がかかるだけである.

$$2D = \mu \int_V (\xi^2 + \eta^2 + \zeta^2)\, dV + \mu \int_S \frac{\partial(q^2)}{\partial n}\, dS - 2\mu \int_S \begin{vmatrix} l & m & n \\ u & v & w \\ \xi & \eta & \zeta \end{vmatrix} dS \tag{3.34}$$

と書き表せる[2]. $l,\ m,\ n$ は $\mathbf{n}$ の方向余弦である.

【注釈 3.1】 式 (3.31) の最後の項の導出は,

$$\begin{aligned} D_1 &= -4\left(\frac{\partial v}{\partial y}\frac{\partial w}{\partial z} + \frac{\partial w}{\partial z}\frac{\partial u}{\partial x} + \frac{\partial u}{\partial x}\frac{\partial v}{\partial y}\right) \\ &= -2\frac{\partial u}{\partial x}\left(\frac{\partial v}{\partial y} + \frac{\partial w}{\partial z}\right) - 2\frac{\partial v}{\partial y}\left(\frac{\partial u}{\partial x} + \frac{\partial w}{\partial z}\right) - 2\frac{\partial w}{\partial z}\left(\frac{\partial u}{\partial x} + \frac{\partial v}{\partial y}\right) \end{aligned}$$

であり, 括弧の中をたとえば,

$$\left(\frac{\partial v}{\partial y} + \frac{\partial w}{\partial z}\right) = \left(\frac{\partial u}{\partial x} + \frac{\partial v}{\partial y} + \frac{\partial w}{\partial z} - \frac{\partial u}{\partial x}\right) = 0 - \frac{\partial u}{\partial x}$$

と非圧縮性条件式 (3.11) を利用して変形して,

$$D_1 = 2\left\{\left(\frac{\partial u}{\partial x}\right)^2 + \left(\frac{\partial v}{\partial y}\right)^2 + \left(\frac{\partial w}{\partial z}\right)^2\right\}$$

となる.

【注釈 3.2】 ラムの教科書[2] では, 式 (3.34) がどのようにして導かれるか記述していないし, その後の論文や本 (文献 [6], [219] など) も, その結果を利用しているだけなので, ここにその導出を行う. 結果から逆算した格好になっているので, もっとよい導出法があるかもしれない.

式 (3.34) の最後の項は,

$$\begin{vmatrix} l & m & n \\ u & v & w \\ \xi & \eta & \zeta \end{vmatrix} = l(v\zeta - w\eta) + m(w\xi - u\zeta) + n(u\eta - v\xi) \tag{3.35}$$

であるので, $\alpha,\ \beta,\ \gamma$ を

$$\alpha = w\eta - v\zeta,\quad \beta = u\zeta - w\xi,\quad \gamma = v\xi - u\eta \tag{3.36}$$

として (式 (3.35) の表現と逆符号になっていることに注意),

$$D_2 = \frac{\partial \alpha}{\partial x} + \frac{\partial \beta}{\partial y} + \frac{\partial \gamma}{\partial z} \tag{3.37}$$

を計算すると,

$$D_2 = -(u\nabla^2 u + v\nabla^2 v + w\nabla^2 w) + 2\left(\frac{\partial v}{\partial z}\frac{\partial w}{\partial y} + \frac{\partial w}{\partial x}\frac{\partial u}{\partial z} + \frac{\partial u}{\partial y}\frac{\partial v}{\partial x}\right)$$
$$+ \left\{\left(\frac{\partial u}{\partial x}\right)^2 + \left(\frac{\partial v}{\partial y}\right)^2 + \left(\frac{\partial w}{\partial z}\right)^2\right\} - D_3 \tag{3.38}$$

となる．ここに，
$$D_3 = \left\{\left(\frac{\partial u}{\partial x}\right)^2 + \left(\frac{\partial u}{\partial y}\right)^2 + \left(\frac{\partial u}{\partial z}\right)^2\right\} + \left\{\left(\frac{\partial v}{\partial x}\right)^2 + \left(\frac{\partial v}{\partial y}\right)^2 + \left(\frac{\partial v}{\partial z}\right)^2\right\}$$
$$+ \left\{\left(\frac{\partial w}{\partial x}\right)^2 + \left(\frac{\partial w}{\partial y}\right)^2 + \left(\frac{\partial w}{\partial z}\right)^2\right\}$$

で，$u\nabla^2 u$ の項に関しては，
$$\nabla^2 u = \frac{\partial^2 u}{\partial x^2} + \frac{\partial^2 u}{\partial y^2} + \frac{\partial^2 u}{\partial z^2} = \frac{\partial}{\partial x}\left(-\frac{\partial v}{\partial y} - \frac{\partial w}{\partial z}\right) + \frac{\partial^2 u}{\partial y^2} + \frac{\partial^2 u}{\partial z^2}$$
$$= \frac{\partial}{\partial z}\left(\frac{\partial u}{\partial z} - \frac{\partial w}{\partial x}\right) - \frac{\partial}{\partial y}\left(\frac{\partial v}{\partial x} - \frac{\partial u}{\partial y}\right) = \frac{\partial \eta}{\partial z} - \frac{\partial \zeta}{\partial y}$$

の変形を利用している．この式 (3.38) の第 2, 3 項を式 (3.31) に代入すれば，
$$\frac{1}{\mu}\tilde{D} = (\xi^2 + \eta^2 + \zeta^2) + 2\left(\frac{\partial \alpha}{\partial x} + \frac{\partial \beta}{\partial y} + \frac{\partial \gamma}{\partial z}\right)$$
$$+ 2(u\nabla^2 u + v\nabla^2 v + w\nabla^2 w) + 2D_3 \tag{3.39}$$

となる．

式 (3.33) により，式 (3.39) を体積分して，
$$\int \tilde{D}\,dV = \mu(I_1 + 2I_2 + 2I_3 + 2I_4) \tag{3.40}$$

とし，第 1 項 I_1 はそのまま
$$I_1 = \int_V (\xi^2 + \eta^2 + \zeta^2)\,dV$$

で，第 2 項は部分積分を行って面積分に直して
$$I_2 = \iiint \left(\frac{\partial \alpha}{\partial x} + \frac{\partial \beta}{\partial y} + \frac{\partial \gamma}{\partial z}\right) dx\,dy\,dz = \iint \alpha\,dy\,dz + \iint \beta\,dx\,dz + \iint \gamma\,dx\,dy$$

であるが，
$$dy\,dz = l\,dS, \quad dx\,dz = m\,dS, \quad dx\,dy = n\,dS$$

であるので，
$$I_2 = \int_S (l\alpha + m\beta + n\gamma)\,dS = -\int_S \begin{vmatrix} l & m & n \\ u & v & w \\ \xi & \eta & \zeta \end{vmatrix} dS$$

となる．第4項 D_3 にも部分積分を行うが，長くなるので，u の項に関して説明すると，

$$\iiint \left(\frac{\partial u}{\partial x}\right)^2 dx\,dy\,dz = \iint u\frac{\partial u}{\partial x}\,dy\,dz - \iiint u\frac{\partial^2 u}{\partial x^2}\,dx\,dy\,dz$$

である．これを，y，z の微分に関し実行し，さらに v，w 成分に関しても部分積分を行うと，

$$I_4 = \int_V D_3\,dV = \int q\frac{\partial q}{\partial n}\,dS - \int (u\nabla^2 u + v\nabla^2 v + w\nabla^2 w)\,dV$$

$$= \frac{1}{2}\int \frac{\partial(q^2)}{\partial n}\,dS - I_3$$

となる．後回しにした第3積分 I_3 については，I_4 の積分の中で相殺される．これらをまとめれば式 (3.34) が得られる．

3.2.4 円筒タンクでの減衰

球形タンクの場合，幾何学的に滑らかな壁面であるので，例題3.1で見たように平板で境界層を近似することも大きな無理はないが，円筒タンクでは，底面と側面とでは速度分布が大きく異なるので，全壁面を平板で近似するには無理がある．ここでは複雑になるが，文献 [6] に従って理論的に円筒タンクでの減衰比を求めてみる．

運動方程式は，式 (3.13) より $K = -\nabla(gz)$ とおいて，

$$\frac{\partial \mathbf{v}}{\partial t} = -\nabla\left(gz + \frac{p}{\rho}\right) + \nu\nabla^2 \mathbf{v} \tag{3.41}$$

で，連続方程式と境界条件は

$$\nabla \cdot \mathbf{v} = 0 \tag{3.42}$$

$$\mathbf{v} = 0 \quad (r = a,\ z = 0 \text{において}) \tag{3.43}$$

である．この解の形を渦運動解析の定石である

$$\mathbf{v} = \nabla \Phi + \nabla \times \mathbf{A} \tag{3.44}$$

のように，スカラーポテンシャル Φ とベクトルポテンシャル $\mathbf{A}$ の回転との和とおいてみる．ベクトルポテンシャルの項が境界層の影響を表す．これを式 (3.41) に代入すると，

$$\nabla\left(\frac{\partial \Phi}{\partial t}\right) + \nabla \times \frac{\partial \mathbf{A}}{\partial t} = -\nabla\left(gz + \frac{p}{\rho}\right) + \nu\nabla^2(\nabla\Phi + \nabla \times \mathbf{A}) \tag{3.45}$$

であるが，

$$\frac{p}{\rho} + gz = -\frac{\partial \Phi}{\partial t} + \text{const.}$$

であるので,式 (3.45) は

$$\nabla \times \frac{\partial \mathbf{A}}{\partial t} = \nu \nabla^2 (\nabla \Phi + \nabla \times \mathbf{A}) = \nu \nabla (\nabla^2 \Phi) + \nabla \times (\nu \nabla^2 \mathbf{A})$$

となり,これから

$$\nabla^2 \Phi = 0 \tag{3.46}$$

$$\nu \nabla^2 \mathbf{A} = \frac{\partial \mathbf{A}}{\partial t} \tag{3.47}$$

とならねばならない.

散逸関数 (3.34) は

$$2D = \mu \int_V (\nabla \times \mathbf{v})^2 \, dV + \mu \int_S (\mathbf{n} \cdot \nabla \mathbf{v}^2) \, dS - 2\mu \int_S \mathbf{n} \cdot \mathbf{v} \times (\nabla \times \mathbf{v}) \, dS \tag{3.48}$$

と書き表せる.式 (3.48) において,剛なタンク壁では $\mathbf{v} = 0$ であり,自由表面では近似的に $\nabla \times \mathbf{v} = 0$ であるので第 3 項は省略できて,

$$2D = 2D_r + 2D_t \tag{3.49}$$

となる.ここに,D_r は液体内部の減衰で,D_t はタンク壁での減衰を表し,

$$2D_r = \mu \int_V (\nabla \times \mathbf{v})^2 \, dV = \mu \int_V (\nabla \times \nabla \times \mathbf{A})^2 \, dV \tag{3.50}$$

$$2D_t = \mu \int_S \mathbf{n} \cdot (\nabla \mathbf{v}^2) \, dS = \mu \int_S \frac{\partial}{\partial \mathbf{n}} (\nabla \Phi)^2 \, dS \tag{3.51}$$

である.

まず,式 (3.51) の D_t 項について考える.円筒タンクでのスロッシングに関する Φ の解は,式 (2.80) より,

$$\begin{aligned} \Phi(r, \theta, z, t) &= \hat{\Phi}(r, \theta, z) e^{j\omega t} \\ &= C_1 J_n(\lambda_n r) \frac{\cosh \lambda_n (z + h)}{\cosh \lambda_n h} \cos n\theta \cdot e^{j\omega_{ni} t} \end{aligned} \tag{3.52}$$

である.また,自由表面の変位 η については,式 (2.87) より,

$$\eta(r, \theta, t) = \hat{\eta} e^{j\omega_{ni} t} = D_1 J_n(\lambda_n r) \cos n\theta \cdot e^{j\omega_{ni} t} \tag{3.53}$$

で,係数 D_1 は

$$D_1 = \frac{C_1}{j\omega_{ni}} \lambda_{ni} \tanh \lambda_{ni} h \tag{3.54}$$

である.

　減衰比を求めるために，式 (2.30) の運動エネルギーを求めてみる．運動エネルギー T は

$$T = \frac{1}{2}\rho \int_V \mathbf{v}^2 \, dV = \frac{1}{2}\rho \int_V \left\{ \left(\frac{\partial \Phi}{\partial x}\right)^2 + \left(\frac{\partial \Phi}{\partial y}\right)^2 + \left(\frac{\partial \Phi}{\partial z}\right)^2 \right\} dV \, e^{2j\omega_{ni}t}$$

$$= \frac{1}{2}\rho \int_S \Phi \left(\frac{\partial \Phi}{\partial n}\right) dS \, e^{2j\omega_{ni}t}$$

である．この表面積分を自由表面，側面，底面に分けると，側面と底面においては $\partial \Phi / \partial n = 0$ であるので，自由表面での積分のみが残って，式 (3.52) を代入すると，

$$T = \frac{1}{2}\rho \int \{C_1 J_n(\lambda_{ni} r) \cos n\theta\}$$
$$\times \{C_1 J_n(\lambda_{ni} r) \lambda_{ni} \tanh \lambda_{ni} h \cdot \cos n\theta\} r \, dr \, d\theta \, e^{2j\omega_{ni}t}$$

となるが，r 方向の積分に関しては注釈 3.3 の結果を使って，

$$T = \frac{1}{2}\rho C_1^2 \pi \frac{a^2}{2} \lambda_{ni} \tanh \lambda_{ni} h \cdot \left(1 - \frac{n^2}{\xi_{ni}^2}\right) J_n^2(\lambda_{ni} a) e^{2j\omega_{ni}t}$$

$$= \frac{1}{4}\rho g \cdot \pi a^2 \left(1 - \frac{n^2}{\xi_{ni}^2}\right) J_n^2(\lambda_{ni} a) D_1^2 e^{2j\omega_{ni}t} \tag{3.55}$$

となる．調和振動に粘性減衰比 ζ を入れて，時間項を

$$e^{(j\omega_{ni}\sqrt{1-\zeta^2} - \zeta\omega_{ni})t} \approx e^{(j\omega_{ni} - \zeta\omega_{ni})t}$$

として，$E = T_{\max}$ とし，エネルギー散逸を計算すると，

$$\frac{dE}{dt} = -\zeta \omega_{ni} \frac{1}{2} \rho C_1^2 \pi \frac{a^2}{2} \lambda_{ni} \tanh \lambda_{ni} h \cdot \left(1 - \frac{n^2}{\xi_{ni}^2}\right) J_n^2(\lambda a_{ni}) e^{2j\omega_{ni}t} \tag{3.56}$$

となる．

【注釈 3.3】　ベッセル関数の不定積分公式 (文献 [11], p. 189)

$$\int z Z_\nu^2(\alpha z) \, dz = \frac{z^2}{2} \left\{ \left(1 - \frac{\nu^2}{\alpha^2 z^2}\right) Z_\nu^2(\alpha z) + Z_\nu'^{\,2}(\alpha z) \right\}$$

を使って，

$$Z_\nu(\alpha z) \to J_n(\lambda_{ni} r), \quad \lambda_{ni} a = \xi_{ni}$$

と書き換え，かつ，
$$J'_n(\lambda_{ni}a) = 0$$
を考慮すれば，
$$\int_0^a r J_n^2(\lambda_{ni}r)\,dr = \frac{a^2}{2}\left\{\left(1 - \frac{n^2}{\lambda_{ni}^2 a^2}\right) J_n^2(\lambda_{ni}a)\right\}$$
となる．

式 (3.51) より散逸エネルギーを計算すれば，

$$\begin{aligned}
2D_t &= \mu \int_S \frac{\partial}{\partial z}\left\{C_1 J_n(\lambda_{ni}r)\frac{\lambda_{ni}\sinh\lambda_{ni}(z+h)}{\cosh\lambda_{ni}h}\cos n\theta\right\}^2 dS\, e^{2j\omega_{ni}t} \\
&= \mu C_1^2 \lambda_n^2 \iint 2\frac{\lambda_{ni}\cosh\lambda_{ni}(z+h)}{\cosh\lambda_{ni}h}\frac{\sinh\lambda_{ni}(z+h)}{\cosh\lambda_{ni}h}\cos^2 n\theta \cdot r\,dr\,d\theta \\
&\quad \times e^{2j\omega_{ni}t} \\
&= 2\mu C_1^2 \lambda_{ni}^3 \tanh\lambda_{ni}h \cdot \left\{\int_0^a J_n(\lambda_{ni}r)^2 r\,dr\right\}\left(\int_0^{2\pi}\cos^2 n\theta\,d\theta\right) e^{2j\omega_{ni}t} \\
&= \mu C_1^2 \lambda_{ni}^3 \tanh\lambda_{ni}h \cdot \pi a^2 \left(1 - \frac{n^2}{\xi_{ni}^2}\right) J_n^2(\lambda_{ni}a) e^{2j\omega_{ni}t} \quad (3.57)
\end{aligned}$$

となる．ここで，式 (2.30) より

$$\frac{dE}{dt} = -2D_t$$

であるので，式 (3.56) と式 (3.57) より，

$$-2\zeta_t \omega_{ni} = -\frac{4\mu\lambda_{ni}^2}{\rho}$$

であり，D_t に関する減衰という意味で添え字 t を付けて対数減衰率 δ_t で表せば，$\nu = \mu/\rho$ を考慮して，

$$\delta_t = 2\pi\zeta_t = \frac{4\pi\nu\lambda_{ni}^2}{\omega_{ni}} = \frac{4\pi\nu\xi_{ni}^2}{\omega_{ni}a^2} \quad (3.58)$$

となる．

次に，式 (3.50) の D_r について考える．$\mathbf{A}$ については，Φ と同じく調和振動を仮定すれば，

$$\mathbf{A} = \hat{\mathbf{A}} e^{j\omega_{ni}t} \quad (3.59)$$

で，式 (3.47) より

$$\left(\nabla^2 + \frac{j\omega_{ni}}{\nu}\right)\hat{\mathbf{A}} = 0$$

で，l を境界での境界層の厚さとして，式 (3.22) より[†]

$$l = \sqrt{\frac{\nu}{\omega}} \tag{3.60}$$

として，

$$\left(\nabla^2 + \frac{j}{l^2}\right)\hat{\mathbf{A}} = 0 \tag{3.61}$$

である．$\mathbf{A}$ については境界近くだけが有効で，全体的な r，z の関数とはならないことに注意する．したがって，円筒の側面，底面に分けて考える．式 (3.61) について，境界から境界層の厚さ部分に注目して近似式を立てる．まず，側面 ($r = a$) 近くに関しては，

$$\left(\frac{\partial^2}{\partial r^2} + \frac{j}{l^2}\right)\hat{\mathbf{A}} = 0 \tag{3.62}$$

で，この式は振動平板の式 (3.17) と同じになるので，解も

$$\mathbf{A} = \mathbf{C}_s e^{-\sqrt{j(a-r)/l}} Z(z)\Theta(\theta) e^{j\omega_{ni}t} \tag{3.63}$$

となる．底面 ($z = -h$) 近くでは，基礎式は

$$\left(\frac{\partial^2}{\partial z^2} + \frac{j}{l^2}\right)\hat{\mathbf{A}} = 0 \tag{3.64}$$

なので，解は

$$\mathbf{A} = \mathbf{C}_b e^{-\sqrt{j(z+h)/l}} R(r)\Theta(\theta) e^{j\omega_{ni}t} \tag{3.65}$$

である．境界層以外の部分について検討すると，基本的に全体解 (global solution) の Φ と同じ形にならなければならないので，側面の解 (3.63) について，

$$\begin{Bmatrix} A_r \\ A_\theta \\ A_z \end{Bmatrix} = \begin{Bmatrix} C_{sr} \\ C_{s\theta} \\ 0 \end{Bmatrix} e^{-\sqrt{j(a-r)/l}} \sinh\frac{\lambda_{ni} z}{h} \cdot \begin{Bmatrix} \cos n\theta \\ \sin n\theta \\ 0 \end{Bmatrix} e^{j\omega_{ni}t} \tag{3.66}$$

となる．底面の解は，

[†] オーダーが問題なので倍数 2 は無視する．

$$\left\{\begin{array}{c} A_r \\ A_\theta \\ A_z \end{array}\right\} = \left\{\begin{array}{c} C_{br} \\ C_{b\theta} \\ 0 \end{array}\right\} e^{-\sqrt{j(z+h)/l}} \left\{\begin{array}{c} \cos\theta \\ \sin\theta \\ 0 \end{array}\right\} \left\{\begin{array}{c} \dfrac{1}{\lambda_n a} J_1(\lambda_n r) \\ \dfrac{1}{\lambda_{11}} \dfrac{\partial J_1(\lambda_n r)}{\partial r} \\ 0 \end{array}\right\} e^{j\omega_{ni} t} \qquad (3.67)$$

と導かれる[6]．この後は，式 (3.58) を求めた手順と同様に散逸エネルギーを求めて計算するが，かなり複雑であるので，結果のみを対数減衰率の形でまとめると，

$$\delta = \delta_t + \delta_s + \delta_b \qquad (3.68)$$

で，自由表面を含む内部減衰，側面，底面における減衰それぞれの対数減衰率の和で表されて，それらは

$$\delta_t = \frac{4\pi\nu\lambda_{ni}^2}{\omega_{ni}} \qquad (3.69a)$$

$$\delta_s = \sqrt{\frac{\nu}{2\omega_{ni}}} \frac{\pi}{a} \left\{ \frac{1 + (1/\lambda_{ni}a)^2}{1 - (1/\lambda_{ni}a)^2} - \frac{2\lambda_{ni}h}{\sinh 2\lambda_{ni}h} \right\} \qquad (3.69b)$$

$$\delta_b = \sqrt{\frac{\nu}{2\omega_{ni}}} \frac{\pi}{a} \frac{2\lambda_{ni}a}{\sinh 2\lambda_{ni}h} \qquad (3.69c)$$

となる[6]．

例題 3.3 円筒タンクでの減衰について，式 (3.69) を使って数値計算して考察せよ．ただし，タンクの半径 $a = 0.762\,\mathrm{m}\,(= 3\,\mathrm{inch})$ で，動粘性係数 $\nu = 1.12 \times 10^{-6}\,\mathrm{m}^2/\mathrm{s}$ とせよ．

解答 円筒タンクの 1 次の横スロッシング ($n=1,\ m=1$) に関して，減衰を数値計算していく．したがって，使うパラメータは

$$n=1, \quad \zeta_{11} = \lambda_{11}a = 1.841, \quad J_1'(\lambda_{11}a) = 0 \qquad (3.70)$$

である．境界層厚さ l を導入し，減衰比 ζ の形で書き直すと，

$$\zeta = \frac{\delta}{2\pi} = \zeta_t + \zeta_s + \zeta_b \qquad (3.71)$$

で，境界層は

$$l = \sqrt{\frac{\nu}{\omega_{11}}} = \sqrt{\frac{\nu a}{g}} \frac{1}{1.841 \times \tanh(1.841 h/a)} \qquad (3.72)$$

として，減衰比の内訳は

$$\zeta_t = \frac{\delta_t}{2\pi} = 6.78 \left(\frac{l}{a}\right)^2 \qquad (3.73a)$$

$$\zeta_s = \frac{\delta_s}{2\pi} = \frac{l}{a}\left\{0.649 - \frac{h}{a}\frac{1.30}{\sinh(3.682h/a)}\right\} \qquad (3.73b)$$

$$\zeta_b = \frac{\delta_b}{2\pi} = \frac{l}{a}\frac{1.30}{\sinh(3.682h/a)} \qquad (3.73c)$$

となる．

計算結果を**表 3.2** と**図 3.5** に示す．減衰比の大きさは 1% 以下で，機械構造系の減衰比と比べ，著しく小さい．また，表から明らかなように，水位 (h/a) が大きくなるに従って減衰比は小さくなり，$h/a > 1$ の領域ではほぼ一定の値となる．内訳を見ると，自由表面と底面の影響が側面の影響に比べて小さい．

表 3.2　円筒タンクでの減衰比とその内訳 (単位 %)

h/a	f_{11} [Hz]	l [mm]	ζ_t	ζ_s	ζ_b	ζ	試験値[6]
0.25	1.61	0.33	0.01	0.15	0.54	0.70	0.62
0.5	2.09	0.29	0.01	0.17	0.16	0.34	0.34
1.0	2.39	0.27	0.009	0.21	0.024	0.24	0.25
1.5	2.44	0.27	0.009	0.23	0.004	0.24	0.24

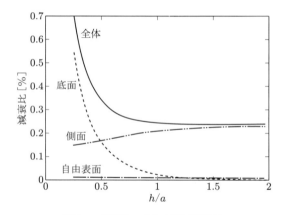

図 3.5　円筒タンクにおける減衰比

また，側面での減衰が支配的になるので，図 3.5 に示すように，減衰比は半径 a が大きくなるほど，それに反比例して小さくなる．これは，減衰が半径 a の大きさで発生しているのでなく，境界層 l の小さな範囲で発生しているので，a が大きくなっても l の大きさはそれほど変わらず，ζ は小さくなるといえる．

試験[6] と計算との比較を**図 3.6** に示す．試験では 2 種類のタンクの寸法 ($a = 3\,\mathrm{inch} = 0.762\,\mathrm{m}$ と，$a = 1.5\,\mathrm{inch} = 0.381\,\mathrm{m}$) が使われている．

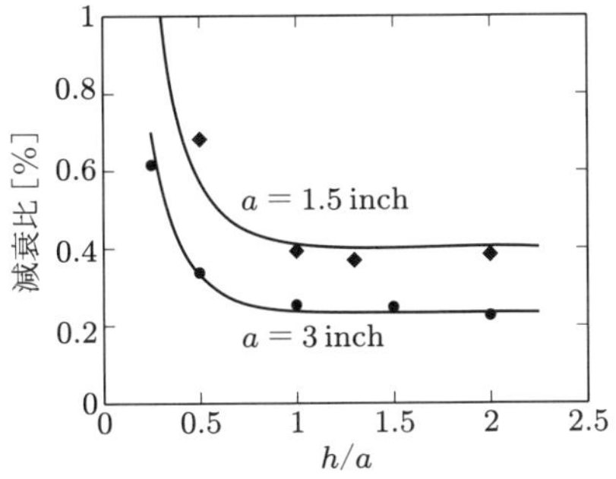

図 3.6 円筒タンクにおける減衰比の試験値との比較

円筒タンクでの減衰比については,

$$\zeta = 0.83\sqrt{\frac{\nu}{\sqrt{ga^3}}}\left[\tanh\frac{1.841h}{a}\cdot\left\{1+2\frac{1-h/a}{\cosh(3.68h/a)}\right\}\right] \quad (3.74)$$

が提案されており[23], 水位が十分に深い場合 ($h/a > 1$) には, 式 (3.74) の大括弧は 1 と近似できて,

$$\zeta = 0.83\sqrt{\frac{\nu}{\sqrt{ga^3}}} = \frac{0.83}{\sqrt{Re}} \quad (3.75)$$

である.

低重力においては, 減衰はわずかに増加するという報告がある. バッフルなしの円筒タンクでは, 水位が半径より深い ($h > a$) とき,

$$\zeta = C_1(\nu^{1/2}a^{-3/4}g^{-1/4})(1+C_2 Bo^{-3/5}) \quad (3.76)$$

である. ν は液体の**動粘性係数**(**動粘度係数**), C_1 は 1 前後の値, C_2 は 1〜8 程度の値で, 詳しい数値については文献 [8] に図表がある. この式は, 粘性とボンド数の影響を考察するのに使える. 粘性は, 3.1 節で述べたように温度に大きく依存する.

3.2.5 ベアタンクの実験式

ベアタンク(制振措置をしない裸のタンク)の場合, 円筒タンクも含めて, 減衰比の式 (3.75) を一般化して,

$$\zeta = C_1\left(\frac{\nu}{\sqrt{d^3 g}}\right)^{n_1} \quad (3.77)$$

とまとめて, パラメータを各種タンクに対して近似すると, 表 3.3 のようになる.

表 3.3 式 (3.77) の係数

タンク形状	代表寸法 d	適用条件	C_1	n_1
矩形	幅 d	$h/d \gg 1$	1.0	0.5
円筒	半径 a	$h/a \gg 1$	0.79	0.5
		$h/a = 0.5$	1.11	0.5
		$h/a = 0.1$	3.36	0.5
球	半径 a	3/4 満	0.66	0.359
		1/2 満	0.39	0.359
		1/4 満	0.32	0.359

例題 3.4 球形タンクでの減衰比を，式 (3.77) を使って求めよ．微小波高での $a = 0.5$ m, $h = a$ の場合を計算せよ．

解答 水の ν を表 3.1 より採用して，

$$\zeta = 0.39 \left(\frac{0.0101}{50^{3/2} \times \sqrt{980}} \right)^{0.359} = 0.0026$$

となり，0.26% である．

3.3 デバイスによる減衰

スロッシングの減衰増加に対して何もしないベアタンクにおいては，減衰は，微小変形時では減衰比 ζ ($\zeta \equiv c_i/2\sqrt{m_i k_i}$) にして 0.1% 程度のオーダーである．大振幅になれば，図 3.4 に示すように数 % のオーダーに増加する．しかし，ロケットや衛星の姿勢制御において微小振幅でも問題となる場合には，減衰を付加することと，そもそもスロッシングを起こさないようにするためのデバイスが導入される．横スロッシングの場合，リングバッフルが代表的なものであるが，自由表面にかぶせる浮き屋根や膜材，浮かせた缶 (floating can) も使われる．また，回転スロッシング (rotary sloshing, swirl) の防止には十字形のバッフルが用いられる．バッフルの効果についてはパラメータが多いので，理論計算はあまり信頼できず，自分で試験してデータを取るのが確実である．

3.3.1 円筒タンクでのリングバッフル

横スロッシング防止のためには，図 3.7 に示すような**リングバッフル**という円板を，自由表面の少し下に設けるのが一般的な対策である．オーダー評価のため，円筒タンクにリングバッフルが一つある場合 (図 3.8) の解析を試みる[8, 19, 21]．

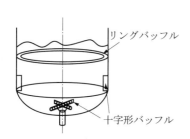
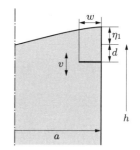

図 3.7　典型的なバッフルの取り付け　　図 3.8　円筒タンクの中のリングバッフル

タンク側面近傍に平行な速度 v は，式 (2.80) を使って，$n=1$ として

$$v(r,\theta,z) = \frac{\partial \Phi}{\partial z} = C_1 \cos\theta J_1(\lambda_{11}r)\lambda_{11}\frac{\sinh\lambda_{11}(z+h)}{\cosh\lambda_{11}h}\cos\omega_{11}t \qquad (3.78)$$

となる．ここで，自由表面での変位の最大値を $\eta_{\max}$ とすると，これは上式で $z=0$, $\theta=0$ とすることによって得られて，式 (2.85) と同じく，

$$\eta_{\max} = \frac{1}{\omega}C_1\lambda_{11}J_1(\lambda_{11}a)\tanh\lambda_{11}h \qquad (3.79)$$

となるので，式 (3.78) を書き直すと，

$$v(r,\theta,z) = \omega_{11}\eta_{\max}\cos\theta \cdot \frac{J_1(\lambda_{11}r)}{J_1(\lambda_{11}a)}\frac{\sinh\lambda_{11}(z+h)}{\sinh\lambda_{11}h}\cos\omega_{11}t \qquad (3.80)$$

となる．スロッシングの 1 周期と円周方向の平均の圧力抵抗による仕事量は，

$$\frac{dE}{dt} = \frac{1}{T}\int_0^T (\cos\omega_{11}t)^2\,dt \int_0^{2\pi}\left(\frac{1}{2}C_d\rho v^2 A_b\right)\times|v|\,d\theta$$

である．ここに，dS はリングバッフルの部分面積で，A_b はリングバッフルの全面積，T は周期である．1 周期で積分をとるのは，速度が調和振動をするからである．また，円周方向に平均をとるのは，円周方向に速度分布があるからである．式 (3.78) を代入して θ と t で積分して，次のようになる．

$$\begin{aligned}\frac{dE}{dt} &= \frac{\rho C_d}{2}\frac{1}{T}\int_0^T(\cos\omega_{11}t)^3\,dt \times A_b\frac{1}{2\pi}\int_0^{2\pi}(\cos\theta)^2|\cos\theta|\,d\theta \\ &\quad \times \left\{\omega_{11}\eta_{\max}\frac{\sinh\lambda_{11}(z+h)}{\sinh\lambda_{11}h}\right\}^3 \\ &= \frac{\rho C_d}{2}\frac{4}{3\pi}\times A_b\frac{4}{3\pi}\times\left\{\omega_{11}\eta_{\max}\frac{\sinh\lambda_{11}(z+h)}{\sinh\lambda_{11}h}\right\}^3 \end{aligned} \qquad (3.81)$$

【注釈 3.4】 $f(\cos\omega t)$, $f(\cos\theta)$ に関する積分については,以下のように計算する.まず,$\cos\theta$ については $f(\cos x) = |\cos x|^3$ として,

$$I = \frac{1}{2\pi}\int_0^{2\pi} |\cos x|^3 \, dx = \frac{1}{2\pi} 4 \int_0^{\pi/2} \cos^3 x \, dx = \frac{4}{3\pi}$$

である.次に,$\cos\omega t$ については,$\omega t = x$ とおけば,$T = 2\pi/\omega$ であるので,

$$I_1 = \frac{1}{T}\int_0^T f(\cos\omega t) \, dt = \frac{\omega}{2\pi}\int_0^{2\pi} f(\cos x)\frac{dx}{\omega} = \frac{1}{2\pi}\int_0^{2\pi} f(\cos x) \, dx$$

となる.これは I と同じ形になるので,次のようになる.

$$I_1 = I = \frac{4}{3\pi}$$

スロッシングの固有振動数は,重力加速度によるポテンシャルエネルギーと液体の運動エネルギーの和が最小という条件で求められたが,全エネルギー E は,速度ゼロで自由表面が最大変位のときに計算できて,式 (3.55) より次のようになる.

$$E = \frac{1}{4}\rho g \cdot \pi a^2 \left(1 - \frac{1}{\lambda_{11}^2 a^2}\right) J_1^2(\lambda_{11} a) D_1^2 (\cos\omega t)^2 \tag{3.82}$$

ここに,

$$D_1 = \frac{C_1}{\omega}\lambda_{11}\tanh\lambda_{11} h$$

である.

対数減衰率 δ は,T を振動周期として,全体のエネルギー E は変位の 2 乗に比例することに留意すれば,

$$\delta = \log\frac{\eta_n}{\eta_{n+1}} = \log\left\{\frac{E(t)}{E(t+T)}\right\}^{1/2} = \frac{1}{2}\log\frac{1}{1+\Delta E/E}$$
$$= -\frac{1}{2}\log\left(1 - \frac{\Delta E}{E}\right) = \frac{\Delta E}{2E}$$

である.ここで,

$$\Delta E = T\frac{dE}{dt}, \quad T = \frac{2\pi}{\omega_{11}}$$

であるので,減衰比 ζ は,対数減衰率 δ を 2π で割って,

$$\zeta = \frac{\delta}{2\pi} = \frac{1}{2\omega_{11} E}\frac{dE}{dt} \tag{3.83}$$

となる.この式に式 (3.81), (3.82) を代入すると,

$$\zeta = \frac{\omega_{11}^2}{g} C_d \left(\frac{4}{3\pi}\right)^2 \left(\frac{A_b}{\pi a^2}\right) \frac{\eta_{\max}^3}{J_1^2(\lambda_{11}a)D_1^2} \frac{1}{1-1/\lambda_{11}^2 a^2} \left\{\frac{\sinh \lambda_{11}(z+h)}{\sinh \lambda_{11} h}\right\}^3$$

となる．ここで，式 (2.84) と式 (3.79) より，

$$\frac{\omega_{11}^2}{g} = \lambda_{11} \tanh \lambda_{11} h, \quad D_1 = \frac{\eta_{\max}}{J_1(\lambda_{11}a)}$$

であるので，

$$\zeta = C_d \left(\frac{4}{3\pi}\right)^2 \lambda_{11} a \tanh \lambda_{11} h \cdot \frac{1}{1-1/\lambda_{11}^2 a^2}$$
$$\times \left\{\frac{\sinh \lambda_{11}(z+h)}{\sinh \lambda_{11} h}\right\}^3 \frac{A_b}{A} \frac{\eta_{\max}}{a} \tag{3.84}$$

となる．この式を

$$\zeta = C_d \phi(\lambda_{11}, a, d, h) \frac{A_b}{A} \frac{\eta_{\max}}{a} \tag{3.85}$$

と書き直して，各項の吟味を行う．ここに，$\lambda_{11}a = 1.841$，A は円筒タンクの断面積で $A = \pi a^2$，A_b はリングバッフルの面積，$\eta_{\max}$ は波高の最大値，d はバッフルから自由表面までの距離である．関数 ϕ は，

$$\phi = \frac{(4/3\pi)^2 \lambda_{11} a \tanh \lambda_{11} h}{1-(1/\lambda_{11}a)^2} \left\{\frac{\sinh \lambda_{11}(z+h)}{\sinh \lambda_{11} h}\right\}^3 \tag{3.86}$$

である．まず，双曲線関数に関してであるが，

$$\sinh(x+y) = \sinh x \cosh y + \cosh x \sinh y$$

で，$x \gg 1$ のとき

$$\sinh x = \frac{e^x}{2}, \quad \cosh x = \frac{e^x}{2}$$

と近似でき，さらに，

$$\cosh y + \sinh y = e^y$$

であるので，$x = \lambda_{11}h$，$y = -\lambda_{11}d$ とすれば，

$$\left[\frac{\sinh \lambda_{11} a\{(-d+h)/a\}}{\sinh \lambda_{11} a(h/a)}\right]^3 = \left(\frac{e^{1.8411h/a}/2 \times e^{-1.8411d/a}}{e^{1.8411h/a}/2}\right)^3$$

であり，ϕ の値は，

$$\phi \approx \frac{(4/3\pi)^2 \times 1.841 \times 1}{1-(1/1.841)^2}(e^{-1.8411d/a})^3 = 0.47e^{-5.52d/a} \tag{3.87}$$

となる．また，バッフルの面積に関する項は，

$$\alpha \equiv \frac{A_b}{A} = \frac{\pi\{a^2-(a-w)^2\}}{a^2\pi} = \frac{w}{a}\left(2-\frac{w}{a}\right)$$

となる．

次に，抵抗係数 C_d を具体的に考える前に，周期パラメータ P を導入する．振動流れの中では，乱されていない流れの振動振幅 X_0 と流れを乱すバッフルの長さ w との比が重要なパラメータとなる．この比

$$P = \frac{x_0}{2w} = \frac{UT}{2w} \quad \text{または} \quad P = \frac{UT}{\alpha a} \tag{3.88}$$

は，**周期パラメータ** (period parameter) または，**クーリガン–カーペンター数** (Keulegan–Carpenter number) ともよばれる．ここに，T は振動周期である．

【注釈 3.5】 周期パラメータは，**ストローハル数** (Strouhal number) Sr の逆数となっている．ナビエ–ストークス方程式 (3.4) の左辺の加速度は

$$\frac{D\mathbf{v}}{Dt} = \frac{\partial \mathbf{v}}{\partial t} + (\mathbf{v}\cdot\nabla)\mathbf{v} = \frac{U}{T} + \frac{U^2}{L}$$

である．ここに，U, T, L はそれぞれ速度，周期，長さの次元を表す量である．第 1 項は流れの非定常性を表すもので，第 2 項は定常流れでも存在する．第 1 項を第 2 項で割った値をストローハル数と定義し，

$$Sr = \frac{U/T}{U^2/L} = \frac{L}{UT} = \frac{1}{P} \tag{3.89}$$

として流れの非定常性を示すパラメータと考える．

この周期パラメータのある範囲について，抵抗係数は

$$C_d = \frac{15}{\sqrt{P}} \quad (2 \leq P \leq 20 \text{ のとき}) \tag{3.90}$$

となることが実験的に見つけられている．スロッシングは上記付帯条件の範囲である[92]．よって，

$$U_{\max} = \omega_{11}\eta_{\max}\frac{\sinh\{1.841(h-d)/a\}}{\sinh(1.841h/a)} = \omega_{11}\eta e^{-1.841d/a}$$

$$T = \frac{2\pi}{\omega}$$

であり，タンク全体のバッフルの幅として式 (3.88) の $a\alpha$ を採用すると，

$$C_d = \frac{15}{\sqrt{\omega_{11}\eta_{\max}e^{-1.841d/a}2\pi/\omega_{11}w}} = \frac{15}{\sqrt{2\pi}}\sqrt{\frac{\alpha a}{\eta_{\max}}}e^{0.92d/a}$$

であるので，これらを式 (3.85) に代入すれば，

$$\begin{aligned}\zeta &= C_d\phi\frac{A_b}{A}\frac{\eta_{\max}}{a} = \frac{15}{\sqrt{2\pi}}\sqrt{\frac{\alpha a}{\eta_{\max}}}e^{0.92d/a}\times 0.47e^{-5.52d/a}\times \alpha\frac{\eta_{\max}}{a} \\ &= 2.81e^{-4.60d/a}\left(\frac{w}{a}\right)^{3/2}\left(2-\frac{w}{a}\right)^{3/2}\left(\frac{\eta}{a}\right)^{1/2}\end{aligned} \quad (3.91)$$

が得られる．この式は **Miles の式**とよばれている．

図 3.9 に，円筒タンクにリングバッフルを入れた場合の試験による減衰比を，取り付け位置に対して図示する．振幅は半径 15.24 cm (6 inch) のタンクに対して，最初 2.54 cm (1 inch) で 70% まで減衰する場合の対数減衰率で算出してある．図の中の細線は式 (3.91) による理論解である．試験結果を見ると，いずれも取り付け位置には減衰効果が最大となる最適位置があることがわかるが，理論式ではこの極値は出てこない．

また，**図 3.10** に楕円（回転楕円）タンクの場合を示す．横軸は水位でバッフル位置は固定である．

リングバッフルは横スロッシングに対するものであるが，ロケットタンクにおいては，スワールに対しては側面と推進剤吸入口近くに**十字形のバッフル**を使う．

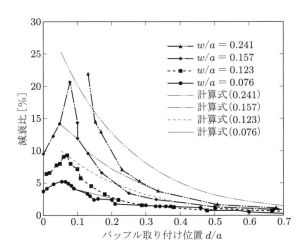

図 3.9　円筒タンクのリングバッフルの減衰比 (文献 [18], Fig. 4), $a = 15.24$ cm, $h/a = 2$

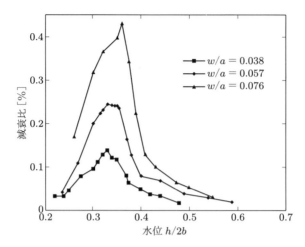

図 3.10　楕円タンクのリングバッフルの減衰比 (文献 [19], Fig. 4). 長径 $a = 33.4$ cm, 短径 $b = 25.1$ cm, $h_B/2b = 0.322$, バッフル位置は $h/2b = 0.32$.

3.3.2　長方形タンクでのバッフル

長方形タンクでのバッフルの理論解析が，円筒タンクの場合と同様な考え方で導かれている[225]．図 3.11 のような横置きと縦置きのバッフルによる減衰比が求められた．まず，2 個 1 対の水平バッフル (horizontal baffles) に関しては，

$$\zeta_h = \frac{6}{A^2}\sqrt{w\eta_{\max}}\left\{\frac{\sinh(\pi Z/2A)}{\sinh(\pi H/2A)}\right\}^{2.5}\tanh\frac{\pi H}{2A}$$
$$\times \left(\frac{A}{6\pi}\sin\frac{3\pi w}{2A} + \frac{3A}{2\pi}\sin\frac{\pi w}{2A}\right) \qquad (3.92)$$

が導かれる．

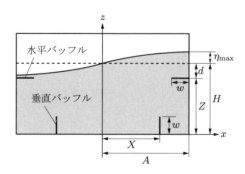

図 3.11　長方形タンクの中のバッフル

2個1対の垂直バッフル (vertical baffles) に関しては,

$$\zeta_v = 0.32\left(\frac{w}{A}\right)^{0.5}\sqrt{\frac{\eta_{\max}}{A}}\frac{\cos^{2.5}(\pi X/2A)}{\cosh(\pi H/2A)\sinh^{1.5}(\pi H/2A)}$$
$$\times \frac{\sinh(3\pi w/2A) + 9\sinh(\pi w/2A)}{\cosh^{0.5}(\pi w/2A)} \quad (3.93)$$

である. ここで採用されている C_d は,

$$C_d = \frac{22.5}{\sqrt{U_{\max}T/w}} \quad \left(1 \leq \frac{U_{\max}T}{w} \leq 30 \text{ のとき}\right) \quad (3.94)$$

である. 先の円筒タンクでの式 (3.90) で示された C_d 値は, 周りに何もない平板での値であるが, この C_d 値は, 片側に壁がある場合の抵抗係数である[156].

例題 3.5 長方形タンクの水平バッフルに関し, 減衰比 ζ について式 (3.92) を使って試験結果と比較せよ. ただし, タンクの寸法は

$$2A = 96\,\text{cm}, \quad w = 8\,\text{cm} \quad (参考:タンクの横幅は 40\,\text{cm})$$

で, $H/A = 1.0$ の場合を計算せよ. パラメータはバッフルの取り付け位置 Z を採用せよ. また, 振幅波高は $\eta_{\max} = 1.5\,\text{cm}$ で, 動粘性係数は $\nu = 0.01\,\text{cm}^2/\text{s}$ とせよ.

解答 計算結果を図 3.12 に示す. 丸印は試験値[225] である. なお, 粘性減衰による減衰比は, 式 (3.77) を使って

$$\zeta = \sqrt{\frac{0.01}{96^{3/2}\sqrt{980}}} = 5.8 \times 10^{-4} = 0.06\%$$

となり, タンク形状が大きければ圧力抵抗による減衰比と比べて無視できる.

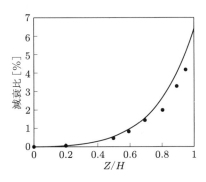

図 3.12 長方形タンクでの水平バッフルによる減衰比, 丸印は試験値[225]

3.3.3 可撓性バッフル

タンク重量において，バッフルは無視できない割合を占める．そこで，軽量化のためバッフルの板厚を薄くしていくと，当然のこととしてスロッシング中に弾性振動変形が起こる．強度的に好ましくはないが，実際に減衰を測ると，減衰が増加することがわかった[55-57]．可撓性リングバッフルの材料はカプトンやテフロンである．このようなバッフルの設置により，数％の減衰比を得ることができる．

円筒タンクでのこのバッフルの減衰は，二つのパラメータ，すなわち周期パラメータ (period parameter) P と可撓性パラメータ (flexible parameter) F で表される．ここに，周期パラメータ P は

$$P = \frac{2\pi\eta}{w} = \frac{UT}{w} = 2\pi\left(\frac{\eta_{\max}}{w}\right)e^{-1.841d/a} \tag{3.95}$$

であり，速度 U として

$$U = \omega\eta\frac{\sinh\{1.841(h-z)/a\}}{\sinh(1.841h/a)}$$

を使っている．可撓性パラメータ F は1振動周期でのバッフルのたわみ w_b をバッフルの可撓部の幅 w_1 で割ったものを使用する．すなわち，

$$F = \frac{w_b}{w_1}$$

であり，w_b を分布圧力 p を受けたときの単位幅の長さ w の片持ち板の変位と考えると，はりであれば

$$w_b = \frac{pw_1^4}{8EI}$$

であるので，はりの曲げ剛性 $EI = Ebt^3/12$ を近似的に板の曲げ剛性 $D = Et^3/12(1-\nu^2)$ に置き換えて，

$$w_b = \frac{pw_1^4}{8D} = \frac{pw_1^4}{8}\frac{12(1-\nu^2)}{Et^3}$$

である．ここに，E, ν, t, b はそれぞれバッフル材料のヤング率，ポアソン比，厚さ，ビームとしての幅である．ここで p は，はりの場合は単位幅あたり，板の場合は単位面積あたりの圧力であることに注意しなければならない．流体による圧力 p は，

$$p \propto \rho U^2 = \rho\left(\frac{w}{T}\right)^2$$

と次元解析的に書き表せる．よって，

$$w_b = \frac{12(1-\nu^2)}{8}\frac{\rho w_1^4 w^2}{Et^3 T^2}$$

となって，

$$F = \frac{w_b}{w_1} = \frac{12}{8}\left(\frac{w_1}{t}\right)^3 \left(\frac{1-\nu^2}{E}\right)\frac{\rho w^2}{T^2}$$

であるが，$T = 2\pi/\omega$ で，円筒タンクの場合

$$\omega^2 = \frac{1.8412g}{a}\tanh\frac{1.8412h}{a}$$

であるので，ポアソン比 ν を 0.3 として

$$\begin{aligned}F &= \frac{12\tanh(1.8412h/a)}{8}\frac{1.8412(1-\nu^2)}{(2\pi)^2}\frac{\rho g w^2}{Ea}\left(\frac{w_1}{t}\right)^3 \\ &= \frac{12\tanh(1.8412h/a)}{8}\times 0.0423\left(\frac{\rho g a}{E}\right)\left(\frac{w}{a}\right)^2\left(\frac{w_1}{t}\right)^3 \end{aligned} \quad (3.96)$$

である．右辺第 1 係数はバッフル板の変位の境界条件に関する値と水深の影響に関する項で，そもそも圧力評価では比例式を用いているので (暗に $C_d = 1$ と仮定している)，これらは無視してもよく，さらに 0.0423 の値も無視してよいのであるが，Stephens ら[55] は，0.0423 を残して，

$$F = 0.0423\left(\frac{\rho g a}{E}\right)\left(\frac{w}{a}\right)^2\left(\frac{w_1}{t}\right)^3 \quad (3.97)$$

を可撓性パラメータとして採用している．図 3.13 に円筒タンクでのリングバッフル

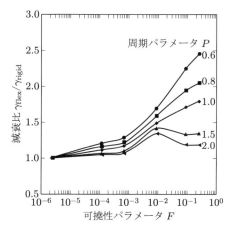

図 3.13 円筒タンクでのリングバッフルの可撓性の減衰比に及ぼす影響 (文献 [55]，Fig. 9 より)

の可撓性の減衰比に及ぼす影響を示す．横軸で右にいくほどやわらかいバッフルとなり，減衰も大きくなる．また，周期パラメータ P が小さいほど減衰は大きくなる．

例題 3.6 次のようなデータで，可撓性パラメータ F を計算せよ．

$a = 142\,\text{cm}, \quad w = 14.2\,\text{cm} \quad $ ただし，可撓部 $w_1 = 10.4\,\text{cm}$

$t = 0.025\,\text{cm}, \quad E = 41.4 \times 10^4\,\text{N/cm}^2$ (材料：Mylar)，$\nu = 0.40$

解答 単位系を cgs として，式 (3.97) において，0.3 として使っていたポアソン比を 0.4 として補正を行って，次のようになる．

$$F = 0.0423 \left(\frac{\rho g a}{E}\right)\left(\frac{w}{a}\right)^2 \left(\frac{w_1}{t}\right)^3$$

$$= 0.0423 \frac{1 - 0.4^2}{1 - 0.3^2} \left(\frac{1 \times 980 \times 142}{41.4 \times 10^9}\right) \left(\frac{14.2}{142}\right)^2 \left(\frac{10.4}{0.025}\right)^3$$

$$= 9.45 \times 10^{-2}$$

3.4 CFD による減衰比の計算

3.4.1 ベアタンクの場合

ベアタンクのスロッシングの減衰比はたかだか 0.1% 程度しかなく，これを人工粘性の影響を抑えて正しく計算することは **CFD** (Computer Fluid Dynamics, 計算流体力学) 技術の永年の課題であったが，細かいメッシュ分割をして計算すれば正しく計算できることがわかってきた．表 3.4 に円筒タンクでの粘性減衰比の計算例を示す．一番荒い分割で直径方向に 60 個の計算セルがある．解析は，対称性から円筒半分で計算が行われている．

表 3.4 円筒タンクでのメッシュ分割数と減衰比の計算値[228]

セル数	減衰比 [%]
40000	0.438
256000	0.162
1000000	0.140
4000000	0.0817
試験値	0.0776

3.4.2 バッフル付タンクの場合

次に,リングバッフルを付けた円筒の計算例[228]を,Milesの式 (3.91) と比較して図 3.14 に示す.複雑なタンク形状の減衰については,CFDで計算が可能になっている.ただし,バッフルの付け方など,各事例ごとに異なるので,減衰比の見積もりには上記式を用いるより,実際に試験を行ったほうがよい.

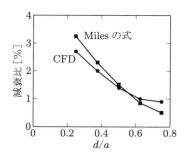

図 3.14 リングバッフル付円筒タンクでの減衰比 ($w/a = 0.15$, $a = 1.0$ m, CFD は文献 [228])

第4章 液体の有効慣性モーメント

ロケットや衛星が回転運動を行う場合，内部液体を剛体として慣性モーメントを評価することはできない．水の入ったコップを回転させても，水のほとんどは回転せずに静止状態を保っていることからも，上記は明白であろう．ゆっくりと回転させれば水はコップと同一に回転するので，低速回転では粘性が無視できないこともわかる．高速回転であっても，実際には必ず粘性があるので，定常回転している場合，時間が経過すれば液体は剛体として動くことになる．ただし，内部液体とタンクとが一致して剛体になるまで，粘性のはたらきによりエネルギーが散逸する．

4.1 非粘性液体の慣性モーメント

非粘性液体の**慣性モーメント**は Zhukovski, Stokes, Lamb, Chetaev らにより導かれているが[65]，原論文が入手しがたいので，ここでは運動エネルギーを用いて統一的に導出する．以下の議論では，定常回転を仮定して慣性モーメントを導出しているが，その結果は振動回転に応用できる．

図 4.1 のような軸に，液体の重心が r だけの距離をもって角速度 ω で回転しているときの液体の慣性モーメントを I_f とすると，剛体の力学の結果から，液体の全質量を m_T として，

$$I_f = m_T r^2 + I_{f0} \tag{4.1}$$

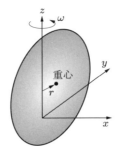

図 4.1 液体を満たした回転するタンク

となる．ここで，rは回転軸から重心までの距離で，I_{f0}はタンク内液体の重心（質量中心）軸周りの慣性モーメントであり，液体の**有効慣性モーメント**とよばれる．図 4.2 (a) のように，回転軸からタンクが離れていれば，

$$I_f \approx m_T r^2$$

であり，図 4.2 (b) のように回転軸がタンクの中心軸と一致すれば，

$$I_f \approx I_{f0}$$

となる．よって，I_{f0}が計算できれば，タンクが偏心している場合の慣性モーメントが計算できるので，以下にタンクの中心軸の周りに角速度ωで回転しているタンク内液体のI_{f0}を導く．ここで，液体は自由表面をもたない，すなわち満杯とする．

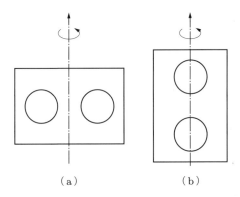

図 4.2 タンクの配置による慣性モーメントの相違

液体を非粘性の渦なしとすれば，液体には速度ポテンシャルが定義できて，運動エネルギーTはグリーンの定理 (注釈 2.10) より，体積分を面積分に変えて，

$$T = \frac{1}{2}\rho \int_V q^2 \, dV = \frac{1}{2}\rho \int_V \left(\frac{\partial \Phi}{\partial n}\right)^2 dV = \frac{1}{2}\rho \int_S \Phi \frac{\partial \Phi}{\partial n} \, dS \tag{4.2}$$

として液体の表面積分で書き表せる．ここに，nは液体の外向き法線で，qは液体の速度である．一方で，回転エネルギーが

$$T = \frac{1}{2} I_{f0} \omega^2 \tag{4.3}$$

とも表せるので，式 (4.2), (4.3) より，

$$I_{f0} = \frac{\rho}{\omega^2} \int_S \Phi \frac{\partial \Phi}{\partial n} \, dS \tag{4.4}$$

となる．

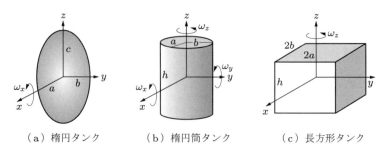

(a) 楕円タンク　　(b) 楕円筒タンク　　(c) 長方形タンク

図 4.3　液体を満たしたタンク

以下に，図 4.3 に示すような楕円，楕円筒，長方形の各タンク内液体の慣性モーメントを計算する．これらの計算において，液体の運動は渦なしとする．

4.1.1　楕円タンクの場合

図 4.3 (a) のような楕円タンクを考える．タンクの表面の方程式は

$$\left(\frac{x}{a}\right)^2 + \left(\frac{y}{b}\right)^2 + \left(\frac{z}{c}\right)^2 = 1 \tag{4.5}$$

と与えられる[†]．タンクが x 軸周りに角速度 ω_x で回転するとき，内部液体はタンクの表面に接しなければならない．このときの速度ポテンシャル Φ に課せられる条件は，

$$\frac{x}{a^2}\left(\frac{\partial \Phi}{\partial x}\right) + \frac{y}{b^2}\left(\frac{\partial \Phi}{\partial y}\right) + \frac{z}{c^2}\left(\frac{\partial \Phi}{\partial z}\right) = -\frac{y}{b^2}\omega_x z + \frac{z}{c^2}\omega_x y \tag{4.6}$$

となる (文献 [2]，110 節)．解をラプラスの方程式

$$\nabla^2 \Phi = 0$$

を満足する形で

$$\Phi = Ayz \tag{4.7}$$

とおいて式 (4.6) に代入すると，

$$A = \frac{b^2 - c^2}{b^2 + c^2}\omega_x \tag{4.8}$$

となる．

この速度ポテンシャルの式 (4.7) を I_{f0} の定義式 (4.4) に代入すると，

[†] 実際のタンクは $b = c$ あるいは $a = b$ の回転楕円タンクであり，第 5 章以降では回転楕円タンクを楕円タンクとよんでいる．

$$I_{f0} = \rho\left(\frac{b^2 - c^2}{b^2 + c^2}\right)^2 \int_S yz(yn_z - zn_y)\,dS$$

となる．ここに，

$$n_z = \frac{\partial z}{\partial n}, \quad n_y = \frac{\partial y}{\partial n}$$

である．この面積分をグリーンの定理を用いて体積分に戻すと，

$$\int_S yz(yn_z - zn_y)\,dS = \int_V (y^2 - z^2)\,dV = \frac{1}{5}\frac{4}{3}\pi abc(b^2 - c^2)$$

となる．よって，

$$I_{f0} = \frac{1}{5}m_T(b^2 - c^2)\left(\frac{b^2 - c^2}{b^2 + c^2}\right)^2 \tag{4.9}$$

となる．ここに，m_T は液体の全質量で，

$$m_T = \rho\frac{4}{3}\pi abc$$

である．ほかの軸周りの慣性モーメントも同様にして得られる．

4.1.2 楕円筒タンクの場合

図 4.3 (b) に示すような楕円筒タンク内液体の z 軸周りの慣性モーメントを求める．式 (4.7) から類推して，速度ポテンシャルを

$$\Phi = \frac{a^2 - b^2}{a^2 + b^2}\omega_z xy \tag{4.10}$$

とすれば (弾性学におけるねじり関数の共役関数，文献 [4]，p. 182)，これはラプラスの方程式を満足し，境界条件を満足していることがわかる．これを式 (4.4) に代入して，

$$I_{f0} = \rho h\left(\frac{a^2 - b^2}{a^2 + b^2}\right)^2 \iint (x^2 + y^2)\,dx\,dy$$

となる．

$$\iint (x^2 + y^2)\,dx\,dy = \frac{\pi a^3 b}{4} + \frac{\pi ab^3}{4}$$

より，

$$I_{f0} = \frac{1}{4}m_T(a^2 + b^2)\left(\frac{a^2 - b^2}{a^2 + b^2}\right)^2, \quad m_T = \rho\pi abh \tag{4.11}$$

が得られる．

4.1.3 円筒タンクの場合

楕円筒タンクの x, y 軸周りの I_{f0} は閉形解では得られないが，$a = b$ となった円筒タンクの場合には次のように得られる．

図 4.3 (b) において，$a = b$ とおいた円筒タンク内の液体の y 軸周りの慣性モーメントを求める．このときの基礎方程式もラプラスの方程式で，

$$\nabla^2 \Phi = 0$$

であり，タンク壁での境界条件は，円柱座標系 (r, θ, z) で

$$\frac{\partial \Phi}{\partial r} = -z\omega_y \cos\theta \quad (r = a \text{ において}) \tag{4.12}$$

$$\frac{\partial \Phi}{\partial z} = r\omega_y \cos\theta \quad \left(z = \pm\frac{h}{2} \text{ において}\right) \tag{4.13}$$

である．ラプラスの方程式の円柱座標系での一般解は，式 (2.79) より

$$\Phi = (C_1 \cos n\theta + C_2 \sin n\theta)$$
$$\times [(C_3 \cosh \lambda z + C_4 \sinh \lambda z)\{C_5 J_n(\lambda r) + C_6 Y_n(\lambda r)\}$$
$$+ (C_7 z + C_8)(C_9 r^n + C_{10} r^{-n})] \tag{4.14}$$

となる．係数 $C_1 \sim C_{10}$ は以下のように決定される．

まず，$r = 0$ での特異性により $C_6, C_{10} = 0$ であり，x 軸周りに回転することにより $C_2 = 0$, $n = 1$ となる．よって，

$$\Phi = \{(C_3 \cosh \lambda z + C_4 \sinh \lambda z) J_1(\lambda r) + (C_7 z + C_8) r\} \cos\theta$$

となる．これを式 (4.12) に代入すると $C_7 = -\omega_y$, $C_8 = 0$ であり，また，

$$\frac{\partial J_1(\lambda r)}{\partial r} = 0 \tag{4.15}$$

で λ は多根をもつ．よって，

$$\Phi = \left\{ \sum_{i=1}^{\infty} (C_{3i} \cosh \lambda_i z + C_{4i} \sinh \lambda_i z) J_1(\lambda_i r) - \omega_y r z \right\} \cos\theta$$

となる．さらに，式 (4.13) に代入すると，

$$\sum_{i=1}^{\infty} \lambda_i \left(\pm C_{3i} \sinh \frac{\lambda_i h}{2} + C_{4i} \cosh \frac{\lambda_i h}{2} \right) J_1(\lambda_i r) = 2\omega_y r$$

となるが，複号の部分から $C_{3i} = 0$ である．また，Dini の展開 (注釈 4.1) から得られる

なる関係式を用いれば,

$$r = \sum_{i=1}^{\infty} \frac{2a}{(\xi_i^2 - 1)J_1(\xi_i)} J_1\left(\xi_i \frac{r}{a}\right), \quad \xi_i = \lambda_i a \tag{4.16}$$

なる関係式を用いれば,

$$C_{4i} = \frac{4a^2 \omega_y}{\xi(\xi_i^2 - 1)J_1(\xi_i)} \frac{1}{\cosh(\xi_i h/2a)}$$

となる. よって,

$$\Phi = 4a^2 \omega_y \cos\theta \sum_{i=1}^{\infty} \frac{J_1(\xi_i r/a) \sinh(\xi_i z/a)}{\xi_i(\xi_i^2 - 1)J_1(\xi_i) \cosh(\xi_i h/2a)} - \omega_y r z \cos\theta$$

が得られる.

さて, このようにして得られた速度ポテンシャル Φ を用いて I_{f0} を計算することになるが, さらに, 計算の便宜のため $r\cos\theta = x$ の関係も使って,

$$\Phi = \Psi \omega_y - xz\omega_y \tag{4.17}$$

と置き換えておく. 式 (4.4) での体積分を用いれば,

$$I_{f0} = I_1 + I_2 + I_3 \tag{4.18}$$

$$I_1 = \rho \int (x^2 + z^2) \, dV$$

$$I_2 = \rho \int \left\{ \left(\frac{\partial \Psi}{\partial x}\right)^2 + \left(\frac{\partial \Psi}{\partial y}\right)^2 + \left(\frac{\partial \Psi}{\partial z}\right)^2 \right\} dV$$

$$I_3 = -2\rho \int \left\{ \left(\frac{\partial \Psi}{\partial x}\right) z + \left(\frac{\partial \Psi}{\partial z}\right) x \right\} dV$$

となる. I_1 は, ただちに

$$I_1 = m_T \left(\frac{a^2}{4} + \frac{h^2}{12}\right), \quad m_T = \rho a^2 \pi h \tag{4.19}$$

と得られる. これは液体を剛体としたときの慣性モーメントである. I_2 は体積分を面積分に直して,

$$I_2 = \rho \int \Psi \frac{\partial \Psi}{\partial n} \, dS$$

となるが, 境界条件式 (4.12), (4.13) より,

$$I_2 = \rho \int \Psi(\pm 2r\cos\theta) \, dS_{1,2}$$

となる.ここに,複号は円筒の上下面 S_1, S_2 に対応する.S_1 での積分を実行すると,

$$\rho \int \Psi(2r\cos\theta)\, dS_1 = 8\pi\rho a^2 \sum_{i=1}^{\infty} \frac{1}{\xi_i(\xi_i^2-1)} \frac{a^3}{\xi_i^2} \tanh \frac{\xi_i h}{2a}$$

となる.S_2 面でも同じ値となって,

$$I_2 = 8m_T a^2 \sum_{i=1}^{\infty} \frac{1}{\xi_i^3(\xi_i^2-1)} \tanh \frac{\xi_i h}{2a} \tag{4.20}$$

を得る.I_3 についても面積分に直して,

$$I_3 = -2\rho \int xz\left(\frac{\partial \Psi}{\partial n}\right) dS = -2\rho \int x \frac{h}{2} 2x\, dS_{1,2} = -m_T a^2 \tag{4.21}$$

となる.よって,

$$I_{f0} = m_T\left(\frac{a^2}{4} + \frac{h^2}{12}\right) - m_T a^2 \left\{1 - 8\frac{2a}{h} \sum_{i=1}^{\infty} \frac{1}{\xi_i^3(\xi_i^2-1)} \tanh \frac{\xi_i h}{2a}\right\} \tag{4.22}$$

が得られた.ここで,Dini の展開と漸化式から得られる関係 (注釈 4.2 参照)

$$\sum_{i=1}^{\infty} \frac{1}{\xi_i^2(\xi_i^2-1)} = \frac{1}{8} \tag{4.23}$$

を用いれば,

$$I_{f0} = m_T\left(\frac{a^2}{4} + \frac{h^2}{12}\right) - 8m_T a^2 \sum_{i=1}^{\infty} \frac{1-(2a/\xi_i h)\tanh(\xi_i h/2a)}{\xi_i^2(\xi_i^2-1)} \tag{4.24}$$

として,Bauer によって導かれたものと同じ形[34] となる.式 (4.22), (4.24) の第 1 項は,前述したように液体を剛体とみなしたときの慣性モーメントとなっており,この 2 項の差で I_{f0} が得られる.

液体を剛体としたときの重心周りの慣性モーメントを I_R (I_1 である) として,I_{f0} と I_R との差を計算して図 4.4 に示す.図より明らかなように,I_{f0}/I_R は $h/a = 1.722$ で最小値 0.1455 をもち,タンク形状が細長,あるいは偏平になるに従って 1 に近づき,剛体としてふるまうようになる.

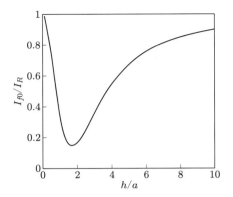

図 4.4 円筒タンク中の液体の有効慣性モーメント

【注釈 4.1】Dini の展開について Dini の展開は,

$$xJ'_\nu(x) + hJ_\nu(x) = 0 \quad (\nu \geq -1/2,\ h = 定数)$$

の正の零点を順次 λ_n として, x が $[0,1]$ での連続関数 $f(x)$ は,

$$f(x) = \sum_{n=1}^\infty a_n J_\nu(\lambda_n x) \tag{4.25}$$

である (文献 [11], p. 210). ここに,

$$a_n = \frac{2\lambda_n^2 \int_0^1 t f(t) J_\nu(\lambda_n t)\,dt}{(\lambda_n^2 - \nu^2)\{J_\nu(\lambda_n)\}^2 + \lambda_n^2 \{J'_\nu(\lambda_n)\}^2}$$

である.

この公式を用いて式 (4.16) を導く. 式 (4.25) において

$$\nu = 1,\quad f(x) = x,\quad h = 0,\quad \lambda_n = \xi_{1n},\quad J'_1(\xi_{1n}) = 0$$

とすれば, ベッセル関数の積分公式

$$\int_0^1 t^2 J_1(\alpha t)\,dt = \left[\frac{t^2}{\alpha} J_2(\alpha t)\right]_0^1$$

を使って,

$$a_n = \frac{2\xi_{1n}^2 \int_0^1 t^2 J_1(\xi_{1n} t)\,dt}{(\xi_{1n}^2 - 1)\{J_1(\xi_{1n})\}^2} = \frac{2\xi_{1n} J_2(\xi_{1n})}{(\xi_{1n}^2 - 1)\{J_1(\xi_{1n})\}^2}$$

である. ここで, 漸化式の公式

$$J_{\nu+1}(x) = \frac{\nu}{x} J_\nu(x) - J'_\nu(x)$$

を用いれば，$J_1'(\xi_{1n}) = 0$ であるので，

$$J_2(\xi_{1n}) = \frac{1}{\xi_{1n}} J_1(\xi_{1n})$$

である．よって，

$$x = \sum_{n=1}^{\infty} \frac{2}{(\xi_{1n}^2 - 1)J_1(\xi_{1n})} J_1(\xi_{1n}x) \tag{4.26}$$

となる．

【注釈 4.2】 式 (4.23) を導出する．注釈 4.1 の Dini の展開の式 (4.25) において

$$\nu = 1, \quad f(x) = x^3, \quad h = 0, \quad J_1'(\xi_{1n}) = 0$$

とすれば，

$$a_n = \frac{2\xi_{1n}^2 \int_0^1 t^4 J_1(\xi_{1n}t)\, dt}{(\xi_{1n}^2 - 1)J_1^2(\xi_{1n})}$$

である．積分を実行するため，ベッセル関数の漸化式 (文献 [11]，p. 189) より

$$\int x^{\mu+1} J_\nu(x)\, dx = -(\mu^2 - \nu^2)\int x^{\nu-1} J_\nu(x)\, dx + x^{\nu+1} J_{\nu+1}(x) + (\mu - \nu)x^\mu J_\nu(x)$$

を用いれば，

$$\int_0^1 t^4 J_1(\xi_{1n}t)\, dt = \frac{1}{\xi_{1n}^5} \int_0^{\xi_{1n}} t^4 J_1(t)\, dt$$

$$= -\frac{8}{\xi_{1n}^5} \int_0^{\xi_{1n}} t^2 J_1(t)\, dt + \frac{1}{\xi_{1n}^5} \{\xi_{1n}^4 J_2(\xi_{1n}) + 2\xi_{1n}^3 J_1(\xi_{1n})\}$$

となる．ここで，積分公式

$$\int_0^{\xi_{1n}} t^2 J_1(t)\, dt = [t^2 J_2(t)]_0^{\xi_{1n}} = \xi_{1n}^2 J_2(\xi_{1n})$$

と，注釈 4.1 で導いた $\xi_{1n} J_2(\xi_{1n}) = J_1(\xi_{1n})$ の関係を使えば，

$$\int_0^1 t^4 J_1(\xi_{1n}t)\, dt = \left(-\frac{8}{\xi_{1n}^4} + \frac{3}{\xi_{1n}^2}\right) J_1(\xi_{1n})$$

となる．よって，

$$a_n = \frac{2(3\xi_{1n}^2 - 8)J_1(\xi_{1n})}{\xi_{1n}^2(\xi_{1n}^2 - 1)\{J_1(\xi_{1n})\}^2}$$

が得られる．ここで，式 (4.26) において $x = 1$ とすると，

$$1 = \sum_{n=1}^{\infty} \frac{2}{\xi_{1n}^2 - 1}$$

である．これを考慮して，$f(x) = x^3$ の Dini の展開式において $x = 1$ とすれば，

$$f(1) = 1^3 = \sum_{n=1}^{\infty} \frac{2(3\xi_{1n}^2 - 8)J_1(\xi_{1n})}{\xi_{1n}^2(\xi_{1n}^2 - 1)\{J_1(\xi_{1n})\}^2} J_1(\xi_{1n})$$

$$= \sum_{n=1}^{\infty} \frac{6}{\xi_{1n}^2 - 1} - \sum_{n=1}^{\infty} \frac{16}{\xi_{1n}^2(\xi_{1n}^2 - 1)} = 3 - \sum_{n=1}^{\infty} \frac{16}{\xi_{1n}^2(\xi_{1n}^2 - 1)}$$

よって，

$$\sum_{n=1}^{\infty} \frac{2}{\xi_{1n}^2(\xi_{1n}^2 - 1)} = \frac{3-1}{8} = \frac{1}{4}$$

となる．この級数の収束は速く，$n = 3$ までとれば，正解の 1/4 に対して 0.249925 が得られる．

4.1.4 長方形タンクの場合

図 4.3 (c) に示すような長方形タンクが，z 軸周りに回転運動をしているときの内部液体の慣性モーメントを求める．基礎式と境界条件は，

$$\nabla^2 \Phi = 0$$

$$\frac{\partial \Phi}{\partial z} = 0 \quad \left(z = \pm \frac{h}{2} \text{ において}\right)$$

$$\frac{\partial \Phi}{\partial x} = y\omega_z \quad (x = \pm a \text{ において})$$

$$\frac{\partial \Phi}{\partial y} = -x\omega_z \quad (y = \pm b \text{ において})$$

となる．この問題は z 軸に無関係なので，2 次元問題と考えられる．円筒タンクの場合から類推して，式 (4.17) と同様に，

$$\Phi = \Psi \omega_z + xy\omega_z \tag{4.27}$$

とおいてみると，

$$\nabla^2 \Psi = 0 \tag{4.28}$$

$$\frac{\partial \Psi}{\partial x} = 0 \quad (x = \pm a \text{ において}) \tag{4.29}$$

$$\frac{\partial \Psi}{\partial y} = -2x \quad (y = \pm b \text{ において}) \tag{4.30}$$

となる．ここで，

$$\Psi = \sum_{i=1}^{\infty} C_i p_i(x) q_i(y) \tag{4.31}$$

として変数分離法を用いると，式 (4.28) より，

$$\frac{1}{p_i}\frac{d^2 p_i}{dx^2} = -\frac{1}{q_i}\frac{d^2 q_i}{dy^2} = \pm\lambda_i^2$$

とおける．p_i, q_i は sinh, cosh, sin, cos の関数で与えられるが，$x = \pm a$ での境界条件と問題の対称性から，

$$\Psi = \sum_{i=1}^{\infty} C_i \sinh \lambda_i y \sin \lambda_i x, \quad \lambda_i a = \frac{i\pi}{2} \quad (i \text{ は奇数})$$

となる．もう一つの境界条件は，式 (4.30) を導入して，

$$\sum_{i=1,3,5,\dots}^{\infty} C_i \lambda_i \cosh \lambda_i y \sin \lambda_i x = -2x$$

となる．C_i を求めるために，両側に $\sin(i\pi x/2a)$ をかけて端面での積分を実行すれば，

$$C_i = -32\frac{(a/i\pi)^3}{a\cosh(i\pi b/a)}$$

を得る．よって，速度ポテンシャルは

$$\Phi = -\frac{32a^2}{\pi^3}\sum_{i=1,3,5,\dots}^{\infty}\frac{1}{i^3}\frac{\sinh(i\pi y/2a)}{\cosh(i\pi b/2a)}\sin\frac{i\pi x}{2a}\cdot\omega_z + xy\omega_z \tag{4.32}$$

となる．

　速度ポテンシャルが求められたので，次に慣性モーメントを求める．式 (4.4) に関しての体積分の表示式を用いて，

$$I_{f0} = I_1 + I_2 + I_3 \tag{4.33}$$

ここに，$I_1 = \rho h \iint (x^2 + y^2)\, dx\, dy$

$$I_2 = \rho h \iint \left\{\left(\frac{\partial \Psi}{\partial x}\right)^2 + \left(\frac{\partial \Psi}{\partial y}\right)^2\right\} dx\, dy$$

$$I_3 = 2\rho h \iint \left(\frac{\partial \Psi}{\partial x}y + \frac{\partial \Psi}{\partial y}x\right) dx\, dy$$

と分離する. I_1 は液体を剛体とみなしたときの慣性モーメントで,

$$I_1 = m_T \frac{a^2 + b^2}{3}, \quad m_T = 4\rho abh$$

である. I_2 は, 面積分 (この場合, 2次元問題であるので線積分となる) に直して,

$$I_2 = \rho h \int \Psi \frac{\partial \Psi}{\partial n} dS = 2\rho h \int \Psi(-2x)\, dx = \frac{32(2a)^4 h}{\pi^5} \rho \sum_{i=1,3,5,\ldots}^{\infty} \frac{1}{i^5} \tanh \frac{i\pi b}{2a}$$

となる. I_3 については,

$$I_3 = 2\rho h \int xy \frac{\partial \Psi}{\partial n} dS = 2\rho h \left\{ \int_{y=b} xy \frac{\partial \Psi}{\partial y} dS + \int_{y=b} xy \frac{\partial \Psi}{\partial y} dS \right\} = -\frac{4}{3} m_T a^2$$

となる. よって,

$$I_{f0} = \frac{1}{3} m_T (a^2 + b^2) - \left\{ \frac{4}{3} m_T a^2 - \frac{64}{\pi^5} m_T \frac{(2a)^3}{2b} \sum_{i=1,3,5,\ldots}^{\infty} \frac{1}{i^5} \tanh \frac{i\pi b}{2a} \right\} \tag{4.34}$$

を得る. 式 (4.34) の無限級数は収束が速い. 断面が正方形 ($a = b$) のときには,

$$\sum_{i=1,3,5,\ldots}^{101} \frac{1}{i^5} \tanh \frac{i\pi}{2} = 0.9217$$

となり,

$$I_{f0} = 0.1044 m_T a^2$$

となる. これは液体を剛体としたときの慣性モーメント $I_R\ (= 2m_T a^2/3)$ の 0.1565 倍にすぎない. ほかの b/a の値についての計算結果を, 図 4.5 に示す.

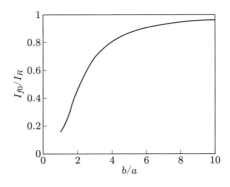

図 4.5 長方形タンク内の液体の有効慣性モーメント

表 4.1 タンク内液体の有効慣性モーメント

タンク形状	m_T	I_R	I_{f0}
楕円タンク 図 4.3 (a)	$\rho\dfrac{4}{3}\pi abc$	x 軸周り $\dfrac{1}{5}m_T(b^2+c^2)$	x 軸周り $\dfrac{1}{5}m_T\dfrac{(b^2-c^2)^3}{(b^2+c^2)^2}$
楕円筒タンク 図 4.3 (b)	$\rho\pi abh$	z 軸周り $\dfrac{1}{4}m_T(a^2+b^2)$	z 軸周り $\dfrac{1}{4}m_T\dfrac{(a^2-b^2)^2}{a^2+b^2}$
円筒タンク 図 4.3 (b)	$\rho\pi a^2 h$	x 軸周り $m_T\left(\dfrac{a^2}{4}+\dfrac{h^2}{12}\right)$	x 軸周り $I_R - 8m_T a^2 \displaystyle\sum_{i=1}^{\infty}\dfrac{1-(2a/\xi_i h)\tanh(\xi_i h/2a)}{\xi_i^2(\xi_i^2-1)}$
長方形タンク 図 4.3 (c)	$\rho 4abh$	z 軸周り $\dfrac{1}{3}m_T(a^2+b^2)$	z 軸周り $I_R - \left\{\dfrac{4}{3}m_T a^2 - \dfrac{64}{\pi^5}m_T\dfrac{(2a)^3}{2b}\right.$ $\left.\times \displaystyle\sum_{i=1,3,5,\ldots}^{\infty}\dfrac{1}{i^5}\tanh\dfrac{i\pi b}{2a}\right\}$

これまでの結果をまとめて表 4.1 に示す．表中の m_T はタンク内液体の全質量，I_R は液体の剛体としての慣性モーメント，I_{f0} は液体の有効慣性モーメントである．

4.2 粘性液体の慣性モーメント

軸対称タンク内に液体を入れてタンクを等速回転すると，液体の粘性によって，時間が経過すれば液体はタンクと同一となって回転する．このような等速回転では，粘性液体の慣性モーメントは定義しがたいので，本節では振動的に回転するタンクを考える．このように定義された慣性モーメントは，ねじり振動において重要である．ここでの基礎式は非圧縮のナビエ-ストークス方程式 (3.13) で，

$$\frac{\partial \mathbf{v}}{\partial t} = \mathbf{K} - \frac{1}{\rho}\nabla p + \nu\nabla^2 \mathbf{v} \tag{4.35}$$

である．ここに，$\mathbf{K}$ は外力，ν は動粘性係数である．この式を基に，円筒タンクや球形タンク中の粘性液体の慣性モーメントと減衰を導く．いずれも Bauer[147, 186] により導かれた．

(1) 球形タンクの場合

図 4.6 のように球座標系を定義する．問題の対称性から，

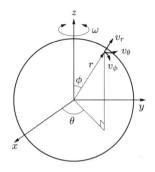

図 4.6 球座標系

$$v_r = v_\phi = 0 \tag{4.36}$$

となるので，式 (4.35) は

$$\frac{\partial v_\theta}{\partial t} = \nu \nabla^2 v_\theta \tag{4.37}$$

となる．ここに，外力と圧力はゼロとしている．ここで，$v_\theta = v$ と書き改め，ラプラシアンを球座標系で展開すると，

$$\frac{\partial v}{\partial t} = \nu \left\{ \frac{\partial^2 v}{\partial r^2} + \frac{2}{r}\frac{\partial v}{\partial r} + \frac{1}{r^2 \sin\theta}\left(\sin\theta \frac{\partial^2 v}{\partial \theta^2} + \cos\theta \frac{\partial v}{\partial \theta}\right) - \frac{v}{r^2 \sin^2\theta} \right\} \tag{4.38}$$

となる．この基礎式をタンク壁での境界条件

$$v = j\omega\Phi_0 a e^{j\omega t}\sin\theta \quad (r = a \text{ において}) \tag{4.39}$$

の下に解く．変数分離法を採用して，

$$v = R(r)Y(\theta)e^{j\omega t} \tag{4.40}$$

として式 (4.38) に代入すれば，

$$\frac{d^2R}{dr^2} + \frac{2}{r}\frac{dR}{dr} - \left(\frac{j\omega}{\nu} + \frac{\chi}{r^2}\right)R = 0 \tag{4.41}$$

$$\frac{d^2Y}{d\theta^2} + \cot\theta \frac{dY}{d\theta} + \left(\chi - \frac{1}{\sin^2\theta}\right)Y = 0 \tag{4.42}$$

が得られる．ここで，

$$\chi = n(n+1) \quad (n \text{ は非負整数}) \tag{4.43}$$

とすれば，式 (4.42) は位数 1, 次数 n のルジャンドルの陪微分方程式 (注釈 8.2 参照) で，$\cos\theta = 1$ で特異性をもたない解は，

$$Y(\theta) = P_n^1(\cos\theta) \tag{4.44}$$

なる第1種の**ルジャンドル陪関数**で表される．

式 (4.41) について，

$$z = r\sqrt{\frac{j\omega}{\nu}} \tag{4.45}$$

なる置き換えをすると，

$$\frac{d^2 R}{dz^2} + \frac{2}{z}\frac{dR}{dz} - \left\{1 + \frac{n(n+1)}{z^2}\right\}R = 0 \tag{4.46}$$

となる．この式は**変形球ベッセル関数の微分方程式**となり，解は，

$$R(z) = \sqrt{\frac{\pi}{2z}} I_{n+1/2}(z) \tag{4.47}$$

なる**変形球ベッセル関数**（半ベッセル関数）となる．よって，A_n を定数として v の一般解は，

$$v(r,\theta) = \sum_{n=1}^{\infty} A_n \frac{I_{n+1/2}(r\sqrt{j\omega/\nu})}{\sqrt{r}} P_n^1(\cos\theta) \tag{4.48}$$

となる．

境界条件式 (4.39) から，

$$P_n^1(\cos\theta) = \sin\theta$$

でなければならないので，$n=1$ となり，A_1 は

$$A_1 = \frac{-j\omega\Phi_0 a^{3/2}}{I_{3/2}(a\sqrt{j\omega/\nu})} \tag{4.49}$$

となる．ここで，変形されたベッセル関数は

$$I_{3/2}(z) = \sqrt{\frac{2}{\pi z}}\left(\cosh z - \frac{\sinh z}{z}\right) \tag{4.50}$$

と初等関数で表すことができる．

さて，このように解

$$v = \frac{j\omega\Phi_0 a^{3/2} e^{j\omega t}}{\sqrt{r}} \frac{I_{3/2}(r\sqrt{j\omega/\nu})}{I_{3/2}(a\sqrt{j\omega/\nu})} \sin\theta \tag{4.51}$$

が得られたので，粘性による慣性モーメントを求める．回転によるせん断応力 τ は

$$\tau = \mu r \frac{\partial}{\partial r}\left(\frac{v}{r}\right) \tag{4.52}$$

となるが，これをタンク全表面で積分して重心周りの回転モーメント M を求めると，次式のようになる．

$$\begin{aligned}M &= \int_0^{2\pi}\int_0^{\pi} \tau|_{r=a} a\sin\theta \cdot a^2 \sin\theta\, d\theta\, d\phi \\ &= \frac{8}{3}\mu\pi a^3 j\omega \Phi_0 e^{j\omega t}\left\{ a\sqrt{\frac{j\omega}{\nu}}\frac{I'_{3/2}(a\sqrt{j\omega/\nu})}{I_{3/2}(a\sqrt{j\omega/\nu})} - \frac{3}{2}\right\}\end{aligned} \tag{4.53}$$

$I_{3/2}$ の微分 $I'_{3/2}$ も，式 (4.50) により初等関数で得られる．

回転に関しての運動方程式は，減衰係数を C_f として

$$I_f \ddot{\Phi} + C_f \dot{\Phi} = M \tag{4.54}$$

となる．これに式 (4.53) を代入すれば，

$$I_f = \frac{1}{\Phi_0 e^{j\omega t}}\frac{1}{\omega^2}\operatorname{Re}[M],\quad C_f = \frac{1}{\Phi_0 e^{j\omega t}}\frac{1}{\omega}\operatorname{Im}[M]$$

となる[†]．式 (4.50) を考慮して上式を計算すれば，

$$I_f = \frac{8\pi\rho a^5}{3}\frac{Z_1}{N},\quad C_f = \frac{8\pi\mu a^3}{3}\frac{Z_2}{N} \tag{4.55}$$

となる[147]．ここに，

$$\xi = a\sqrt{\frac{\omega}{2\nu}} \tag{4.56}$$

として

$$\begin{aligned}N =\ & \{\xi(\sinh\xi\sin\xi + \cosh\xi\cos\xi) - \sin\xi\cosh\xi\}^2 \\ & + \{\xi(\cosh\xi\cos\xi - \sinh\xi\sin\xi) - \sinh\xi\cos\xi\}^2 \\ Z_1 =\ & \sinh\xi\cos\xi\{\xi(\cosh\xi\cos\xi - \sinh\xi\sin\xi) - \sinh\xi\cos\xi\} \\ & + \sin\xi\cosh\xi\{\xi(\sinh\xi\sin\xi + \cosh\xi\cos\xi) - \sin\xi\cosh\xi\} \\ Z_2 =\ & \xi^2[2\sinh\xi\cos\xi\{\xi(\sinh\xi\sin\xi + \cosh\xi\cos\xi) - \sin\xi\cosh\xi\} \\ & - 2\sin\xi\cosh\xi\{\xi(\cosh\xi\cos\xi - \sinh\xi\sin\xi) - \sinh\xi\cos\xi\}]\end{aligned} \tag{4.57}$$

[†] $\operatorname{Re}[z]$, $\operatorname{Im}[z]$ はそれぞれ z の実部と虚部である．

である．

この系に，便宜的に次式のようにレイノルズ数 Re を定義して，式 (3.14) より

$$Re = \frac{UL}{\nu} = a^2 \frac{\omega}{\nu} \tag{4.58}$$

とすると，式 (4.56) より，

$$\xi = \sqrt{\frac{Re}{2}} \tag{4.59}$$

となる．

I_f/I_R と $C_f/\mu a^3$ とを Re に対して計算すると，図 4.7 のようになる．ここに，I_R は前節と同じく液体を剛体としたときの慣性モーメントで，

$$I_R = \frac{2}{5} m_T a^2 = \frac{8}{15} \rho \pi a^5 \tag{4.60}$$

であり，

$$\frac{I_f}{I_R} = \frac{5Z_1}{N} \tag{4.61}$$

となる．層流が乱流になる**臨界レイノルズ数**は 1000 程度であるので，その範囲で数値計算を行った．

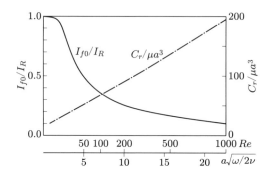

図 4.7 球形タンクでの粘性液体の慣性モーメントと減衰

(2) 円筒タンクの場合

図 4.8 のように円柱座標系をとる．$v_r = v_x = 0$ であるので，ナビエ－ストークス方程式は

$$\frac{\partial v}{\partial t} = \nu \left(\frac{\partial^2 v}{\partial r^2} + \frac{1}{r} \frac{\partial v}{\partial r} - \frac{v}{r^2} + \frac{\partial^2 v}{\partial z^2} \right) \tag{4.62}$$

となる．ここに，$v_\theta = v$ と記した．境界条件は，タンク側面と上下面とで

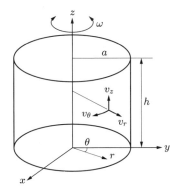

図 4.8 円柱座標系

$$v = \begin{cases} aj\omega\Phi_0 e^{j\omega t} & (r=a \text{ において}) \\ rj\omega\Phi_0 e^{j\omega t} & (z=0, h \text{ において}) \end{cases} \quad (4.63)$$

と与えられる．一般解を

$$v = \{j\omega\Phi_0 r + V(r,z)\}e^{j\omega t} \quad (4.64)$$

とすると，式 (4.62) は

$$\frac{\partial^2 V}{\partial r^2} + \frac{1}{r}\frac{\partial V}{\partial r} + \frac{\partial^2 V}{\partial z^2} - \left(\frac{1}{r^2} + \frac{j\omega}{\nu}\right)V = -\frac{\omega^2 \Phi_0}{\nu}r \quad (4.65)$$

となる．このとき V に課せられる境界条件は，

$$V = 0 \quad (r=a \text{ および } z=0, h \text{ において}) \quad (4.66)$$

である．

式 (4.65) の非同次項を除くため，

$$V = \sum_{i=1}^{\infty}\{R(r) + C_i r\}e^{\lambda_i z}$$

として変数分離法で解く．代入して，

$$\sum_{i=1}^{\infty}\left\{\frac{d^2 R}{dr^2} + \frac{1}{r}\frac{dR}{dr} - \left(\beta_i^2 + \frac{1}{r^2}\right)R - C_i r \beta_i^2\right\}e^{\lambda_i z} = -\frac{\omega^2 \Phi_0}{\nu}r \quad (4.67)$$

を得る．非同次項は，

$$\sum_{i=1}^{\infty} C_i \beta_i^2 e^{\lambda_i z} = \frac{\omega^2 \Phi_0}{\nu} \quad (4.68)$$

となれば消えることになり，式 (4.67) は変形されたベッセルの微分方程式となる．ここに，

$$\beta_i^2 = \frac{j\omega}{\nu} - \lambda_i^2 \tag{4.69}$$

である．$r = 0$ での特異性を除くため，解は第 1 種の変形されたベッセル関数 $I_1(\beta_i r)$ となる．よって，D_i を定数として

$$R(r) = D_i I_1(\beta_i r) \tag{4.70}$$

となる．D_i を決めるため，式 (4.66) の $r = a$ に関する境界条件に注目すれば，

$$D_i = -\frac{C_i a}{I_1(\beta_i a)} \tag{4.71}$$

となる．一方，$z = 0, h$ での境界条件から，

$$e^{\lambda_i z} = \sin\frac{(2i-1)\pi z}{h} \tag{4.72}$$

となるので，

$$\beta_i^2 = \left\{\frac{(2i-1)\pi}{h}\right\}^2 + \frac{j\omega}{\nu} \tag{4.73}$$

となり，

$$V = \sum_{i=1}^{\infty} C_i a \left\{\frac{r}{a} - \frac{I_1(\beta_i r)}{I_1(\beta_i a)}\right\} \sin\frac{(2i-1)\pi z}{h} \tag{4.74}$$

となる．さらに，C_i を決めるため，式 (4.68) に戻って，式 (4.67) を考慮して両辺に

$$\sin\frac{(2i-1)\pi z}{h}$$

をかけて積分して，

$$C_i = \frac{\omega^2 \Phi_0}{\nu} \frac{1}{\beta_i^2} \frac{4}{\pi(2i-1)} \tag{4.75}$$

を得る．

よって，解は

$$v = e^{j\omega t}\left[j\omega\Phi_0 r + \sum_{i=1}^{\infty} C_i a\left\{\frac{r}{a} - \frac{I_1(\beta_i r)}{I_1(\beta_i a)}\right\} \sin\frac{(2i-1)\pi z}{h}\right] \tag{4.76}$$

となる．

4.2 粘性液体の慣性モーメント

式 (4.76) の速度分布によるせん断応 $\tau_{r\phi}$ と $\tau_{z\phi}$ は,

$$\tau_{r\phi} = \mu r \frac{\partial}{\partial r}\left(\frac{v}{r}\right) \quad (r = a \text{ において}) \tag{4.77}$$

$$\tau_{z\phi} = \mu \frac{\partial v}{\partial z} \quad (z = 0, h \text{ において}) \tag{4.78}$$

となり,このせん断応力による回転モーメント M は,

$$M = \int \tau r\, ds = \int_0^{2\pi}\int_0^h a^2 \tau_{r\phi}|_{r=a}\, d\phi\, dz + 2\int_0^{2\pi}\int_0^a r^2 \tau_{z\phi}|_{z=h}\, d\phi\, dr \tag{4.79}$$

となる.第1項は

$$2\pi\mu e^{j\omega t} a^2 \sum_{i=1}^{\infty} C_i \left[1 - \frac{\beta_i a\{I_0(\beta_i a) + I_2(\beta_i a)\}}{2 I_1(\beta_i a)}\right] \frac{2h\pi}{2i-1}$$

となり,第2項は

$$-4\pi\mu e^{j\omega t} a^2 \sum_{i=1}^{\infty} C_i \frac{(2i-1)\pi}{h} a^2 \left\{\frac{1}{4} - \frac{I_2(\beta_i a)}{\beta_i a I_1(\beta_i a)}\right\}$$

となる.ここで,第2項の計算で出てくる変形ベッセル関数の積分において,

$$\int_0^1 x^{\nu+1} I_\nu(ax)\, dx = \frac{1}{a} I_{\nu+1}(a), \quad \mathrm{Re}[\nu] > -1$$

なる公式を用いている.よって,M は

$$\begin{aligned}M &= m_T \omega^2 \Phi_0 e^{j\omega t} a^2 \\ &\times \sum_{i=1}^{\infty} \frac{1}{\beta_i^2 a^2}\left[\frac{16}{(2i-1)^2\pi^2}\left\{1 - \frac{\beta_i a(I_0 + I_2)}{2 I_1}\right\} - \frac{4a^2}{h^2}\left(1 - \frac{4 I_2}{\beta_i a I_1}\right)\right]\end{aligned} \tag{4.80}$$

となる.ここに,I_0,I_1,I_2 は $I_0(\beta_i a)$,$I_1(\beta_i a)$,$I_2(\beta_i a)$ の省略表示である.

式 (4.54) を用いて I_f と C_f の無次元化表示を行うと,

$$\frac{I_f}{I_R} = \frac{\mathrm{Re}[M]}{-\omega^2 \Phi_0 e^{j\omega t}} \frac{2}{m_T a^2}, \quad \frac{C_f}{m_T \nu} = \frac{\mathrm{Im}[M]}{\omega \Phi_0 e^{j\omega t}} \frac{1}{m_T \nu} \tag{4.81}$$

となる.$h/a = 2$ のときの I_f/I_R と $C_f/m_T\nu$ の値を,図 4.9 に示す.

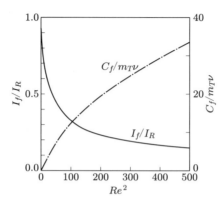

図 4.9　円筒タンク内の粘性液体の慣性モーメントと減衰 ($h/a = 2$ の場合)

第5章 スロッシングのメカニカルモデル

たとえば，水の入った円筒タンクを水平に加振すると，タンクとともに移動する水と，慣性によりその場に残ろうとする水がある．後者がスロッシュマスといわれるもので，等価な質量に置き換えることができる．スロッシングは液体の連続体としての振動現象であるが，連続体としては扱いづらいので，1.2.4 項で簡単に述べた円筒タンクのスロッシュマスのように，機械系のマス-スプリングモデル（メカニカルモデル）に置き換えることができれば，応用面において便利である．本章では，スロッシングの等価なメカニカルモデルへの変換法について述べる．

5.1 メカニカルモデルの運動方程式

たとえば宇宙機のスロッシングについては，そのユーザーは制御系設計者であることが多く，連続体としての解は使いにくい．このためスロッシングモデルとして，**図 5.1** のように連続体と等価なマス-スプリング-ダンパー（質点-ばね-減衰器）からなる**メカニカルモデル**を作る．

m_i が円周方向波数 $n=1$ の第 i 次の横スロッシングによる**スロッシュマス**，m_0 がタンクに固定されている**固定マス**であり，m_T をタンク内液体の全質量として，

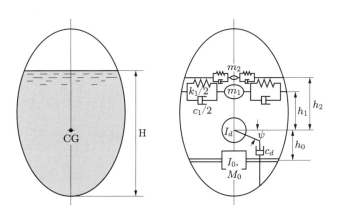

図 5.1　スロッシングのメカニカルモデル

$$m_T = m_0 + \sum_{i=1}^{\infty} m_i \tag{5.1}$$

の関係がある．スロッシュマスの取り付け位置 h_i と固定マスの取り付け位置 h_0 は液体重心からの距離で定義している．液体を剛体とみなしたときの重心軸周りの慣性モーメント I_R と図 5.1 のディスクの慣性モーメント I_d の差

$$I_f = I_R - I_d \tag{5.2}$$

は，第 4 章で説明した**有効慣性モーメント**である．I_d は，タンクが回転しても回転せずに残る液体の慣性モーメントを表す．減衰 c_i と c_d については実験から求める量で，ベアタンクで減衰比は 0.1% 程度であるが，第 3 章で説明したようにバッフル（邪魔板）を付けて数 % にできる．

このメカニカルモデルの運動エネルギー，散逸エネルギー，ポテンシャルエネルギーを計算する．図 5.1 において，横変位 y と液体の重心周りに回転角 φ がタンクに及ぼされたとき生じるスロッシュマス m_i の横変位を y_i，ディスク I_d の回転角を ψ として，運動エネルギーは，

$$T = \frac{1}{2}\sum_{i=1}^{\infty} m_i(\dot{y}_i + \dot{y} + h_i\dot{\varphi})^2 + \frac{1}{2}m_0(\dot{y} + h_0\dot{\varphi})^2 + \frac{1}{2}I_0\dot{\varphi}^2 + \frac{1}{2}I_d(\dot{\varphi} + \dot{\psi})^2 \tag{5.3}$$

散逸エネルギーは，

$$D = \frac{1}{2}\sum_{i=1}^{\infty} c_i \dot{y}_i^2 + \frac{1}{2}c_d \dot{\psi}^2 \tag{5.4}$$

ポテンシャルエネルギーは，

$$\Pi = \frac{1}{2}\sum_{i=1}^{\infty} k_i y_i^2 + \frac{1}{2}m_0 g h_0 \varphi^2 - \frac{1}{2}\sum_{i=1}^{\infty} m_i g h_i \varphi^2 - \sum_{i=1}^{\infty} m_i g y_i \varphi \tag{5.5}$$

である．Π の第 2 項と第 3 項は，微小振動では重心が上下に移動しない条件

$$m_0 h_0 = \sum_{i=1}^{\infty} m_i h_i \tag{5.6}$$

を導入することにより相殺する．また，この第 4 項は，タンクが回転して重力による y 方向から g_y が出現した後，y 方向に変位したことによるポテンシャルである．

以上の準備から，**ラグランジュの運動方程式** (Lagrange's equation of motion) を立てて，

5.1 メカニカルモデルの運動方程式

$$\frac{d}{dt}\left(\frac{\partial T}{\partial \dot{q}_i}\right) + \frac{\partial D}{\partial \dot{q}_i} + \frac{\partial \Pi}{\partial q_i} = Q_i \tag{5.7}$$

となり，変数 q_i として，y, φ, ψ, y_i と，それに対応する一般力 Q_i として $-F_y$, $-M_y$, 0, 0 を考えて，

$$m_0(\ddot{y} + h_0\ddot{\varphi}) + \sum_{i=1}^{\infty} m_i(\ddot{y}_i + \ddot{y} + h_i\ddot{\varphi}) = -F_y \tag{5.8}$$

$$I_0\ddot{\varphi} + m_0 h_0^2 \ddot{\varphi} + \sum_{i=1}^{\infty} m_i h_i(\ddot{y}_i + h_i\ddot{\varphi}) - g\sum_{i=1}^{\infty} m_i y_i + I_d(\ddot{\varphi} + \ddot{\psi}) = -M_y \tag{5.9}$$

$$I_d(\ddot{\varphi} + \ddot{\psi}) + c_d\dot{\psi} = 0 \tag{5.10}$$

$$m_i(\ddot{y} + \ddot{y}_i + h_i\ddot{\varphi}) + c_i\dot{y}_i + k_i y_i - m_i g \varphi = 0 \tag{5.11}$$

なる運動方程式を得る．これらの方程式を使って，角振動数 ω の水平の強制振動変位 y を受けたときの応答を求める．このとき，

$$\varphi, \psi = 0, \quad y = \hat{y}e^{j\omega t}, \quad y_i = \hat{y}_i e^{j\omega t} \tag{5.12}$$

として式 (5.11) を解けば，y_i はタンク内の相対変位であるので，式 (2.21) より，

$$\hat{y}_i = \frac{\kappa_i^2}{1 - \kappa_i^2 + 2j\zeta_i\kappa_i}\hat{y} \tag{5.13}$$

となる．ここに，

$$\frac{c_i}{m_i} = 2\omega_i \zeta_i, \quad \frac{k_i}{m_i} = \omega_i^2, \quad \kappa_i = \frac{\omega}{\omega_i} \tag{5.14}$$

で，ω_i はスロッシュマスの固有角振動数である．式 (5.13) を式 (5.8)，(5.9) に代入すれば，

$$\begin{aligned}-F_y &= m_0\ddot{y} + \sum_{i=1}^{\infty} m_i(\ddot{y}_i + \ddot{y}) = \left(m_0 + \sum_{i=1}^{\infty} m_i\right)\ddot{y} + \sum_{i=1}^{\infty} m_i\ddot{y}_i \\ &= -\omega^2\left(m_T + \sum_{i=1}^{\infty} \frac{\kappa_i^2}{1 - \kappa_i^2 + 2j\zeta_i\kappa_i}m_i\right)\hat{y}e^{j\omega t}\end{aligned} \tag{5.15}$$

$$-M_y = -\sum_{i=1}^{\infty} m_i g y_i + \sum_{i=1}^{\infty} m_i h_i \ddot{y}_i$$

$$= -\sum_{i=1}^{\infty}\left\{(g+\omega^2 h_i)\frac{\kappa_i^2}{1-\kappa_i^2+2j\zeta_i\kappa_i}\right\}m_i\hat{y}e^{j\omega t} \tag{5.16}$$

を得る.横力 F_y から m_i が,モーメント M_y から h_i が計算されることになる.

図 5.1 のディスクの慣性モーメント I_d は,液体の満たされたタンクの重心周りの回転から得られる.回転によるモーメントと有効慣性モーメント I_f との関係は,

$$M_{yR} = -I_f\ddot{\psi}_R \tag{5.17}$$

であり,$\psi_R = 1$ の単位回転を考えれば,式 (5.2) より,

$$I_d = I_R - \frac{M_{yR}}{\omega_i^2} \tag{5.18}$$

となる.ここに,M_{yR} は自由表面に剛な蓋をされたタンクにはたらくモーメントであり,φ_R より計算される.**有効慣性モーメント**は表 4.1 のように計算される.

5.2 円筒タンクでのメカニカルモデル

ここで,円筒タンクの固有振動特性に関して 2.6 節で解析解が求められているので,その結果を使ってメカニカルモデルの具体的なパラメータを求めてみる.そのためには強制振動解がさらに必要なので,連続体としての水平加振を受けた場合の応答を求めることとする.

5.2.1 横加振を受ける円筒タンクの応答

円筒タンクにおいて,横振幅 A で角速度 ω の水平加振

$$y = Ae^{j\omega t}\cos\theta \tag{5.19}$$

を受けたときの応答の解を求める.$\theta = 0$ のとき,式 (5.12) の $\hat{y}$ と A には,

$$A = \hat{y} \tag{5.20}$$

の関係がある.タンクが強制変位されるので,側面の境界条件式 (2.62) は,

$$\frac{\partial \Phi_a}{\partial r} = \frac{\partial y}{\partial t} = j\omega Ae^{j\omega t}\cos\theta$$

と変更される.ここに,Φ_a は絶対座標系での液体の速度ポテンシャルであり,円周方向波数 n は 1 である.

2.3 節の自由振動の方程式と境界条件とを,水平加振を受ける動的応答に書き換えれば,

5.2 円筒タンクでのメカニカルモデル

$$\nabla^2 \Phi_a = 0 \tag{5.21}$$

$$\frac{\partial \Phi_a}{\partial r} = j\omega A e^{j\omega t} \cos\theta \quad (r=a \text{ において}) \tag{5.22}$$

$$\frac{\partial \Phi_a}{\partial z} = 0 \quad (z=-h \text{ において}) \tag{5.23}$$

$$\frac{\partial^2 \Phi_a}{\partial t^2} + g\frac{\partial \Phi_a}{\partial z} = 0 \quad (z=0 \text{ において}) \tag{5.24}$$

と与えられる．タンクでとった相対座標系での速度ポテンシャル Φ とタンクの剛体変位による速度ポテンシャル Φ_T により，

$$\Phi_a = \Phi + \Phi_T \tag{5.25}$$

$$\Phi_T = j\omega A r \cos\theta \cdot e^{j\omega t} \tag{5.26}$$

である．式 (5.21)〜(5.24) を，Φ を使って書き直せば，

$$\nabla^2 \Phi = 0 \tag{5.27}$$

$$\frac{\partial \Phi}{\partial r} = 0 \quad (r=a \text{ において}) \tag{5.28}$$

$$\frac{\partial \Phi}{\partial z} = 0 \quad (z=-h \text{ において}) \tag{5.29}$$

$$\frac{\partial^2 \Phi}{\partial t^2} + g\frac{\partial \Phi}{\partial z} = j\omega^3 A r \cos\theta \cdot e^{j\omega t} \quad (z=0 \text{ において}) \tag{5.30}$$

となる．式 (5.27)〜(5.29) は自由振動での式と同じであるので，解は式 (2.80) で与えられて，

$$\Phi_{1i} = C_1(t) \cos\theta \cdot J_1(\lambda_{1i} r) \frac{\cosh \lambda_{1i}(z+h)}{\cosh \lambda_{1i} h} e^{j\omega t} \tag{5.31}$$

となる．λ_{1i} は，

$$\lambda_{1i} = \frac{\xi_{1i}}{a}$$

として表 2.1 で与えられる．

式 (5.30) の強制振動解を求めるため，式 (5.31) を用いたモード重畳法を採用する．式 (5.31) から固有関数を

$$\Phi_{1i} = \hat{\Phi}_{1i} e^{j\omega t} \tag{5.32}$$

として，

$$\Phi = \sum_{i=1}^{\infty} C_{1i}(t) \hat{\Phi}_{1i}(r, \theta, z) \tag{5.33}$$

と展開する．これを式 (5.30) に代入して，

$$\sum_{i=1}^{\infty}\left(\frac{d^2 C_{1i}}{dt^2}+\omega_{1i}^2 C_{1i}\right)J_1\left(\xi_{1i}\frac{r}{a}\right)\cos\theta = j\omega^3 Ar\cos\theta \cdot e^{j\omega t} \tag{5.34}$$

を得る．ここで，変数 r に関して左辺は J_1，右辺は r であるので，r をベッセル関数で級数展開すると，式 (4.26) より，

$$\frac{r}{a} = \sum_{i=1}^{\infty}\frac{2}{(\xi_{1i}^2-1)J_1(\xi_{1i})}J_1\left(\xi_{1i}\frac{r}{a}\right) \tag{5.35}$$

である．これを式 (5.34) に代入して，

$$\frac{d^2 C_{1i}}{dt^2}+\omega_{1i}^2 C_{1i} = j\omega^3 A\frac{2a}{(\xi_{1i}^2-1)J_1(\xi_{1i})}e^{j\omega t} \tag{5.36}$$

となる．C_{1i} について，式 (2.21) と同様の手法で解けば，

$$C_{1i} = j\omega A\frac{\omega^2}{\omega_{1i}^2-\omega^2}\frac{2a}{(\xi_{1i}^2-1)J_1(\xi_{1i})}e^{j\omega t} \tag{5.37}$$

である．よって，応答の速度ポテンシャルは

$$\Phi = \left[\sum_{i=1}^{\infty}\left\{j\omega A\frac{\omega^2}{\omega_{1i}^2-\omega^2}\frac{2a}{(\xi_{1i}^2-1)J_1(\xi_{1i})}J_1\left(\xi_{1i}\frac{r}{a}\right)\right\}\frac{\cosh\lambda_{1i}(z+h)}{\cosh\lambda_{1i}h}\right]$$
$$\times\cos\theta\cdot e^{j\omega t} + j\omega Ar\cos\theta\cdot e^{j\omega t}$$

となるが，スロッシングの固有振動数と加振の振動数との比を，式 (5.14) で示したように $\kappa_{1i}=\omega/\omega_{1i}$ として，

$$\Phi = \left[\sum_{i=1}^{\infty}\left\{\frac{\kappa_{1i}^2}{1-\kappa_{1i}^2}\frac{2a}{(\xi_{1i}^2-1)J_1(\xi_{1i})}J_1\left(\xi_{1i}\frac{r}{a}\right)\right\}\frac{\cosh\lambda_{1i}(z+h)}{\cosh\lambda_{1i}h}+r\right]$$
$$\times j\omega A\cos\theta\cdot e^{j\omega t} \tag{5.38}$$

となる．

スロッシングによる圧力 p と自由表面変位（波高）η は，式 (2.52) と式 (2.59) より，

$$p = -\rho\frac{\partial\Phi_a}{\partial t}+p_\infty-\rho gz \tag{5.39}$$

$$\eta = -\frac{1}{g}\frac{\partial\Phi_a}{\partial t} \tag{5.40}$$

で計算できて，次のようになる．

$$p = -\rho\omega^2 A \cos\theta \cdot e^{j\omega t}$$
$$\times \left\{ \sum_{i=1}^{\infty} \frac{\kappa_{1i}^2}{1-\kappa_{1i}^2} \frac{2a}{(\xi_{1i}^2-1)J_1(\xi)} J_1\left(\xi_{1i}\frac{r}{a}\right) \frac{\cosh\lambda_{1i}(z+h)}{\cosh\lambda_{1i}h} + r \right\}$$
$$+ p_\infty - \rho g z \tag{5.41}$$

$$\eta = \frac{A\omega^2}{g}\cos\theta \cdot e^{j\omega t} \left\{ \sum_{i=1}^{\infty} \frac{\kappa_{1i}^2}{1-\kappa_{1i}^2} \frac{2a}{(\xi_{1i}^2-1)J_1(\xi_{1i})} J_1\left(\xi_{1i}\frac{r}{a}\right) + r \right\} \tag{5.42}$$

圧力分布と自由表面変位を，スロッシングの固有角振動数 ω_{11} に比べて高い場合 (衝撃に近くなる，$\kappa_i \gg 1$)，近い場合 (スロッシングの共振，$\kappa_i = 1$)，低い場合 (とてもゆっくり動かす，$\kappa_i \ll 1$) の三つに分けて考える．

【注釈 5.1】地震動の加速度について　地震で使われる加速度の単位として，ガル (gal) がある．定義は $1\,\text{gal} = 1\,\text{cm/s}^2$ である．静的な耐震設計には $0.2g$ が使われるが，これは $0.2 \times 980 = 196\,\text{gal}$ である．なお，エルセントロ地震 (1940 年) の最大加速度は約 400 gal であった．2007 年の中越沖地震では，約 1000 gal (1.01g)，2011 年カンタベリー地震では 2200 gal (2.2g)，2011 年東日本大震災では 3000 gal (2.99g，ベクトル和) が記録されている．

(衝撃：$\kappa_s \gg 1$ の場合)　まず，側面を考える．側面では $r = a$ であるので，Dini の展開の式 (5.41) において，

$$\frac{\kappa_i^2}{1-\kappa_i^2} = -1$$

であり，静圧 $(p_\infty - \rho g z)$ を除いた動的圧力は，

$$\frac{p(a,z)}{a\rho\omega^2 A} = -\left\{ -\sum_{i=1}^{\infty} \frac{2}{\xi_{1i}^2-1} \frac{\cosh\lambda_{1i}(z+h)}{\cosh\lambda_{1i}h} + 1 \right\} e^{j\omega t}$$

となる．なお，式 (4.26) において $x = 1$ とすれば，

$$\sum_{i=1}^{\infty} \frac{2}{\xi_{1i}^2-1} = 1$$

である (3 項採用すると 0.94，10 項で 0.98) ので，$\theta = 0$ として，上端 ($z = 0$) では $p = 0$ となる．

底面では，$z = -h$ として，

$$\frac{p(r,-h)}{a\rho\omega^2 A} = -\left\{-\sum_{i=1}^{\infty}\frac{2}{(\xi_{1i}^2-1)J_1(\xi_{1i})}J_1\left(\xi_{1i}\frac{r}{a}\right)\frac{1}{\cosh\lambda_{1i}h} + \frac{r}{a}\right\}e^{j\omega t}$$

である．自由表面の変位は，式 (5.42) において Dini の展開の式 (4.26) より，

$$\sum_{i=1}^{\infty}\frac{2}{(\xi_{1i}^2-1)J_1(\xi_{1i})}J_1\left(\xi_{1i}\frac{r}{a}\right) = \frac{r}{a}$$

であるので，

$$\frac{\eta}{a} = \frac{A\omega^2}{g}\left(-\frac{r}{a}+\frac{r}{a}\right)e^{j\omega t} = 0$$

となり，自由表面はほとんど変化しない．

以上の結果を図 5.2 に示す．$2a = h$ の場合，圧力の最大値は底面角部に生じて，

$$\frac{p_{\max}}{a\rho\omega^2 A} = 0.96$$

である．無次元化の分母の $A\omega^2$ が地震動の加速度に相当するので，$A\omega^2 = 1g$（中越沖地震相当）で加振された場合と，静水圧とを比較して図 5.2 に圧力分布を示した．なお，自由表面はさざなみ程度しか生じない．

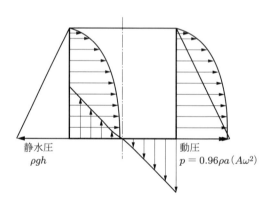

図 5.2　衝撃を受けた円筒タンクでの圧力分布 ($h = 2a$, $A\omega^2 = 1g$)

(**スロッシングの共振：$\kappa_s = 1$ の場合**)　共振の場合，i 次のスロッシングのみが優越して励振される．したがって，$\sum$ は 1 項で置き換えられ，その減衰比を ζ_i として，

$$\frac{\kappa_i^2}{1-\kappa_i^2} \to \frac{\kappa_i^2}{1+2j\zeta\kappa_i-\kappa_i^2}$$

と減衰を追加し，ここで，$\kappa_i = 1$ として，

$$\frac{\kappa_i^2}{1+2j\zeta\kappa_i-\kappa_i^2}=\frac{1}{2j\zeta_i}$$

とする．通常，ζ_i は 1% (0.01) 以下の数値であるので，強制振動項は無視できて，

$$p=-\rho\omega^2 A\left\{\frac{1}{2j\zeta_i}\frac{2a}{(\xi_{1i}^2-1)J_1(\xi)}J_1\left(\xi_{1i}\frac{r}{a}\right)\frac{\cosh\lambda_{1i}(z+h)}{\cosh\lambda_{1i}h}\right\}e^{j\omega t} \quad (5.43)$$

$$\eta=\frac{A\omega^2}{g}\left\{\frac{1}{2j\zeta_i}\frac{2a}{(\xi_{1i}^2-1)J_1(\xi_{1i})}J_1\left(\xi_{1i}\frac{r}{a}\right)\cos\theta\right\}e^{j\omega t} \quad (5.44)$$

となる．共振状態での圧力分布を図 5.3 に示す．圧力の最大値は上端で生じて，

$$\frac{p}{a\rho A\omega^2}\frac{1}{Q}=0.837$$

であり，底部の最大値は角部（コーナー）で生じて，

$$\frac{p}{a\rho A\omega^2}\frac{1}{Q}=0.042$$

である．Q を応答倍率 $Q=1/2\zeta_1$ とすると，上端での圧力は $p=0.837a\rho g Q$ で，$\zeta_1=0.01$ としても $Q=50$ であるので，$A\omega^2=1g$ の地震で共振に陥れば，静水圧の最大値 ρgh に対して $0.837Qa/h$ 倍となり，$h=a$ のときは 40 倍程度の大きさとなる．

波高は最大で，

$$\frac{\eta}{a}\frac{g}{A\omega^2}\frac{1}{Q}=0.837$$

である．地震動が $A\omega^2=0.1g$ のとき応答倍率 $Q=50$ で，半径 $a=20\,\mathrm{m}$，水位 $h=40\,\mathrm{m}$ の場合，波高は 4.2 m という値となる．実際は大振幅となると，第 6 章で示すように共振は不安定となり，さらに，自由表面が $1g$ を超えると砕波する．

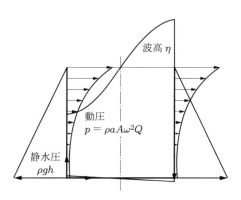

図 5.3 円筒タンクでの共振状態での圧力分布 ($h=2a$, $A\omega^2=1g$)

(ゆっくり動かす：$\kappa_s \ll 1$ の場合) タンクをゆっくりと動かすと，液体は剛体のようにふるまうので，共振項はゼロとなり，強制振動項のみが応答となる．すなわち，$\kappa_i = 0$ として，

$$p = -\rho A \omega^2 r \cos\theta \cdot e^{j\omega t} \tag{5.45}$$

$$\eta = \frac{A\omega^2}{g} r \cos\theta \cdot e^{j\omega t} \tag{5.46}$$

となる．このときの圧力分布と自由表面の波高を図 5.4 に示す．

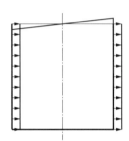

図 5.4 円筒タンクでゆっくり加振された場合の圧力分布 ($h = 2a$)

5.2.2 円筒タンクでのメカニカルモデル

式 (5.41) の圧力の中の動圧部分から，横力 F_y と重心周りのモーメント M_y を計算する．まず，式 (5.41) を

$$p = \left(\sum_{i=1}^{\infty} p_{1i} + p_0\right) e^{j\omega t}$$

と分解する．p_0 は $r\cos\theta$ に対応する成分である．p_{1i} は $(1, i)$ モードによる圧力である．横力 F_y についても，

$$F_y = \left(\sum_{i=1}^{\infty} F_{1i} + F_0\right) e^{j\omega t} \tag{5.47}$$

として計算する．タンクにかかる横方向の圧力は，$r = a$ の面であることを考慮し，

$$F_{1i} = \int_0^{2\pi} \int_{-h}^0 p_{1i} \cos\theta \, dz \, a \, d\theta$$

$$= m_T \omega^2 A \frac{2}{\xi_{1i}^2 - 1} \frac{\kappa_{1i}^2}{1 - \kappa_{1i}^2} \frac{1}{\lambda_{1i} h} \tanh \lambda_{1i} h$$

$$F_0 = \int_0^{2\pi} \int_{-h}^0 \rho \omega^2 A a^2 \cos^2\theta \, dz \, d\theta = m_T \omega^2 A$$

と計算される. ここに, m_T は液体の全質量で,

$$m_T = \rho \pi a^2 h \tag{5.48}$$

である. よって,

$$F_y = \omega^2 A m_T \left(1 + \sum_{i=1}^{\infty} \frac{\kappa_{1i}^2}{1 - \kappa_{1i}^2} \frac{2}{\xi_{1i}^2 - 1} \frac{a}{\xi_{1i} h} \tanh \frac{\xi_{1i} h}{a}\right) e^{j\omega t} \tag{5.49}$$

を得る. 式 (5.49) を

$$F_y = \omega^2 \hat{y} m_T e^{j\omega t} \left(1 + \frac{m_i}{m_T} \frac{\kappa_{1i}^2}{1 - \kappa_{1i}^2}\right)$$

と書き直して, $A = \hat{y}$ として式 (5.15) と比較すると, スロッシュマス m_i が

$$\frac{m_i}{m_T} = \frac{2}{\xi_{1i}^2 - 1} \frac{a}{\xi_{1i} h} \tanh \frac{\xi_{1i} h}{a} \tag{5.50}$$

と得られる.

モーメントについては p_0 による寄与分はないので, 側面と底面部に分けて,

$$M_y = \left\{\sum_{i=1}^{\infty} (M_{L_{1i}} + M_{B_{1i}})\right\} e^{j\omega t} \tag{5.51}$$

とする. まず, 側面については

$$M_{L_{1i}} = \int_0^{2\pi} \int_{-h}^0 p_{1i} \cos\theta \cdot \left(z + \frac{h}{2}\right) a \, dz \, d\theta$$

$$= m_T h \omega^2 A \frac{2\kappa_{1i}^2}{\kappa_{1i}^2 - 1} \frac{1}{\xi_{1i}^2 - 1} \frac{1}{\lambda_{1i} h} \frac{1}{2} \tanh \lambda_{1i} h \cdot \left(1 - \frac{2}{\lambda_{1i} h} \tanh \frac{\lambda_{1i} h}{2}\right)$$

である. ここで,

$$\int_{-h}^0 \left(z + \frac{h}{2}\right) \cosh \lambda_{1i}(z + h) \, dz = \frac{h}{2\lambda_{1i}} - \frac{1}{\lambda_{1i}^2}(\cosh \lambda_{1i} h - 1)$$

を使っている. 次に, 底面について

$$M_{B_{1i}} = \int_0^{2\pi} \int_0^a p_{1s} r \cos\theta \cdot r \, d\theta \, dr = \rho \omega^2 A (I_1 + I_0)$$

と分けて,

$$I_1 = \frac{2a\kappa_{1i}^2}{1 - \kappa_{1i}^2} \frac{1}{\xi_{1i}^2 - 1} \frac{1}{\cosh \lambda_{1i} h} \frac{1}{J_1(\xi_{1i})} \int_0^a J_1\left(\xi_{1i} \frac{r}{a}\right) r^2 \, dr \int_0^{2\pi} \cos^2\theta \, d\theta$$

であり, ベッセル関数の積分公式[11] から,

$$\int_0^a J_1\left(\xi_{1i}\frac{r}{a}\right)r^2\,dr = \frac{a^3}{\xi_{1i}}\left\{-J_1'(\xi_{1i}) + \frac{1}{\xi_{1i}}J_1(\xi_{1i})\right\} = \frac{a^3}{\xi_{1i}^2}J_1(\xi_{1i})$$

なので,

$$I_1 = \frac{2a^4\kappa_{1i}^2}{1-\kappa_{1i}^2}\frac{1}{\xi_{1i}^2(\xi_{1i}^2-1)}\frac{\pi}{\cosh\lambda_{1i}h}$$

であり,I_0 は $\cos\theta$ の $[0, 2\pi]$ 範囲での積分が入るので,

$$I_0 = \int_0^{2\pi}\int_0^a r^3\cos\theta\,dr\,d\theta = 0$$

となる.よって,

$$M_{B_{1i}} = \rho\omega^2 A\pi\frac{2a^4\kappa_{1i}^2}{1-\kappa_{1i}^2}\frac{1}{\xi_{1i}^2(\xi_{1i}^2-1)}\frac{1}{\cosh\lambda_{1i}h}$$

$$= m_T A\omega^2 h\left\{\frac{a^2}{h^2}\frac{2\kappa_{1i}^2}{1-\kappa_{1i}^2}\frac{1}{\xi_{1i}^2(\xi_{1i}^2-1)}\frac{1}{\cosh\lambda_{1i}h}\right\}$$

となる.よって,モーメントは

$$M_L + M_B = A\omega^2 m_T h\left[\frac{2\kappa_{1i}^2}{(\kappa_{1i}^2-1)(\xi_{1i}^2-1)}\right.$$

$$\left.\times\left\{\frac{1}{2\lambda_{1i}h}\tanh\lambda_{1i}h\cdot\left(1-\frac{2}{\lambda_{1i}h}\tanh\frac{\lambda_{1i}h}{2}\right) + \frac{a^2}{\xi_{1i}^2 h^2}\frac{1}{\cosh\lambda_{1i}h}\right\}\right]$$

となる.ここで,中括弧の中について,

$$\tanh\lambda_{1i}h\tanh\frac{\lambda_{1i}h}{2} = 1 - \frac{1}{\cosh\lambda_{1i}h}$$

であることを勘案して,$\cosh$ の項を消去して,

$$M_L + M_B = \omega^2 Am_T h\left\{\frac{2\kappa_{1i}^2}{(\kappa_{1i}^2-1)(\xi_{1i}^2-1)}\right.$$

$$\left.\times\frac{a}{2\xi_{1i}h}\tanh\frac{\xi_{1i}h}{a}\cdot\left(1-\frac{4a}{\xi_{1i}h}\tanh\frac{\xi_{1i}h}{2a}\right) + \frac{a^2}{\xi_{1i}^2 h^2}\right\} \quad (5.52)$$

となる.ここで,固有角振動数は式 (2.84) より

$$\omega_{1i}^2 = \frac{\xi_{1i}g}{a}\tanh\frac{\xi_{1i}h}{a}$$

であるので,式 (5.52) の最後の項は

$$\frac{a^2}{\xi_{1i}^2 h^2} = \frac{a}{\xi_{1i}h}\times\frac{a}{h}\frac{g}{\omega_{1i}^2 a}\tanh\frac{\xi_{1i}h}{a}$$

と変形できる．これを利用して，

$$M_L + M_B = \omega^2 A m_T h \left[\frac{\kappa_{1i}^2}{1-\kappa_{1i}^2} \frac{2\tanh\lambda_{1i}h}{(\xi_{1i}^2-1)\lambda_{1i}h} \right.$$
$$\left. \times \left\{ \frac{1}{2}\left(1 - \frac{4}{\lambda_{1i}h}\tanh\frac{\lambda_{1i}h}{2}\right) + \frac{g}{\omega_{1i}^2 h} \right\} \right] e^{j\omega t}$$

となる．括弧の中の第 2 項は式 (5.50) の m_i で書けるので，

$$M_y = A\omega^2 m_T h e^{j\omega t} \left[\frac{\kappa_{1i}^2}{1-\kappa_{1i}^2} \frac{m_i}{m_T} \right.$$
$$\left. \times \left\{ \frac{1}{2}\left(1 - \frac{4}{\lambda_{1i}h}\tanh\frac{\lambda_{1i}h}{2}\right) + \frac{g}{\omega_{1i}^2 h} \right\} \right] \quad (5.53)$$

となる．

以上で水平加振を受ける円筒タンクでの横力と重心周りのモーメントが計算されたので，$A = y$ とおいて，メカニカルモデルでの式 (5.16) は

$$-M_z = m_i(\ddot{y}_i h_i - g y_i) = m_i \frac{\kappa_i^2}{1-\kappa_i^2} A\omega^2 \cos\theta \cdot e^{j\omega t}\left(h_i + \frac{g}{\omega_i^2}\right) \quad (5.54)$$

と変形されて，式 (5.53) と比較して，スロッシュマスの取り付け位置 h_j が

$$\frac{h_j}{h} = \frac{1}{2}\left(1 - \frac{4a}{\xi_{1j}h}\tanh\frac{\xi_{1j}h}{2a}\right) \quad (5.55)$$

と得られる．固定マスの取り付け位置 h_0 は式 (5.6) から求められる．

【注釈 5.2】マスの位置関係 底面が剛な基盤上にあって，底面の圧力を考慮に入れない場合，

$$M_{L_{1i}} = m_T h \omega^2 A \frac{\kappa_{1i}^2}{1-\kappa_{1i}^2} \frac{2}{\xi_{1i}^2-1} \frac{1}{\lambda_{1i}h} \tanh\lambda_{1i}h \cdot \frac{1}{2}\left(1 - \frac{2}{\lambda_{1i}h}\tanh\frac{\lambda_{1i}h}{2}\right)$$
$$= m_i h \omega^2 A \frac{\kappa_{1i}^2}{1-\kappa_{1i}^2} \frac{1}{2}\left(1 - \frac{2}{\lambda_{1s}h}\tanh\frac{\lambda_{1s}h}{2}\right)$$

である．底面の圧力に相当するメカニカルモデル項は g にかかわる項なので，式 (5.54) は

$$-M_z = m_i \ddot{y}_i h_i = m_i h_i \omega^2 \hat{y}$$

であるので，重心からの上方向の距離 h_i は

$$\frac{h_i}{h} = \frac{1}{2}\left(1 - \frac{2a}{\xi_{1i}h}\tanh\frac{\xi_{1i}h}{2a}\right)$$

となり，底からの高さ $\hat{h}_i$ は

$$\frac{\hat{h}_i}{h} = \frac{h_i}{h} + \frac{1}{2} = 1 - \frac{a}{\xi_{1i}h}\tanh\frac{\xi_{1i}h}{2a} \tag{5.56}$$

となって，図 5.5 の下図のように，スロッシュマス m_i はつねに液体重心より上に位置することになる．また，固定マスの底からの取り付け位置 $\hat{h}_0$ は

$$\frac{\hat{h}_0}{h} = \frac{1}{2} - \frac{m_1 h_1}{m_T - m_1} \tag{5.57}$$

となって，重心位置より下側になる．

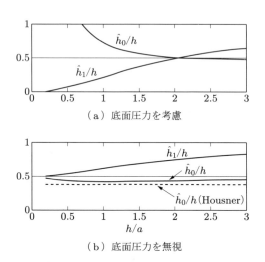

(a) 底面圧力を考慮

(b) 底面圧力を無視

図 5.5　円筒タンクのマスの取り付け位置（底面からの距離）

【注釈 5.3】ハウスナーのモデルについて　耐震工学の分野では，メカニカルモデルとしてハウスナーのモデル[143] が使われることが多い．このモデルは，基本的には底面での圧力を無視している．底面の圧力を考慮するモデルも含まれるが，本文で述べたモデルとは一致しない．このハウスナーの底面圧力を考慮しないモデルのパラメータは，

$$\omega_1^2 = \frac{1.841g}{a}\tanh\frac{1.841h}{a} \quad \cdots 式 (2.84)\text{と同じ}$$

$$\frac{m_1}{m_T} = 0.318\frac{a}{h}\tanh\frac{1.841h}{a} \quad \cdots 式 (5.50)\text{より 20\% 程度小さい}$$

$$\frac{\hat{h}_i}{h} = 1 - \frac{a}{\xi_{1i}h}\tanh\frac{\xi_{1i}h}{2a} \quad \cdots 式 (5.56)\text{と同じ}$$

$$\frac{m_0}{m_T} = \frac{\tanh(\sqrt{3}a/h)}{\sqrt{3}a/h} \quad \cdots 式 (5.57)\text{とまったく異なる}$$

$$\frac{\hat{h}_0}{h} = \frac{3}{8} \quad \cdots 式 (5.57)\text{より 10\% 程度低くほぼ同じ}$$

である．これらの値を図5.5，図5.6に(Housner)として破線で追記しておく．また，$h/a=1$の場合の数値を表5.1に示す．スロッシュマスは式(5.50)で計算されたものより20%程度小さく，取り付け位置は式(5.56)と同じである．大きく異なるのはマスの取り付け位置であり，回転運動が姿勢（どこに指向するか）と結び付く宇宙機への応用には使えない．

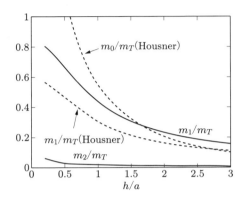

図 5.6 円筒タンクのスロッシュマス

表 5.1 $h/a=1$ の場合のメカニカルモデルのパラメータの比較

パラメータ	ポテンシャル理論	ハウスナーモデル
m_1/m_T	0.432	0.302
m_2/m_T	0.014	—
m_0/m_T	0.554	0.542
$\hat{h}_1/h$	0.211	0.606
$\hat{h}_0/h$	0.725	0.375

以上の計算から得られた水位と各パラメータとの関係を図5.7〜5.10に示す．図5.8から明らかなように，2次以上のスロッシュマスは1次に比べて1/10以下で工学上無視できる．したがって，

$$m_T = m_0 + \sum_{i=1}^{\infty} m_i \approx m_0 + m_1 \tag{5.58}$$

である．また，図5.7の固有振動数については，水位が深くなると$(h/a>1)$，深さに無関係になってくる．これは，固有角振動数を与える式(2.84)において，$h \to \infty$で$\tanh(\xi_{nj}h/a) \to 1$となることによる．この二つの性質は，ほかの形状のタンクにも当てはまる．

142 第5章 スロッシングのメカニカルモデル

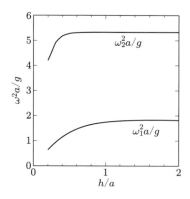

図 5.7 円筒タンクにおける固有角振動数

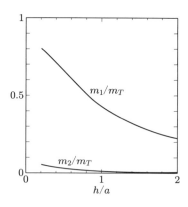

図 5.8 円筒タンクでの 1 次と 2 次の
スロッシュマス

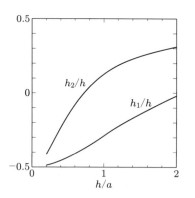

図 5.9 円筒タンクにおけるスロッシュマス
の取り付け位置

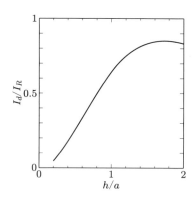

図 5.10 円筒タンクにおける液体の
慣性モーメント

5.2.3 回転加振の応答

水平加振の応答を計算することにより，メカニカルモデルのスロッシュマス m_i とその取り付け位置 h_i が計算できたので，回転応答については結果のみを示す．詳しくは文献 [16], [34], [46] を参照されたい．

タンクが液体重心の y 軸周りに

$$\varphi = \hat{\varphi} e^{j\omega t}$$

の回転を受けたときの境界条件は，

$$\frac{\partial \Phi}{\partial r} = -j\omega z \hat{\varphi} e^{j\omega t} \cos\theta \quad (r = a \text{ において})$$

$$\frac{\partial \Phi}{\partial z} = j\omega r\hat{\varphi} e^{j\omega t} \cos\theta \quad \left(z = -\frac{h}{2} \text{において}\right)$$

$$\frac{\partial^2 \Phi}{\partial t^2} + g\frac{\partial \Phi}{\partial z} = 0 \quad \left(z = \frac{h}{2} \text{において}\right)$$

である.基礎方程式はラプラスの方程式で,

$$\kappa_i = \frac{\omega}{\omega_{1i}}, \quad \omega_{1i}^2 = \frac{\xi_{1i} g}{a}\tanh\lambda_{1i} h, \quad \lambda_{1i} = \frac{\xi_{1i}}{a}, \quad \gamma_i = \frac{g}{a}\frac{\xi_{1i}}{\omega_{1i}^2} = \frac{1}{\tanh\xi_{1i}}$$

としてこれらを解けば,力とモーメントは

$$F_x = -m_T g\hat{\varphi} e^{j\omega t} - 2m_T a\omega^2 \hat{\varphi} e^{j\omega t} \frac{\kappa_{1i}^2}{1-\kappa_{1i}^2}\frac{1}{\xi_{1i}(\xi_{1i}^2-1)}$$
$$\times \left\{\frac{2}{\lambda_{1i}h}\left(\frac{1}{\cosh\lambda_{1i}h}-1\right) + \left(\frac{\gamma_i}{\lambda_{1i}h}+\frac{1}{2}\right)\tanh\lambda_{1i}h\right\}$$

$$M_y = -\frac{m_T g a^2}{4h}\hat{\varphi} e^{j\omega t} - m_T a^2 \omega^2 \hat{\varphi} e^{j\omega t}\left[\frac{h^2}{12a^2}-\frac{1}{8}\right.$$
$$+ \frac{\kappa_{1i}^2}{1-\kappa_{1i}^2}\frac{2}{\xi_{1i}(\xi_{1i}^2-1)}\left\{\left(1-\frac{2\gamma_i}{\lambda_{1i}h}\right)\frac{2}{\xi_{1i}\cosh\lambda_{1i}h}\right.$$
$$\left.\left.+\frac{1}{\xi_{1i}}\left(\frac{5\gamma_i}{\lambda_{1i}h}+\frac{1}{2}\right) + \frac{1}{\xi_{1i}}\left(\frac{\lambda_{1i}h}{4}-\frac{3\gamma_i}{2}-\frac{4}{\lambda_{1i}h}\right)\tanh\lambda_{1i}h\right\}\right]$$

である[46].

【注釈 5.4】 代表的なタンクの外力としては,
- 石油タンク:水平地震動
- 人工衛星の RCS (reaction control system) タンク:回転運動
- ロケットタンク:ロケットの曲げによる水平動と回転が混ざる

であるが,水平動から導出したメカニカルモデルで対応できる.

5.3 長方形タンクでの振動応答

長方形タンクでのメカニカルモデルも解析的に導くことができて,Graham の論文[3] で報告されている.

図 2.11 あるいは図 5.11 のように座標系をとって,x 方向に水平土台加振された場合の加振の速度ポテンシャル Φ_X を,慣性系に対し,式 (5.25) と同じように

$$\Phi_a = \Phi + \Phi_X, \quad \Phi_X(t) = -A\sin\omega t \tag{5.59}$$

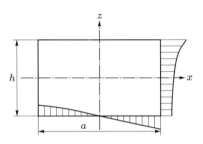

図 5.11　長方形タンクの座標系と壁面での振動圧力 p

とし，式 (2.108) の境界条件を書き換えて，

$$\frac{\partial \Phi}{\partial x}\left(\pm\frac{a}{2}, z, t\right) = \frac{d\Phi_X}{dt} = -A\omega\cos\omega t \tag{5.60}$$

$$\left.\frac{\partial \Phi}{\partial z}\right|_{z=-h/2} = 0 \tag{5.61}$$

$$\frac{\partial^2 \Phi}{\partial t^2} + g\frac{\partial \Phi}{\partial z} = 0 \tag{5.62}$$

とする．この解を

$$\Phi = (\hat{\Phi} - A\omega x)\cos\omega t$$

とすると，境界条件は次のように書き換えられる．

$$\frac{\partial \hat{\Phi}}{\partial x} = 0 \tag{5.63}$$

$$\frac{\partial \hat{\Phi}}{\partial z} = 0 \tag{5.64}$$

$$\left(-\omega^2\hat{\Phi} + A\omega^3 x + g\frac{\partial \hat{\Phi}}{\partial z}\right)\cos\omega t = 0 \tag{5.65}$$

式 (5.65) は，

$$g\frac{\partial \hat{\Phi}}{\partial z} - \omega^2\hat{\Phi} = -A\omega^3 x \tag{5.66}$$

として x をフーリエ級数で表して，

$$x = \sum_{n=1}^{\infty} a_n \sin\frac{(2n-1)\pi x}{a} \tag{5.67}$$

として

$$g\frac{\partial \hat{\Phi}}{\partial z} - \omega^2 \Phi \bigg|_{z=-h/2} = -A\omega^3 \sum_{n=1}^{\infty} a_n \sin \frac{(2n-1)\pi x}{a}$$

と変形する．ここで，$\hat{\Phi}$ もフーリエ級数的に

$$\hat{\Phi} = \sum_{n=1}^{\infty} \hat{\Phi}_n = \sum_{n=1}^{\infty} B_n \cosh \lambda_n \cdot \left(z + \frac{h}{2}\right) \sin \frac{(2n-1)\pi x}{a} \tag{5.68}$$

とおけば，

$$B_n \left\{ g\lambda_n \sinh \lambda_n \cdot \left(z + \frac{h}{2}\right) - \omega^2 \cosh \lambda_n \cdot \left(z + \frac{h}{2}\right) \right\} = -A\omega^3 a_n$$

となる．ここで，式 (2.116) の関係で，x 方向のみの現象であるので，

$$\omega_n^2 = g\lambda_n \tanh \lambda_n h \tag{5.69}$$

$$\lambda_n = \frac{(2n-1)\pi}{a}$$

を考慮すると，

$$B_n = -\frac{A\omega^3}{(\omega_n^2 - \omega^2) \cosh \lambda_n h} a_n \tag{5.70}$$

となる．

a_n は，式 (5.67) の両辺に $\sin\{(2n-1)\pi x/a\}$ をかけて積分すれば，

$$a_n = \frac{1}{a/2} \int_{-a/2}^{a/2} x \sin \frac{(2n-1)\pi x}{a} dx = \frac{4a}{\{(2n-1)\pi\}^2} (-1)^{n-1} \tag{5.71}$$

として a_n が得られるので，式 (5.70) より

$$B_n = -\frac{A\omega^3}{(\omega_n^2 - \omega^2) \cosh \lambda_n h} \frac{4a}{\pi^2 (2n-1)^2} (-1)^{n-1} \tag{5.72}$$

が陽に得られ，式 (5.68) に戻せば，

$$\Phi = \bigg\{ -A\omega x - A\omega \sum_{n=1}^{\infty} \frac{\omega^2}{\omega_n^2 - \omega^2} \frac{(-1)^{n-1}}{\cosh \lambda_n h} \frac{4a}{\pi^2 (2n-1)^2}$$

$$\times \cosh \lambda_n \cdot \left(z + \frac{h}{2}\right) \sin \lambda_n x \bigg\} \cos \omega t \tag{5.73}$$

と x 方向に加振された液体の速度ポテンシャルが求められる．

横加振の $n=1$ では，

$$\Phi = -A\omega \cos\omega t \left\{ x + \frac{4a}{\pi^2}\omega^2 \frac{\cosh\dfrac{\pi(z+h/2)}{a}}{\cosh\dfrac{\pi h}{a}} \sin\frac{\pi x}{a} \right\} \qquad (5.74)$$

$$\omega_1^2 = \frac{g\pi}{a}\tanh\frac{h\pi}{a} \qquad (5.75)$$

$$p = -\rho\frac{\partial\varphi}{\partial t}$$

であり，振動圧は

$$p = -\rho\frac{\partial\Phi}{\partial t} = \rho A\omega^2 \sin\omega t \left\{ x + \frac{4a}{\pi^2}\frac{\omega^2}{\omega_1^2-\omega^2} \frac{\cosh\dfrac{\pi(z+h/2)}{a}}{\cosh\dfrac{\pi h}{a}} \sin\frac{\pi x}{a} \right\}$$
$$(5.76)$$

であり，このときの自由表面は，次のようになる．

$$\eta = \frac{\partial\Phi}{\partial z} = -A\omega\cos\omega t \cdot \frac{4a}{\pi^2}\frac{\omega^2}{\omega_1^2-\omega^2}\frac{\sinh\dfrac{\pi(z+h/2)}{a}}{\cosh\dfrac{\pi h}{a}}\frac{\pi}{a}\sin\frac{\pi x}{a}\bigg|_{z=h/2}$$

$$= -A\omega\cos\omega t \cdot \frac{4a}{\pi^2}\frac{\pi}{a}\frac{\omega^2}{\omega_1^2-\omega^2}\tanh\frac{\pi h}{a}\sin\frac{\pi x}{a} \qquad (5.77)$$

メカニカルモデルを計算するため，液体による横力とモーメントを計算する．横力 F_H はタンク壁において $x = \pm a/2$ であるので，

$$F_H = \int_{-h/2}^{h/2} bp\,dz$$

$$= 2\rho bA\omega^2 \sin\omega t \int_{-h/2}^{h/2} \left\{ \frac{a}{2} + \frac{4a}{\pi^2}\frac{\omega^2}{\omega_1^2-\omega^2}\frac{\cosh\dfrac{\pi(z+h/2)}{a}}{\cosh\dfrac{\pi h}{a}} \right\} dz$$

$$= \rho ab A\omega^2 \sin\omega t$$
$$\times \left\{ h + \frac{8}{\pi^2}\frac{1}{\cosh(\pi h/a)}\frac{\omega^2}{\omega_1^2-\omega^2}\int_{-h/2}^{h/2}\cosh\frac{\pi(z+h/2)}{a}\,dz \right\}$$

となる．ここで，

$$\frac{\pi}{a}\left(z+\frac{h}{2}\right) = \xi, \quad \frac{\pi}{a}dz = d\xi$$

として積分部分を I_3 とすれば，

$$I_3 = \int_0^{h\pi/a} \cosh\xi \cdot \frac{a}{\pi} d\xi = \left[\frac{a}{\pi}\sinh\xi\right]_0^{h\pi/a} = \frac{a}{\pi}\sinh\frac{h\pi}{a}$$

なので，F_H が

$$\begin{aligned}F_H &= \rho a b h A\omega^2 \sin\omega t \cdot \left(1 + \frac{8}{\pi^2}\frac{1}{h}\frac{\omega^2}{\omega_1^2 - \omega^2}\frac{a}{\pi}\tanh\frac{\pi h}{a}\right) \\ &= m_T A\omega^2 \sin\omega t \cdot \left(1 + \frac{8}{\pi^3}\frac{a}{h}\tanh\frac{\pi h}{a}\cdot\frac{\omega^2}{\omega_1^2 - \omega^2}\right)\end{aligned} \quad (5.78)$$

と得られる．ここに，m_T は液体の全質量で，

$$m_T = \rho a b h$$

である．

座標原点周りのモーメント M_H は，側面部分を M_{H_1}，底面部分を M_{H_2} とする．まず，M_{H_1} を求める．

$$\begin{aligned}M_{H_1} &= 2\int_{-h/2}^{h/2} bpz\, dz \\ &= 2\rho b A\omega^2 \sin\omega t \cdot \Bigg\{\int_{-h/2}^{h/2}\frac{a}{2}z\,dz \\ &\quad + \frac{4a}{\pi^2}\frac{\omega^2}{\omega_1^2 - \omega^2}\frac{\sin(\pi/a)(a/2)}{\cosh(\pi h/a)}\int_{-h/2}^{h/2} z\cosh\frac{\pi(z+h/2)}{a}dz\Bigg\}\end{aligned}$$

であり，最初の積分は 0 で，2 番目の積分部分を I_4 として，先ほどと同様に

$$\frac{\pi}{a}\left(z + \frac{h}{2}\right) = \xi$$

とおくと，

$$I_4 = \int_0^{\pi h/a}\left(\frac{a}{\pi}\xi - \frac{h}{2}\right)\frac{a}{\pi}\cosh\xi\,d\xi = \frac{ah}{2\pi}\sinh\frac{\pi h}{a} - \left(\frac{a}{\pi}\right)^2\left(\cosh\frac{\pi h}{a} - 1\right)$$

であるので，

$$\begin{aligned}M_{H_1} = m_T h A\omega^2 \sin\omega t \cdot \frac{\omega^2}{\omega_1^2 - \omega^2} \\ \times \left[\frac{4a}{\pi^3 h}\tanh\frac{\pi h}{a} - \frac{8a^2}{\pi^4 h^2}\left\{1 - \frac{1}{\cosh(\pi h/a)}\right\}\right]\end{aligned} \quad (5.79)$$

となる．

次に，底面へのモーメント M_{H_2} を計算する．

$$\begin{aligned}
M_{H_2} &= \int_{-a/2}^{a/2} bpx\,dx \bigg|_{z=-h/2} \\
&= pbA\omega^2 \sin\omega t \int_{-a/2}^{a/2} \left\{ x^2 + \frac{4a}{\pi^2} \frac{\omega^2}{\omega_1^2 - \omega^2} \frac{1}{\cosh(2h/a)} x \sin\frac{\pi x}{a} \right\} dx \\
&= \rho b \times A\omega^2 \sin\omega t \cdot \left\{ \frac{a^3}{12} + \frac{4a}{\pi^2} \frac{\omega^2}{\omega_1^2 - \omega^2} \frac{2a^2}{\pi^2} \frac{1}{\cos(\pi h/a)} \right\} \\
&= m_T Ah\omega^2 \sin\omega t \cdot \left\{ \frac{1}{12}\left(\frac{a}{h}\right)^2 + \frac{8}{\pi^4}\left(\frac{a}{h}\right)^2 \frac{\omega^2}{\omega_1^2 - \omega^2} \frac{1}{\cosh(\pi h/a)} \right\}
\end{aligned}$$
(5.80)

である．よって，

$$\begin{aligned}
M_H &= M_{H_1} + M_{H_2} \\
&= m_T hA\omega^2 \sin\omega t \cdot \bigg(\frac{1}{12}\left(\frac{a}{h}\right)^2 \\
&\quad + \frac{\omega^2}{\omega_1^2 - \omega^2}\left[\frac{8\tanh(\pi h/a)}{\pi^3(h/a)} \frac{1}{2} - \frac{8}{\pi^4}\frac{a^2}{h^2}\left\{1 - \frac{2}{\cosh(\pi h/a)}\right\} \right] \bigg)
\end{aligned}$$

となるが，ここで，

$$1 - \frac{2}{\cosh x} = 2\left(1 - \frac{2}{\cosh x}\right) - 1 = 2\tanh x \tanh\frac{x}{2} - 1$$

の関係を使うと，

$$\begin{aligned}
M_H = m_T hA\omega^2 \sin\omega t \cdot \bigg[&\frac{1}{12}\frac{a^2}{h^2} + \frac{8\tanh(\pi h/a)}{\pi^3(h/a)} \\
&\times \left\{ \frac{1}{2} - \frac{2}{\pi}\frac{a}{h}\tanh\frac{\pi h}{2a} - \frac{a}{\pi h \tanh(\pi h/a)} \right\} \frac{\omega^2}{\omega_1^2 - \omega^2} \bigg]
\end{aligned}$$
(5.81)

と得られる．

この後の質点モデルのパラメータは，一般論の後の 5.4.2 項で求めることとする．

5.4 ほかのタンク形状でのメカニカルモデルの作り方

5.4.1 数値解からの作り方

先に述べたように，スロッシングの解析解が求められるのは円筒タンクと長方形タンクの場合のみであり，圧力容器などでよく使われる球形タンクについては数値計算

5.4 ほかのタンク形状でのメカニカルモデルの作り方

法に頼らざるを得ない.有限要素法,境界要素法,モード重畳法などによって記述される連続体としてのスロッシングの固有振動解析は可能である.本項では,これらの解析を行って,任意形状タンクでの固有角振動数 ω_i と固有振動モード Φ_i が数値的に得られているとする (2.9 節で説明).

固有振動モードが得られていれば,それから圧力分布がわかり,円筒タンクの場合の式 (5.15),(5.16) に相当する横力とモーメントが数値的に計算できている.また,スロッシングの質量行列も連続体解析の段階で得られている.外力ベクトルを $\{f(t)\}$ とすると,振動方程式は式 (2.157) に減衰項を加えて,

$$\tilde{m}_i \ddot{q}_i + \tilde{c}_i \dot{q}_i + \tilde{k}_i q_i = \{\phi_i\}^T \{f(t)\} \tag{5.82}$$

と,1自由度の振動系の方程式に分解される.ここに,$\tilde{m}_i$, $\tilde{c}_i$, $\tilde{k}_i$ はそれぞれ,**モード質量**,**モード減衰**,**モード剛性**である.$\tilde{m}_i$ は式 (2.157) での m_i と同じで,本項では,スロッシュマスの m_i と混同するのでチルダ (波線) を付けている.

さて,この振動系が角振動数 ω の調和振動で外力

$$\{f(t)\} = \{\hat{f}\} e^{j\omega t}$$

を受けている場合,応答も

$$\{q(t)\} = \{\hat{q}\} e^{j\omega t}$$

となるので,式 (5.82) は,減衰を無視すると

$$(-\omega^2 \tilde{m}_i + \tilde{k}_i) q_i = \{\phi_i\}^T \{\tilde{f}\}$$

となり,$\tilde{k}_i = \omega_i^2 \tilde{m}_i$ の関係を用いれば,

$$q_i = \frac{1}{\tilde{m}_i(\omega_i^2 - \omega^2)} \{\phi_i\}^T \{\hat{f}\} \tag{5.83}$$

で,ベクトルで表せば,

$$\{q\} = \frac{1}{\tilde{m}_i(\omega_i^2 - \omega^2)} [\Phi]^T \{\hat{f}\} \tag{5.84}$$

である.

ここで,外力としてタンクの**水平加振** y_H と**回転加振** φ_R を考え,添え字 H,R で表すと,$\hat{f}$ は 2.1.3 項より

$$\{\hat{f}_H\} = \omega^2 [M]\{\phi_H\}\hat{y}_H, \quad \{\hat{f}_R\} = \omega^2 [M]\{\phi_R\}\hat{\psi}_R \tag{5.85}$$

となる.ここに,

$$y_H = \hat{y}_H e^{j\omega t}, \quad \varphi_R = \hat{\varphi}_R e^{j\omega t}$$

で，ϕ_H, ϕ_R はそれぞれタンクの剛体変位を表すベクトルで，単位水平移動，単位回転に対応し，タンクの幾何形状から簡単に与えることができる．これを応答の式 (5.83) に代入すれば，水平加振と回転加振に対する応答は，それぞれ

$$q_i = \frac{1}{\omega_i^2 - \omega^2}\{\phi_i\}^T \omega^2 [M]\{\phi_H\}\hat{y}_H = \frac{\tilde{m}_{Hi}}{\tilde{m}_i}\frac{\omega^2}{\omega_i^2 - \omega^2}\hat{y}_H \qquad (5.86)$$

$$q_i = \frac{1}{\omega_i^2 - \omega^2}\{\phi_i\}^T \omega^2 [M]\{\phi_R\}\hat{y}_R = \frac{\tilde{m}_{Ri}}{\tilde{m}_i}\frac{\omega^2}{\omega_i^2 - \omega^2}\hat{\psi}_R \qquad (5.87)$$

となる．ここに，

$$\tilde{m}_i = \{\phi_i\}^T [M]\{\phi_i\}$$

$$\tilde{m}_{Hi} = \{\phi_i\}^T [M]\{\phi_H\} \qquad (5.88)$$

$$\tilde{m}_{Ri} = \{\phi_i\}^T [M]\{\phi_R\} \qquad (5.89)$$

である．$\tilde{m}_{Hi}/\tilde{m}_i$, $\tilde{m}_{Ri}/\tilde{m}_i$ は，それぞれの剛体変位に対する**モード寄与率** (modal participation factor)[224] となっている．

一方，減衰を無視したときの水平加振による力 F_{yH} とモーメント M_{yH} は，式 (5.15), (5.16) で式 (5.11) の第 4 式を考慮し，

$$F_{yH} = m_i \omega^2 y_H \frac{\omega^2}{\omega_i^2 - \omega^2} \qquad (5.90)$$

$$M_{yH} = -\left(\frac{g}{\omega_i^2} - h_i\right) F_{yH} \qquad (5.91)$$

となる．数値計算において導かれる力とモーメントは，モード形 $\{\phi_i\}$ を使って計算すると，その場合の応答は $q_i = 1$ であり，式 (5.86) より

$$y_H = \frac{\tilde{m}_j}{\tilde{m}_H}\frac{\omega^2 - \omega_j^2}{\omega^2} \qquad (5.92)$$

である．これを式 (5.90) に代入して m_i を求めれば，

$$m_i = F_{yH}\frac{\tilde{m}_{Hi}}{\tilde{m}_i}\frac{1}{\omega_i^2} \qquad (5.93)$$

が得られる．また，式 (5.91) よりただちに，

$$h_i = \frac{M_{yH}}{F_{yH}} - \frac{g}{\omega_i^2} \qquad (5.94)$$

を得る．これらの式 (5.93), (5.94) が，数値解からメカニカルモデルの m_i, h_i を作る式である．

モデルのディスクに関しては，$\varphi = 1$ の単位回転を考えれば，式 (5.18) より導くことができる．

5.4.2 長方形タンクでのメカニカルモデル

5.3節での振動応答の F_H と M_H を使って，長方形タンクに関してのメカニカルモデルを導く．まず，式 (5.93) と式 (5.78) より共振項を比較して，

$$F_H = m_1 \omega^2 A \frac{\omega^2}{\omega_1^2 - \omega^2} = m_T A \omega^2 \left(\frac{8}{\pi^3} \frac{a}{h} \tanh \frac{\pi h}{a} \omega^2 \right) \frac{\omega^2}{\omega_1^2 - \omega^2}$$

より，横スロッシング1次のスロッシュマス m_1 が

$$\frac{m_1}{m_T} = \frac{8}{\pi^3} \frac{a}{h} \tanh \frac{\pi h}{a} \tag{5.95}$$

となる．また，式 (5.94) より

$$M_H = -\left(\frac{g}{\omega_1^2} - h_1 \right) F_H = \left\{ h_1 - \frac{a}{\pi} \frac{1}{\tanh(\pi h/a)} \right\} m_1 \omega^2 A \frac{\omega^2}{\omega_1^2 - \omega^2}$$

となる．ここで，式 (5.69) の関係

$$\frac{\omega_i^2}{g} = \lambda_1 \tanh \lambda_1 h = \frac{\pi}{a} \tanh \frac{\pi h}{a}$$

を使っている．これが式 (5.81) の共振項と等しいので，

$$M_H = m_1 h A \omega^2 \frac{\omega^2}{\omega_1^2 - \omega^2} \left\{ \frac{1}{2} - \frac{2}{\pi} \frac{a}{h} \tanh \frac{\pi h}{2a} - \frac{a}{\pi h \tanh(\pi h/a)} \right\}$$

で，両式を比較すれば，スロッシュマスの取り付け位置 h_1 が

$$\frac{h_1}{h} = \frac{1}{2} - \frac{2a}{\pi h} \tanh \frac{\pi h}{2a} \tag{5.96}$$

となる．

第 n 次モードの場合には，同じように計算して

$$\frac{m_n}{m_T} = \frac{8a \tanh\{(2n-1)\pi h/a\}}{h \pi^3 (2n-1)^3} \tag{5.97}$$

$$\frac{h_n}{h} = \frac{1}{2} - \frac{2a \tanh\{(2n-1)\pi h/2a\}}{h(2n-1)\pi} \tag{5.98}$$

となる．ちなみに m_2 の値は

$$m_2 < \frac{m_1}{8}$$

として，円筒の場合と同様に，2次以上のスロッシングモードは実用上無視できる．

5.4.3 球形タンク，楕円タンクでのメカニカルモデル

一般形状のタンクについては，以上のようなプロセスをたどればメカニカルモデルが作れるが，球形タンクと楕円タンクについては先人の成果があり，パラメータをただちに利用することができる．

楕円タンクのメカニカルモデルのパラメータを図 5.12 に示す．固有振動数については，Rattayya の式 (2.119)

$$\omega_1^2 \frac{a}{g} = \frac{1}{3}\frac{240 - 220\kappa + 72\kappa^2 - 9\kappa^3}{80 - 100\kappa + 44\kappa^2 - 9\kappa^3 + \kappa^4}\sin\left\{\frac{\pi}{4}(2-\kappa)\left(1+\frac{\kappa}{3}\right)\right\}$$

を用いる．ただし，$\kappa = H/a$ で，H は水位である．

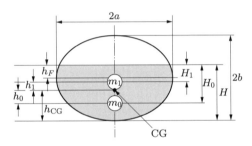

図 5.12 楕円タンクでのパラメータ

楕円タンクに関しては，無次元化の水位 κ を水位 H と半径 b の比で

$$\kappa = \frac{H}{b} \tag{5.99}$$

として，図 5.12 に示すようなスロッシングの無次元化振動数とスロッシュマス，およびスロッシュマスの取り付け位置を表 5.2~5.4 に示す．この表は文献 [20]，および [64] の試験データをまとめて 3 次の多項式で近似したものであり，$0.2 \leq \kappa \leq 1.8$ の範

表 5.2 楕円タンクでの無次元化固有振動数

b/a	$\omega_1\sqrt{a/g}$
0.5	$0.7809 + 0.3342\kappa - 0.4702\kappa^2 + 0.4067\kappa^3$
1	$1.015 + 0.0969\kappa - 0.0635\kappa^2 + 0.1827\kappa^3$
2	$1.4188 - 0.0394\kappa - 0.3382\kappa^2 + 0.3021\kappa^3$

表 5.3 楕円タンクでのスロッシュマスの大きさ

b/a	m_1/m_T
0.5	$1.0034 - 0.0566\kappa - 0.0337\kappa^2 - 0.0940\kappa^3$
1	$0.9976 - 0.3139\kappa - 0.0841\kappa^2 - 0.00434\kappa^3$
2	$0.9971 - 0.8810\kappa + 0.2946\kappa^2 - 0.0521\kappa^3$

表 5.4 楕円タンクでのスロッシュマスの取り付け位置

b/a	H_1/H
0.5	$0.6821 - 0.0206\kappa + 0.1478\kappa^2 - 0.0674\kappa^3$
1	$0.6806 - 0.1485\kappa + 0.2046\kappa^2 - 0.0973\kappa^3$
2	$0.6386 - 0.1673\kappa + 0.0385\kappa^2 - 0.0339\kappa^3$

囲で有効である．精度は 2 桁程度であり，2 桁目の数値は試験結果においてもばらつく．この表で示す位置パラメータは，図 5.12 の右側で示す大文字の値で記述される．図 5.12 のように液体の重心を基準として示されるパラメータについては，**図 5.13** と **図 5.14** にグラフとして示す．これらの図は境界要素法 (2.9 節参照) によって計算した結果を，本節前半の方法によりパラメータに変換したもので，実験結果主体に 3 次式で近似した表 5.2〜5.4 よりは精度が悪いので，表にない慣性モーメントのディスクのデータ以外は定性的な考察の参考とされたい．

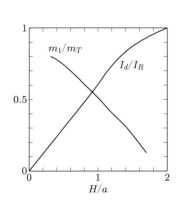

図 5.13 球形タンクにおけるスロッシュマスと慣性モーメント

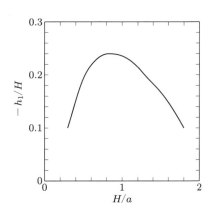

図 5.14 球形タンクでのスロッシュマスの取り付け位置

球形タンクにおいては，中心から液面までの距離を h_F として，球形タンク用の無次元化水位

$$\chi = \frac{h_F}{a} \tag{5.100}$$

を作ると，液体の総質量 m_T は

$$m_T = V_f \rho \frac{4}{3}\pi a^3 \tag{5.101}$$

と表される．ここに，V_f は液体の充填率で

$$V_f = \frac{1}{4}(2 - 3\chi + \chi^3) \tag{5.102}$$

となり，χ は球形タンクの中心から下方向を正としているので，$\chi = -1$ のとき満，$\chi = 0$ のとき半分，$\chi = 1$ のとき空を表す．液体の重心位置 h_{CG} は，

$$h_{CG} = \frac{3a}{8} \frac{1 - 2\chi^2 + \chi^4}{1 - 1.5\chi + 0.5\chi^3} \tag{5.103}$$

である．h_{CG} の無次元化値 h_{CG}/a と，液体を剛体としたときの慣性モーメント I_R の無次元化値 $I_R/(2Ma^2/5)$ を，図 5.15 に示す．ここで，$M = 4\rho\pi a^3/3$ である．

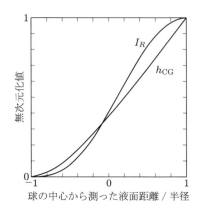

図 5.15 球形タンクにおける $I_R/(2Ma^2/5)$ と h_{CG}/a

5.4.4 円錐タンクでのメカニカルモデル

半頂角 $45°$ の円錐タンクでのメカニカルモデルは，

$$\omega_1 = \sqrt{\frac{g}{h}}, \quad \frac{m_1}{m_T} = 0.75, \quad \frac{m_0}{m_T} = 0.25, \quad \frac{\hat{h}_1}{h} = 0.6, \quad \frac{\hat{h}_0}{h} = 1.2 \tag{5.104}$$

である[64]．ただし，h は水位であり，$\hat{h}_0$，$\hat{h}_1$ は底（頂点）からの距離である．

5.5　メカニカルモデルでの変位と横力

5.5.1　小さなタンクでの砕波条件

これまでに述べてきた理論は，スロッシングの波高がタンクの半径（あるいは標準となる寸法）に比べて微小であると仮定して導かれてきたものである．実際には，波高が大きくなると波は砕け，まとまった運動をしなくなる．この**砕波条件**から波高，圧力の最大値を導くことができる．

まず，円筒タンクの横スロッシングについて考える．波の加速度が重力加速度を上回ったとき砕波するので，その条件は

$$\omega^2 \eta_{\max} > g \qquad (5.105)$$

である．加速度は固有振動数 $f = \omega/2\pi$ の 2 乗に比例するので，小さなタンクではこの条件で砕波するが，大きなタンクでは固有振動数が低いので，この条件には当てはまらない．

線形理論から強制振動項を無視して横スロッシングの 1 次モードのみを採用すれば，式 (5.41)，(5.42) より，

$$p = -\rho\omega^2 A \frac{\kappa_1^2}{1-\kappa_1^2} \frac{2a}{(\xi_{11}^2-1)J_1(\xi_{11})} J_1\left(\xi_{11}\frac{r}{a}\right) \frac{\cosh\lambda_{11}(z+h)}{\cosh\lambda_{11}h} \cos\theta \cdot e^{j\omega t} \qquad (5.106a)$$

$$\eta = \frac{\omega^2 A}{g} \frac{\kappa_1^2}{1-\kappa_1^2} \frac{2a}{(\xi_{11}^2-1)J_1(\xi_{11})} J_1\left(\xi_{11}\frac{r}{a}\right) \cos\theta \cdot e^{j\omega t} \qquad (5.106b)$$

となる．ここに，

$$\kappa_1 = \frac{\omega}{\omega_{11}}, \quad \xi_{11} = 1.841, \quad \lambda_{11} = \frac{\xi_{11}}{a}$$

であり，

$$\omega_{11}^2 = \frac{\xi_{11}g}{a}\tanh\frac{\xi_{11}h}{a} \qquad (5.107)$$

となる．ここでは，2 次以上の固有振動モードの影響は微小として無視した．式 (5.107) に式 (5.105) の条件を当てはめれば，

$$A = \left(\frac{g}{\omega^2}\right)^2 \frac{1-\kappa_1^2}{\kappa_1^2} \frac{\xi_{11}^2-1}{2a}$$

を得る．よって，スロッシングによる圧力 p と波高 η は

$$p_{\max} = \rho g a \frac{1}{\xi_{11}} \frac{\cosh\{\xi_{11}(z+h)/a\}}{\sinh(\xi_{11}h/a)} \frac{J_1(\xi_{11}r/a)}{J_1(\xi_{11})} \cos\theta \cdot e^{j\omega t} \qquad (5.108)$$

$$\eta_{\max} = \frac{g}{\omega_{11}^2} \frac{J_{11}(\xi_{11}r/a)}{J_1(\xi_{11})} \cos\theta \cdot e^{j\omega t} \qquad (5.109)$$

となる．圧力分布は，静圧と大気圧 p_∞ も含めると，

$$\frac{p_{\max}}{\rho g a} = \frac{1}{\xi_{11}} \frac{\cosh\{\xi_{11}(z+h)/a\}}{\sinh(\xi_{11}h/a)} \frac{J_1(\xi_{11}r/a)}{J_1(\xi_{11})} \cos\theta \cdot e^{j\omega t} - \frac{z}{a} + \frac{p_\infty}{\rho g a}$$

である．

これまでの議論で強制振動項を除いているのは，大変形時には共振項が支配的であるためで，貯槽タンクのランダム応答の解析などでは強制振動項も無視できない場合

がある．

5.5.2 波高と横力の関係

波高に上限があるので，前節で作成したメカニカルモデルの変位 y_i にも上限がある．そこで，波高とマスの変位 y_i との関係を求めることにする．メカニカルモデルでは，横の強制変位 A とマスの変位 $y_i = \hat{y}_i e^{j\omega t}$ の関係は，式 (5.13) と式 (5.20) から，

$$\hat{y}_1 = \frac{\kappa_1^2}{1 - \kappa_1^2 + 2j\zeta_1 \kappa_1} A \tag{5.110}$$

である．円筒タンクでの波高 η の最大値を $\eta_{\max}$ とすると，波高の表示式 (5.106) において $r = a$, $\theta = 0$ とすればよいので，

$$\eta_{\max} = \frac{\omega_1^2}{g} \frac{2a}{\xi_{11}^2 - 1} \hat{y}_1 \tag{5.111}$$

を得る．実際のタンクの寸法が与えられれば，式 (5.111) から最大波高 $\eta_{\max}$ が得られるので，式 (5.111) からそれに対応するマスの最大変位 $\hat{y}_1$ が得られる．横力とモーメントの最大値は，式 (5.16) に $\hat{y}_1$ を代入して得られる．すなわち，1 次の共振点において $\kappa_1 = 1$ とすれば，

$$\hat{y}_1 = \frac{\kappa_1^2}{1 - \kappa_1^2 + 2j\zeta_1 \kappa_1} \hat{y} = \frac{1}{2j\zeta_1} \hat{y} \tag{5.112}$$

であり，減衰比 ζ_1 はたかだか 1% 程度なので $\hat{y}_1 \gg \hat{y}$ であり，

$$F_y = \omega^2 m_T \hat{y} + \sum_{i=1} \omega_i^2 m_i \hat{y}_i \approx \omega_i^2 m_1 \hat{y}_1 \tag{5.113}$$

$$M_y = \sum (g + \omega_i^2 h_i) m_i \hat{y}_i \approx (g + \omega_1^2 h_1) m_1 \hat{y}_1 \tag{5.114}$$

となる．この結果を使った例は例題 1.9 にある．

第6章 非線形スロッシング

本書では，線形理論の範囲での説明を行うが，本章だけは非線形性を取り扱う．非線形スロッシングの特徴として，次のようなことが挙げられる．

(1) 自由表面の振動モードが上方向に尖ったモードとなる．図 6.1 に特徴を示したが，図 1.1 と図 1.2 は写真撮影のため大振幅で共振させており，この特徴がよく出ている．
(2) 共振曲線は，液位が低いとハードニング，高いとソフトニングとなる．
(3) 軸対称タンクでは，共振振動数近くにおいて横スロッシングと回転スロッシング（スワール）とが現れる．
(4) 軸対称タンクでは，共振点で不安定となる．

これらを，定量的に考察してみる．

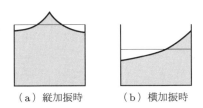

図 6.1 上方向が尖ったスロッシングモード

6.1 非線形振動方程式

本節では，1 自由度の非線形振動を説明し，多自由度系の解析で有効なマルティプルスケール法を 1 自由度系に適用することにより，非線形スロッシングを解析する準備とする．また，共振曲線のハードニングとソフトニングの説明を行う．

6.1.1 ダフィングの方程式

1 自由度系のばね復元力を

$$k(x + \beta x^3)$$

として，図 6.2 にその特性を示す．$\beta > 0$ であれば，変位 x が大きくなればばね定数

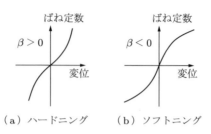

図 6.2 ハードばね特性とソフトばね特性

も大きくなる**ハードばね特性**を示し，$\beta < 0$ であれば，その逆の**ソフトばね特性**を示す．一般的には**ハードニング** (hardening)，**ソフトニング** (softening) という．このばねをもつ系の振動方程式は，外力を周期関数として

$$m\ddot{x} + c\dot{x} + k(x + \beta x^3) = P\cos(\omega t + \theta) \tag{6.1}$$

となる．この形の方程式を**ダフィングの方程式** (Duffing equation) (注釈 6.1) という．ここで，β は無次元数ではなく，βx^2 が無次元数となることに注意されたい．

【注釈 6.1】 ダフィングの方程式の典型的な例は振り子で，図 6.3 (a) のような振り子の方程式は

$$ml\ddot{\theta} + mg\sin\theta = 0$$

であり，$\sin\theta$ は，$\theta < 1$ で

$$\sin\theta = \theta - \frac{1}{3!}\theta^3 + \frac{1}{5!}\theta^5 + \cdots$$

と級数展開できる．微小振動の場合，第 1 項のみをとって，通常の振動方程式

$$ml\ddot{\theta} + mg\theta = 0$$

であるが，θ が大きくなると，第 2 項までとって $\beta = -1/6$ として，

$$ml\ddot{\theta} + mg(\theta + \beta\theta^3) = 0$$

となってダフィングの方程式となる．

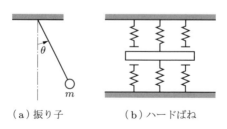

図 6.3 θ が微小でない場合の振り子とハードばね

非線形ばねでハード特性をもたせる例として，図 6.3 (b) のような系も考えられる．微小振動ではたらくばねは中央の 1 個であるが，振動変位が大きくなると両側のばねもはたらいて 3 倍の復元力となる．

さて，式 (6.1) を解くことを考える．ばねの特性が x の奇関数であるので，定常的な周期解はやはり奇関数になるはずで，解の形を近似して (注釈 6.2)，

$$x(t) = A\cos\omega t$$

として式 (6.1) に代入する．

$$x^3 = A^3\cos^3\omega t = \frac{A^3}{4}(\cos 3\omega t + 3\cos\omega t)$$

となることを考慮すると，

$$-m\omega^2 A\cos\omega t - cA\omega\sin\omega t + kA\cos\omega t + k\beta\frac{A^3}{4}(\cos 3\omega t + 3\cos\omega t)$$
$$= P(\cos\omega t\cos\theta - \sin\omega t\sin\theta)$$

である．この式において，$\cos\omega t$ 項と $\sin\omega t$ 項の係数がそれぞれ等しくなければならないので，

$$(k - m\omega^2)A + \frac{3}{4}k\beta A^3 = P\cos\theta$$
$$-cA\omega = -P\sin\theta$$

である．ここで，$\cos 3\omega t$ 項は無視している (注釈 6.2)．この二つの式から θ を消去すると，

$$\left\{(k - m\omega^2)A + \frac{3}{4}k\beta A^3\right\}^2 + (cA\omega)^2 = P^2$$

となり，さらに，ω_0 を線形の場合の固有角振動数，ζ を減衰比として，

$$k = m\omega_0^2, \quad c = 2m\omega_0\zeta$$

であることを利用すれば，

$$\kappa = \frac{\omega}{\omega_0} \tag{6.2}$$

として，

$$A^2\left[\left\{(1 - \kappa^2) + \frac{3}{4}\beta A^2\right\}^2 + (2\zeta\kappa)^2\right] = \left(\frac{P}{k}\right)^2 \tag{6.3}$$

が得られる．

第6章 非線形スロッシング

【注釈 6.2】 ここで示した解法について補足しておく．まず，外力と解の形であるが，本来は

$$P\cos\omega t, \quad x = A\cos(\omega t + \theta)$$

とおくべきであるが，計算が面倒になるので，その逆の

$$P\cos(\omega t + \theta), \quad x = A\cos\omega t$$

としている．

次に，解は非線形であるので単振動にならず，非線形性が x^3 であれば，ω に関して奇関数の

$$x = a_1\cos\omega t + a_3\cos 3\omega t + \cdots$$

とすべきであるが，第1近似として第1項だけでも議論できるので，$\cos 3\omega t$ の項については以降の議論でも無視している．高次項のより詳しい取り扱いは次節で述べる．

例題 6.1 式 (6.3) を使って A と $\kappa = \omega/\omega_0$ の関係図（応答曲線，共振曲線という）を図示せよ．ただし，数値は

$$\zeta = 0.02, \quad \beta = 0.0002, \quad \frac{P}{k} = 1$$

を採用せよ．

解答 非線形の応答曲線は，A^2 に関する3次の代数方程式

$$C_1 A^6 + C_2 A^4 + C_3 A^2 + C_4 = 0$$

ここに，$C_1 = \left(\dfrac{3}{4}\beta\right)^2, \quad C_2 = 2(1-\kappa^2)\left(\dfrac{3}{4}\beta\right)$

$$C_3 = (1-\kappa^2)^2 + (2\zeta\kappa)^2, \quad C_4 = -\left(\frac{P}{k}\right)^2$$

あるいは κ^2 に関する2次の代数方程式

$$\kappa^4 - 2\left(1 + \frac{3}{4}\beta A^2 - 2\zeta^2\right)\kappa^2 + \left\{\left(1 + \frac{3}{4}\beta A^2\right)^2 - \left(\frac{P}{k}\right)^2 \frac{1}{A^2}\right\} = 0$$

となって，根の公式を適用すれば，

$$\kappa^2 = 1 + \frac{3}{4}\beta A^2 - 2\zeta^2$$
$$\pm \sqrt{\left(1 + \frac{3}{4}\beta A^2 - 2\zeta^2\right)^2 - \left\{\left(1 + \frac{3}{4}\beta A^2\right)^2 - \left(\frac{P}{k}\right)^2 \frac{1}{A^2}\right\}} \quad (6.4)$$

となるので，数値計算上，A を決めてから κ を求めればよい．数値計算すれば，**図 6.4** のような曲線が得られる．

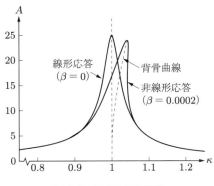

図 6.4 例題の共振曲線

式 (6.4) の根号の中をゼロとした

$$\kappa^2 = 1 + \frac{3}{4}\beta A^2 - 2\zeta^2$$

は，応答曲線の中心部の曲線となる．この式で $\zeta = 0$ とし，$\beta A^2 \ll 1$ として

$$\kappa = \sqrt{1 + \frac{3}{4}\beta A^2} \approx 1 + \frac{3}{8}\beta A^2 \tag{6.5}$$

を**背骨曲線** (backbone curve) といい，図 6.4 の中に示す．$\zeta < 0.3$ 程度の減衰の小さい範囲では，応答の最大値は背骨曲線上で生じる．これはすなわち，式 (6.4) の根号の中がゼロとなる条件の場合である．このとき，

$$\left(\frac{P}{k}\right)^2 \frac{1}{A^2} - 4\zeta^2\left(1 - \zeta^2 + \frac{3}{4}\beta A^2\right) = 0$$

であり，A^2 に関する代数方程式に書き直せば，

$$\frac{3}{4}\beta A^4 + (1 - \zeta^2)A^2 - \left(\frac{P}{k}\right)^2 \frac{1}{4\zeta^2} = 0$$

となり，この根の大きいほうは $\zeta^2 \ll 1$ として，

$$A^2 = \frac{-1 + \sqrt{1 + 3P^2\beta/(4k^2\zeta^2)}}{3\beta/2} \tag{6.6}$$

である．先ほどの例題 6.1 の数値を使って式 (6.6) を適用すると，24.0 となる (線形値は $(P/k)/2\zeta = 25.0$)．

6.1.2 飛び移り現象

前項のような1自由度系を**正弦波掃引** (sine sweep) すると，**図 6.5** のようになる．この図は，例題 6.1 で β のみを変えて 2 倍の $\beta = 0.0004$ としたものである．振動数の低い方から加振振動数を上げていくと，点 A, B, C に移り，C から D に飛び移り，その後，D から E に進む．逆に E から振動数を下げていくと，E, D, F と進み，F から B に飛び移って B から A に進む．いずれにしても，F と C の経路はなぞらない．このような不安定現象は，軸対称タンクでのスロッシングにおいて定量的に説明する．

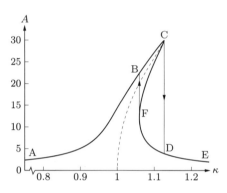

図 6.5 飛び移り現象の説明

6.2 非線形振動解析法

非線形振動方程式の解法としては，Lindstedt–Poincaré 法，ハーモニックバランス法，Krylov–Bogoliubov 法などがある．1 自由度系の解析には Lindstedt–Poincaré 法の方がわかりやすく簡単に適用できるが，連続体への応用を考えると，摂動法の一つである**マルティプルスケール法** (multiple scales method, **多重尺度法**と和訳される場合もある)[136] の方が適用しやすいので，こちらを紹介する．

ダフィングの式 (6.1) を書き直して (注釈 6.3 参照)，

$$\ddot{x} + 2\omega_0 \zeta \dot{x} + \omega_0^2 (x + \beta x^3) = \frac{F(t)}{m} \tag{6.7}$$

とする．ここに，ω_0 は系の固有角振動数，ζ は減衰比で，それぞれ

$$\omega_0^2 = \frac{k}{m}, \quad \zeta = \frac{c}{c_c} = \frac{c}{2\omega_0 m} \tag{6.8}$$

である．さらに，非線形部分を一般化して，

$$\ddot{x} + 2\omega_0 \zeta \dot{x} + \sum_{n=1}^{N} \alpha_n x^n = \frac{F(t)}{m} \tag{6.9}$$

とする．式 (6.8) と対応させると，

$$\alpha_1 = \omega_0^2, \quad \alpha_2 = 0, \quad \alpha_3 = \beta \omega_0^2$$

である．

6.2.1 自由振動

まず，式 (6.9) において減衰と外力がない場合の同次方程式

$$\ddot{x} + \sum_{n=1}^{N} \alpha_n x^n = 0 \tag{6.10}$$

を解いてみる．マルティプルスケール法では，時間変数 t を微小パラメータ ϵ（注釈 6.3 参照）で

$$T_n = \epsilon^n t \quad (n = 0, 1, 2, \ldots) \tag{6.11}$$

と変数変換すると，時間 t に関する微分は

$$\frac{d}{dt} = \frac{dT_0}{dt}\frac{\partial}{\partial T_0} + \frac{dT_1}{dt}\frac{\partial}{\partial T_1} + \cdots = D_0 + \epsilon D_1 + \epsilon^2 D_2 + \cdots \tag{6.12}$$

で，ここに，

$$D_n = \frac{\partial}{\partial T_n} \tag{6.13}$$

であり，2 階微分は

$$\begin{aligned}
\frac{d^2}{dt^2} &= \frac{d}{dt}(D_0 + \epsilon D_1 + \epsilon^2 D_2 + \cdots) \\
&= (D_0 + \epsilon D_1 + \epsilon^2 D_2 + \cdots)(D_0 + \epsilon D_1 + \epsilon^2 D_2 + \cdots) \\
&= D_0^2 + 2\epsilon D_0 D_1 + \epsilon^2 (D_1^2 + 2D_0 D_2) + \cdots
\end{aligned} \tag{6.14}$$

と書き表すことができる．一方，変位量 x も微小な値であるので，

$$\begin{aligned}
x(t, \epsilon) &= \epsilon x_1(T_0, T_1, T_2, \ldots) + \epsilon^2 x_2(T_0, T_1, T_2, \ldots) \\
&\quad + \epsilon^3 x_3(T_0, T_1, T_2, \ldots) + \cdots
\end{aligned} \tag{6.15}$$

と級数展開できる．以上の級数展開式を式 (6.10) に代入すれば，$\alpha_1 = \omega_0^2$ を考慮して，

$$\epsilon^1 \text{ 項}: D_0^2 x_1 + \omega_0^2 x_1 = 0 \tag{6.16}$$

ϵ^2 項: $D_0^2 x_2 + \omega_0^2 x_2 = -2D_0 D_1 x_1 - \alpha_2 x_1^2$ (6.17)

ϵ^3 項: $D_0^2 x_3 + \omega_0^2 x_3 = -2D_0 D_1 x_2 - D_1^2 x_1 - 2D_0 D_2 x_1 - 2\alpha_2 x_1 x_2 - \alpha_3 x_1^3$

(6.18)

である．式 (6.16) は線形の振動方程式で，その解は

$$x_1 = A(T_1, T_2)e^{j\omega_0 T_0} + \bar{A}(T_1, T_2)e^{-j\omega_0 T_0} \tag{6.19}$$

と書ける．ここに，A は未定の複素係数，$\bar{A}$ はその共役複素数である．これを ϵ^2 項の式 (6.17) に代入すると，

$$D_0^2 x_2 + \omega_0^2 x_2 = -2j\omega_0 D_1 A e^{j\omega_0 T_0} - \alpha_2 (A^2 e^{2j\omega_0 T_0} + A\bar{A}) + cc \tag{6.20}$$

となる．ここで cc は complex conjugate の略で，その前までの複素項の共役複素項である．この式の右辺第 1 項については，減衰のない振動系の共振振動数 ω_0 の系に対して見かけ上の外力 $e^{j\omega_0 T_0}$ が存在することになる．この場合，微小値 x_2 は無限大となるので，この項 (**永年項** (secular term) という) はゼロでなければならず，そのためには

$$D_1 A = 0$$

であらねばならない．よって，式 (6.20) の特解は，C_1, C_2 を定数として

$$x_2 = C_1 e^{2j\omega_0 T_0} + C_2$$

を式 (6.20) に代入して，

$$-4\omega_0^2 C_1 e^{2j\omega_0 T_0} + \omega_0^2 (C_1 e^{2j\omega_0 T_0} + C_2) = -\alpha_2 (A^2 e^{2j\omega_0 T_0} + A\bar{A}) + cc$$

となる．この式が恒等式として成立するためには，

$$C_1 = \frac{\alpha_2 A^2}{3\omega_0^2}, \quad C_2 = -\frac{\alpha_2}{\omega_0^2} A\bar{A} + cc$$

となるので，

$$x_2 = \frac{\alpha_2 A^2}{3\omega_0^2} e^{2j\omega_0 T_0} - \frac{\alpha_2}{\omega_0^2} A\bar{A} + cc \tag{6.21}$$

が得られる．さらに，これを ϵ^3 項に代入すると，式 (6.18) は

$$D_0^2 x_3 + \omega_0^2 x_3 = -\left(2j\omega_0 D_2 A - \frac{10\alpha_2^2 - 9\alpha_3 \omega_0^2}{3\omega_0^2} A^2 \bar{A}\right) e^{j\omega_0 T_0}$$

$$- \frac{3\alpha_3 \omega_0^2 + 2\alpha_2^2}{3\omega_0^2} A^3 e^{3j\omega_0 T_0} + cc \tag{6.22}$$

となる．ϵ^2 項のときと同じように，無限大となる見かけの力をゼロとして，

$$2j\omega_0 D_2 A - \frac{10\alpha_2^2 - 9\alpha_3\omega_0^2}{3\omega_0^2} A^2 \bar{A} = 0 \tag{6.23}$$

とならねばならない．この式を満足する A を求めるため，

$$A = \frac{1}{2} a e^{j\gamma}$$

として代入し，実数部と虚数部について

$$\omega a' = 0, \quad \omega_0 a \gamma' + \frac{10\alpha_2^2 - 9\alpha_3\omega_0^2}{24\omega_0^2} a^3 = 0$$

が得られる．ここに，a' は a の T_2 に関する微分を表す．第 1 式より，a の T_2 に関する微分はゼロなので，a は定数で，

$$\gamma = \frac{-10\alpha_2^2 + 9\alpha_3\omega_0^2}{24\omega_0^3} a^2 T_2 + \gamma_0$$

となる．ここに，γ_0 は定数である．よって，

$$A = \frac{1}{2} a \exp\left(j \frac{-10\alpha_2^2 + 9\alpha_3\omega_0^2}{24\omega_0^3} \epsilon^2 a^2 t + j\gamma_0 \right)$$

となる．ダフィングの方程式 (6.1) と対応させると，

$$\alpha_1 = \omega_0^2, \quad \alpha_2 = 0, \quad \alpha_3 = \beta\omega_0^2$$

であるので，

$$\gamma = \frac{3}{8} \beta\omega_0 a^2 T_2 + \gamma_0 = \frac{3}{8} \beta\omega_0 \epsilon^2 a^2 t + \gamma_0$$

であり，

$$\begin{aligned} x_1 &= A e^{j\omega_0 t} + \bar{A} e^{-j\omega_0 t} = \frac{1}{2} a e^{j\gamma} e^{j\omega_0 t} + \frac{1}{2} a e^{-j\gamma} e^{-j\omega_0 t} \\ &= a \cos(\omega_0 t + \gamma) = a \cos(\omega t + \gamma_0) \end{aligned}$$

で，ここに，

$$\omega = \omega_0 \left(1 + \frac{3\beta}{8} \epsilon^2 a^2 \right) + O(\epsilon^3) \tag{6.24}$$

となる．式 (6.24) からわかるのは，線形の場合の固有角振動数 $\omega = \omega_0$ は，振幅が大きくなると，固有振動数が β の正負によって ω_0 から外れてくることである．このことは式 (6.5) に整合する．

x_2 については，式 (6.21) より $\alpha_2 = 0$ から $x_2 = 0$ であるので，

$$x = \epsilon x_1 + \epsilon^2 x_2 + \epsilon^3 x_3 + \cdots = a\epsilon \cos(\omega t + \gamma_0) + O(\epsilon^3)$$

となる．$O(\epsilon^3)$ はオーダーが ϵ^3 の微小項で，$\cos 3\omega_0 t$ の関数になる．

> 【注釈 6.3】 ϵ は，摂動法を使うとき都合のよい微小量であることを表す指標である．とくに値は定めていないが，考えにくければ 1 と考えておいてよい．あくまでも ζ の値が小さいということを表す指標である．

6.2.2 強制振動

自由振動解が得られたので，今度は外力を，

$$\frac{F(t)}{m} = f \cos \Omega t$$

として減衰も含めた強制振動

$$\ddot{x} + 2\omega_0 \epsilon \zeta \dot{x} + \omega_0^2(x + \epsilon \beta x^3) = f \cos \Omega t \tag{6.25}$$

について解いてみる．

式 (6.15) と同じように，

$$x(t,\epsilon) = \epsilon x_1(T_0, T_1, T_2, \ldots) + \epsilon^2 x_2(T_0, T_1, T_2, \ldots)$$
$$+ \epsilon^3 x_3(T_0, T_1, T_2, \ldots) + \cdots \tag{6.26}$$

として式 (6.25) に代入すると，非線形項は x^3 に比例するので ϵ^3 のオーダーになる．このオーダーに減衰項と外力項を合わせて式 (6.25) を

$$\ddot{x} + 2\omega_0(\epsilon^2 \zeta)\dot{x} + \omega_0^2(x + \beta x^3) = \epsilon^3 f \cos \Omega t \tag{6.27}$$

と書き直す．線形項と非線形項のオーダー差が ϵ^2 なので，加振パラメータとして Ω の代わりに σ を採用して

$$\Omega = \omega_0 + \epsilon^2 \sigma \tag{6.28}$$

とすると，外力が

$$\epsilon^3 f \cos \Omega t = \epsilon^3 f \cos(\omega_0 T_0 + \sigma T_2)$$

と書ける．式 (6.27) を ϵ の項ごとに整理すれば，

$$\epsilon^1 \text{ 項}: D_0^2 x_1 + \omega_0^2 x_1 = 0 \tag{6.29}$$

$$\epsilon^2 \text{ 項}: D_0^2 x_2 + \omega_0^2 x_2 = -2D_0 D_1 x_1 \tag{6.30}$$

ϵ^3 項:

$$D_0^2 x_3 + \omega_0^2 x_3 = -2D_0 D_1 x_2 - 2\zeta\omega_0 D_0 x_1 - \beta\omega_0^2 x_1^3 + f\cos(\omega_0 T_0 + \sigma T_2) \tag{6.31}$$

となる.ϵ^1 項と ϵ^2 項は前節の式 (6.16), (6.17) と同じなので, 式 (6.29), (6.30) の一般解は

$$x_1 = A(T_1)e^{j\omega_0 T_0} + cc, \quad x_2 = 0 \tag{6.32}$$

で, これを式 (6.31) に代入すれば,

$$D_0^2 x_3 + \omega_0^2 x_3 = -\{2j\omega_0(A' + \zeta A) + 3\beta A^2 \bar{A}\}e^{j\omega T_0}$$
$$-\beta A^3 e^{3j\omega_0 T_0} + \frac{1}{2}fe^{j(\omega_0 T_0 + \sigma T_2)} + cc \tag{6.33}$$

となる. 発散項はゼロでなければならないので, $\exp(j\omega T_0)$ に関する係数について,

$$2j\omega_0(A' + \zeta\omega_0 A) + 3\beta\omega_0^2 A^2 \bar{A} - \frac{1}{2}fe^{j\sigma T_2} = 0 \tag{6.34}$$

でなければならない. この条件を満たす A を求めるため, 自由振動のときと同じように,

$$A = \frac{1}{2}ae^{j\gamma} \tag{6.35}$$

とすると, 実数部と虚数部より,

$$a' = -\zeta\omega_0 a + \frac{1}{2}\frac{f}{\omega_0}\sin(\sigma T_2 - \gamma) \tag{6.36}$$

$$a\gamma' = \frac{3}{8}\beta\omega_0 a^3 - \frac{1}{2}\frac{f}{\omega_0}\cos(\sigma T_2 - \gamma) \tag{6.37}$$

となる. ここで,

$$\tau = \sigma T_2 - \gamma$$

と置き換えると, 定常であれば $a' = \gamma' = 0$ であるので,

$$\omega_0\zeta a = \frac{1}{2}\frac{f}{\omega_0}\sin\tau \tag{6.38}$$

$$\sigma a - \frac{3}{8}\beta\omega_0 a^3 = \frac{1}{2}\frac{f}{\omega_0}\cos\tau \tag{6.39}$$

となるが, これから τ を消去すると,

$$\left\{\omega_0^2\zeta^2 + \left(\sigma - \frac{3}{8}\beta\omega_0 a^2\right)^2\right\}a^2 = \frac{f^2}{4\omega_0^2}$$

が得られる．これを解くと，

$$\sigma = \frac{3}{8}\beta\omega_0 a^2 \pm \sqrt{\frac{f^2}{4\omega_0^2 a^2} - \zeta^2 \omega_0^2} \tag{6.40}$$

となる．これが**振動数−応答曲線** (frequency-response curve) となる．また，

$$\sigma_b = \frac{3}{8}\beta\omega_0 a^2, \quad \Omega = \omega_0\left\{1 + \frac{3}{8}\beta(\epsilon a)^2\right\} \tag{6.41}$$

は**背骨曲線** (backbone curve) で，式 (6.24) と一致する．

式 (6.32) と式 (6.35) とを組み合わせれば，

$$\begin{aligned}x &= \frac{1}{2}ae^{j\omega_0 T_0}e^{j\gamma} + cc = a\cos(\omega_0 T_0 + \sigma T_1 - \tau) \\ &= a\cos(\omega_0 t + \sigma\epsilon t - \tau) = a\cos(\Omega t - \tau) + O(\epsilon)\end{aligned} \tag{6.42}$$

となる．安定性に関してはスロッシングへの応用例の中で説明する．

6.3 有限波高理論

本節での非線形の**有限波高理論**は，**ストークスの2次理論** (Stokesian theory at a second order of approximation) といわれるもの[103]であり，自由表面での境界条件式の非線形項を採用する部分を除いて，第2章で展開したものと同じである．すなわち，基礎方程式はラプラスの方程式で，次のようになる．

$$\nabla^2 \Phi = 0 \quad (\text{領域 } \Omega \text{ 内において}) \tag{6.43}$$

ここに，Ω は図 6.6 に示すような液体の占めている領域である．タンク壁面 Γ_R における境界条件は，タンク壁面に垂直な速度はゼロであるから，

$$\frac{\partial \Phi}{\partial n} = 0 \quad (\Gamma_R \text{ において}) \tag{6.44}$$

である．

次に，自由表面の形が

$$z = \eta(x, y, t)$$

で与えられるものとする．このときの境界条件は，ラグランジュ微分により

$$\frac{D(z-\eta)}{Dt} \equiv w - \frac{\partial \eta}{\partial t} - u\frac{\partial \eta}{\partial x} - v\frac{\partial \eta}{\partial y} = 0$$

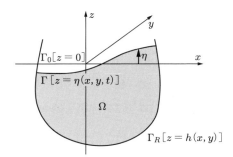

図 6.6 任意形状タンクとその中の液体

で表される．u, v, w はそれぞれ液体の x, y, z 方向の速度であるが，u, v, w を速度ポテンシャルで表せば，

$$\frac{\partial \Phi}{\partial z} = \frac{\partial \eta}{\partial t} + \frac{\partial \Phi}{\partial x}\frac{\partial \eta}{\partial x} + \frac{\partial \Phi}{\partial y}\frac{\partial \eta}{\partial y} \tag{6.45}$$

を得る．η は自由表面の波高を表し，この式は自由表面の運動学的境界条件となる．

力学的境界条件は圧力方程式 (2.51) であるが，外力としてはタンク Γ_R が水平面内の x, y 方向の加速度 $a_x(t)$, $a_y(t)$ で運動することによる加振力を考えれば，5.2.1 項で導いたように

$$f(x, y, t) = -(a_x x + a_y y) \tag{6.46}$$

として，

$$\frac{\partial \Phi}{\partial t} + \frac{1}{2}(\nabla \Phi)^2 + g\eta = f \tag{6.47}$$

となる．式 (6.47) が力学的境界条件である．

なお，z 方向に加速度 $a_z(t)$ を受ける場合（縦加振），運動学的境界条件と力学的境界条件との線形部分から導かれる支配方程式は，マシューの微分方程式となることが知られており，係数励振が重要となる．解析方法は，横加振を受ける場合と縦加振を受ける場合とでは異なるため，縦加振の場合については 6.6 節で説明する．

6.3.1 変分原理による定式化

基礎方程式 (6.43) を境界条件 (6.44)〜(6.46) の下で解くため，変分原理を導入する．式 (6.43)〜(6.47) と等価な変分原理は，Luke[58] により

$$\delta \int_{t_1}^{t_2} L(\Phi, \eta)\, dt = 0 \tag{6.48}$$

と与えられる．ここに，$L(\Phi, \eta)$ は

$$L(\Phi, \eta) = -\int_\Omega \left\{ \frac{\partial \Phi}{\partial t} + \frac{1}{2}(\nabla \Phi)^2 + gz + f \right\} dV \tag{6.49}$$

で定義され，$t = t_1, t_2$ と境界において $\delta\Phi$, $\delta\eta$ はゼロである．

ここで，式 (6.49) の第 1 項は，部分積分により

$$-\delta \int_{t_1}^{t_2} \int_\Omega \frac{\partial \Phi}{\partial t} dV\, dt = -\int_{t_1}^{t_2} \int_\Gamma \left(\frac{\partial \Phi}{\partial t} \delta\eta - \delta\Phi \frac{\partial \eta}{\partial t} \right) dS\, dt - \left[\int_\Omega \delta\Phi\, dV \right]_{t_1}^{t_2}$$

となる．一方，次の量も部分積分により

$$\delta \int_{t_1}^{t_2} \int_\Gamma \Phi \frac{\partial \eta}{\partial t} dS\, dt = -\int_{t_1}^{t_2} \int_\Gamma \left(\frac{\partial \Phi}{\partial t} \delta\eta - \delta\Phi \frac{\partial \eta}{\partial t} \right) dS\, dt + \left[\int_\Gamma \Phi\, \delta\eta\, dS \right]_{t_1}^{t_2}$$

となる．これらの右辺最終項はゼロとなるので，上記の二つの変分量は等しくなる．よって，$L(\Phi, \eta)$ として次式を採用することにする．

$$L(\Phi, \eta) = \int_\Gamma \Phi \frac{\partial \eta}{\partial t} dS - \int_\Omega \left\{ \frac{1}{2}(\nabla \Phi)^2 + gz + f \right\} dV \tag{6.50}$$

式 (6.50) における積分領域 Γ と Ω は，自由表面の運動のため一定でないので，Γ と Ω を静止水面によって構成される Γ_0 と Ω_0 によって近似的に置き換えることを考える．このため，式 (6.50) の中の被積分関数を，文献 [112]，[127] などと同様に波高 η について級数展開して，

$$\begin{aligned}
L = &\int_{\Gamma_0} \left(\Phi + \eta \frac{\partial \Phi}{\partial z} + \frac{\eta^2}{2} \frac{\partial^2 \Phi}{\partial z^2} + \cdots \right) \frac{\partial \eta}{\partial t} dS \\
&- \int_{\Omega_0} \frac{1}{2} \left\{ (\nabla \Phi)^2 + \eta \frac{\partial}{\partial z}(\nabla \Phi)^2 + \frac{\eta^2}{2} \frac{\partial^2}{\partial z^2}(\nabla \Phi)^2 + \cdots \right\} dV \\
&- \int_{\Omega_0} (gz + f)\, dV
\end{aligned} \tag{6.51}$$

とする．ここで，式 (2.139) を使って体積分を面積分にして，

$$\int_{\Omega_0} (\nabla \Phi)^2\, dV = \int_{\Gamma_0} \Phi \frac{\partial \Phi}{\partial n} dS$$

となり，残りの体積分については z に関して積分を行う．z 方向の積分の下限は h, 上限が η で，h は図 6.6 に示すように $z = h(x, y)$ なるタンク壁を表す．Φ と η について 4 次の項までとれば，

$$L(\Phi,\eta) = \iint_{\Gamma_0} \left\{ \left(\Phi + \eta\frac{\partial\Phi}{\partial z} + \frac{\eta^2}{2}\frac{\partial^2\Phi}{\partial z^2}\right)\frac{\partial\eta}{\partial t} - \frac{1}{2}\Phi\frac{\partial\Phi}{\partial n} - \frac{1}{2}\eta(\nabla\Phi)^2 \right.$$
$$\left. - \frac{1}{2}\eta^2\left(\nabla\Phi\cdot\nabla\frac{\partial\Phi}{\partial z}\right) - \frac{1}{2}g\eta^2 + \frac{1}{2}gh^2 - f\eta \right\} dx\,dy$$
(6.52)

となって，すべて静止水面 Γ_0 上における積分となる．上式中の Φ に関する量は，$z=0$ での値である．

6.3.2 解法

解を求めるために，$\Phi(x,y,z,t)$ と $\eta(x,y,t)$ とを第 k 次の固有振動モード $\Phi_k(x,y,z)$ の重ね合わせとして，

$$\Phi(x,y,z,t) = \sum_k a_k(t)\Phi_k(x,y,z) \tag{6.53}$$

$$\eta(x,y,t) = \sum_k b_k(t)\Phi_k(x,y,0) \tag{6.54}$$

と表す．ここに，$a_k(t)$, $b_k(t)$ は未知であり，非線形の境界条件式 (6.45), (6.47) を満足するように $a_k(t)$ と $b_k(t)$ を決めていく．Φ_k は式 (6.43) のラプラスの方程式と線形化された境界条件を満足する線形解である．よって，式 (6.45), (6.47) の線形部分から作られる Φ についての同次方程式

$$\frac{\partial^2\Phi}{\partial t^2} + g\frac{\partial\Phi}{\partial z} = 0 \tag{6.55}$$

に調和振動を考えて，

$$\Phi = \Phi_k e^{j\omega_k t} \tag{6.56}$$

を代入すれば，

$$\frac{\partial\Phi_k}{\partial z} = \lambda_k \Phi_k \tag{6.57}$$

を得る．ここに，

$$\lambda_k = \frac{\omega_k^2}{g} \tag{6.58}$$

であり，ω_k は k 次の固有角振動数である．

式 (6.53), (6.54) を式 (6.52) に代入して積分を行うと，

$$L = \sum_i \left(C_i a_i \dot{b}_i - \frac{1}{2} C_i \lambda_i a_i^2 - \frac{1}{2} g C_i b_i^2 \right)$$

$$+ \sum_{i,j,k} \left(\lambda_i \alpha_{ij}^k a_i b_j \dot{b}_k - \frac{1}{2} \mu_{ij}^k a_i a_j b_k \right)$$

$$+ \sum_{i,j,k,l} \left(\frac{1}{2} \Gamma_{ijk}^l \lambda_i^2 a_i b_j b_k \dot{b}_l - \frac{1}{2} \lambda_j H_{ijk}^l a_i a_j b_k b_l \right)$$

$$+ \sum_i \iint_{\Gamma_0} \frac{1}{2} g h^2 \Phi_i \, dx \, dy - \sum_i \iint_{\Gamma_0} f b_i \Phi_i \, dx \, dy \quad (6.59)$$

となる．ここに，

$$\Psi_i = \frac{\partial \Phi_i}{\partial x}, \quad \chi_i = \frac{\partial \Phi_i}{\partial y} \quad (6.60)$$

として

$$C_i = \int_{\Gamma_0} \Phi_i^2 \, dS \quad (6.61a)$$

$$\alpha_{ij}^k = \int_{\Gamma_0} \Phi_i \Phi_j \Phi_k \, dS \quad (6.61b)$$

$$\mu_{ij}^k = \lambda_i \lambda_j \alpha_{ij}^k + \beta_{ij}^k + \gamma_{ij}^k \quad (6.61c)$$

$$\beta_{ij}^k = \int_{\Gamma_0} \Psi_i \Psi_j \Phi_k \, dS, \quad \gamma_{ij}^k = \int_{\Gamma_0} \chi_i \chi_j \Phi_k \, dS \quad (6.61d)$$

$$\Gamma_{ijk}^l = \int_{\Gamma_0} \Phi_i \Phi_j \Phi_k \Phi_l \, dS \quad (6.61e)$$

$$H_{ijk}^l = \lambda_i \lambda_j \Gamma_{ijk}^l + \Lambda_{ijk}^l + K_{ijk}^l \quad (6.61f)$$

$$\Lambda_{ijk}^l = \int_{\Gamma_0} \Psi_i \Psi_j \Phi_k \Phi_l \, dS, \quad K_{ijk}^l = \int_{\Gamma_0} \chi_i \chi_j \Phi_k \Phi_l \, dS \quad (6.61g)$$

と定義され，ドットは時間 t に関する微分を表す．

ここで，式 (6.49) の L の定義式に戻り，ρ を乗じて外力項を除いて

$$\mathcal{L} = -\rho \int_\Omega \left\{ \frac{\partial \Phi}{\partial t} + \frac{1}{2} (\nabla \Phi)^2 + gz \right\} dV$$

と定義すると，$\mathcal{L}$ をラグランジアンとみなすことができ，外力項

$$- \int_\Omega \rho f \, dV$$

は一般化された力による項とみなすことができる．よって，式 (6.59) より，a_m, b_m を一般座標としてラグランジュの運動方程式を導くことができる．ラグランジュの運動方程式を導くために

$$\mathcal{L} = \rho L - \rho \sum_i Q_i b_i \tag{6.62}$$

とすれば，外力項については

$$Q_i = \int_{\Gamma_0} f \Phi_i \, dS \tag{6.63}$$

となる．以上の準備の後，

$$\frac{d}{dt}\left(\frac{\partial \mathcal{L}}{\partial \dot{a}_m}\right) - \frac{\partial \mathcal{L}}{\partial a_m} = 0$$

より

$$C_m(\lambda_m a_m - \dot{b}_m) = \sum_{i,j}(\lambda_m \alpha_{mi}^j b_i \dot{b}_j - \mu_{mi}^i a_i b_j)$$
$$+ \sum_{i,j,k}\left\{\frac{1}{2}\lambda_m^2 \Gamma_{mij}^k b_i b_j \dot{b}_k - \frac{1}{2}(\lambda_m + \lambda_i) H_{mij}^k a_i b_j b_k\right\} \tag{6.64}$$

を，また，

$$\frac{d}{dt}\left(\frac{\partial \mathcal{L}}{\partial \dot{b}_m}\right) - \frac{\partial \mathcal{L}}{\partial b_m} = Q_m$$

より

$$C_m(\dot{a}_m + g b_m) = Q_m - \sum_{i,j}\left(\lambda_i \alpha_{ij}^m \dot{a}_i b_j + \frac{1}{2}\mu_{ij}^m a_i a_j\right)$$
$$+ \sum_{i,j,k}\left[\frac{1}{2}\lambda_i^2 \Gamma_{ijk}^m \left\{a_i b_j \dot{b}_k - \frac{\partial}{\partial t}(a_i b_j b_k)\right\} - \lambda_i H_{ijk}^m a_i a_j b_k\right] \tag{6.65}$$

を得る．式 (6.64), (6.65) は，式 (6.45), (6.47) の非線形の境界条件を a_m, b_m で書き表したことになる．ラプラスの方程式 (6.43) はすでに式 (6.53), (6.54) で用いた Φ_k が満足しており，式 (6.44)〜(6.47) の線形の境界条件で λ_k を決定している．結局，式 (6.43), (6.44) を満足し，式 (6.45), (6.47) の線形部分を満足する線形解

Φ_k, Ψ_k ($\equiv \partial \Phi_k / \partial x$), χ_k ($\equiv \partial \Phi_k / \partial y$) と，$\lambda_k$ を用いて式 (6.61) で定義されるパラメータを計算し，式 (6.64), (6.65) より式 (6.53), (6.54) の係数 $a_k(t)$, $b_k(t)$ を求めれば，Φ と η の非線形応答が得られることになる．

a_k と b_k を求めるため，6.2 節で準備した**マルティプルスケール法**を用いる．まず，時間 t に対して新しい変数 T_n を導入し，

$$T_n = \epsilon^n t \quad (n = 0, 1, 2, \ldots) \tag{6.66}$$

とする．ここに，ϵ は微小値としておく．a_k, b_k を ϵ に関して級数展開し，

$$a_k(t) = \epsilon\{a_{k_0}(T_0, T_1, T_2, \ldots) + \epsilon a_{k_1}(T_0, T_1, T_2, \ldots)$$
$$+ \epsilon^2 a_{k_2}(T_0, T_1, T_2, \ldots) + \cdots\} \tag{6.67a}$$

$$b_k(t) = \epsilon\{b_{k_0}(T_0, T_1, T_2, \ldots) + \epsilon b_{k_1}(T_0, T_1, T_2, \ldots)$$
$$+ \epsilon^2 b_{k_2}(T_0, T_1, T_2, \ldots) + \cdots\} \tag{6.67b}$$

とする．また，t に関する微分は，

$$\frac{d}{dt} = \frac{dT_0}{dt}\frac{\partial}{\partial T_0} + \frac{dT_1}{dt}\frac{\partial}{\partial T_1} + \frac{dT_2}{dt}\frac{\partial}{\partial T_2} + \cdots$$
$$= \frac{\partial}{\partial T_0} + \epsilon\frac{\partial}{\partial T_1} + \epsilon^2\frac{\partial}{\partial T_2} + \cdots = D_0 + \epsilon D_1 + \epsilon^2 D_2 + \cdots \tag{6.68}$$

と変数を変換する．

式 (6.66) を式 (6.64), (6.65) に代入し，ϵ 項，ϵ^2 項，ϵ^3 項について書き出せば，

ϵ^1 項：

$$C_m(\lambda_m a_{m0} - D_0 b_{m0}) = 0 \tag{6.69a}$$

$$C_m(D_0 a_{m0} + g b_{m0}) = 0 \tag{6.69b}$$

ϵ^2 項：

$$C_m(\lambda_m a_{m1} - D_0 b_{m1})$$
$$= C_m D_1 b_{m0} + \sum_{i,j}\{\lambda_m \alpha_{mi}^j b_{i0}(D_0 b_{j1}) - \mu_{mi}^j a_{i0} b_{j0}\} \tag{6.70a}$$

$$C_m(D_0 a_{m1} + g b_{m1})$$
$$= -C_m D_1 a_{m0} - \sum_{i,j}\left\{\lambda_i \alpha_{ij}^m (D_0 a_{i0})b_{j0} + \frac{1}{2}\mu_{ij}^m a_{i0} a_{j0}\right\} \tag{6.70b}$$

ϵ^3 項:

$$C_m(\lambda_m a_{m2} - D_0 b_{m2}) = C_m D_2 b_{m0} + C_m D_1 b_{m1}$$
$$+ \sum_{i,j}[\lambda_m \alpha_{mi}^j \{b_{i0}(D_0 b_{j1} + D_1 b_{j0}) + b_{i1}(D_0 b_{j0})\}$$
$$- \mu_{mi}^j(a_{i0}b_{j1} + a_{i1}b_{j0})]$$
$$+ \sum_{i,j,k}\left\{\frac{1}{2}\lambda_m^2 \Gamma_{mij}^k b_{i0} b_{j0}(D_0 b_{k0}) - \frac{1}{2}(\lambda_i + \lambda_m) H_{mij}^k a_{i0} b_{j0} b_{k0}\right\} \quad (6.71a)$$

$$C_m(D_0 a_{m2} + g b_{m2}) = Q_m - C_m D_2 a_{m0} - C_m D_1 a_{m1}$$
$$- \sum_{i,j}\left[\lambda_i \alpha_{ij}^m \{(D_0 a_{i0})b_{j1} + (D_1 a_{i0} + D_0 a_{i1})b_{j0}\}\right.$$
$$\left.- \frac{1}{2}\mu_{ij}^m(a_{i0}a_{j1} + a_{i1}a_{j0})\right]$$
$$+ \sum_{i,j,k}\left[-\frac{1}{2}\lambda_i^2 \Gamma_{ijk}^m D_0(a_{i0}b_{j0}b_{k0}) + \lambda_i^2 \Gamma_{ijk}^m \{a_{i0}b_{j0}(D_0 b_{k0})\}\right.$$
$$\left.- \lambda_i H_{ijk}^m a_{i0}a_{j0}b_{k0}\right] \quad (6.71b)$$

となる.外力項 Q_m を ϵ^3 項に入れたのは,6.2.2 項で説明したように加振外力を考慮に入れた共振点近傍での安定解析を ϵ^3 項で行うためである.

まず,ϵ^1 項の式 (6.68) より b_{m0} を消去すれば,

$$D_0^2 a_{m0} + g\lambda_m a_{m0} = 0 \quad (6.72)$$

という式 (6.55) と等価な式を得る.これを解けば,

$$a_{m0}(T_0, T_1, T_2, \ldots) = A_m(T_1, T_2, \ldots)e^{j\omega_m T_0} + cc \quad (6.73a)$$

を得る.ここに,cc はそれ以前の項の和の共役複素数を表す.A_m は振幅である.a_{m0} を式 (6.69b) に代入して,

$$b_{m0}(T_0, T_1, T_2, \ldots) = -\frac{j\omega_m}{g}A_m e^{j\omega_m T_0} + cc \quad (6.73b)$$

を得る.

次に,ϵ^2 項の式 (6.70) において,左辺の線形項から b_{m1} を消去して,

$$C_m(D_0^2 a_{m1} + g\lambda_m a_{m1})$$

$$= C_m D_1 (g b_{m0} - D_0 a_{m0}) + \sum_{i,j} \Big[\lambda_m g \alpha_{mi}^j b_{i0} (D_0 b_{j0})$$

$$- \lambda_i \alpha_{ij}^m D_0 \{ (D_0 a_{i0}) b_{j0} \} - g \mu_{mi}^j a_{i0} b_{j0} - \frac{1}{2} \mu_{ij}^m D_0 (a_{i0} a_{j0}) \Big] \quad (6.74)$$

を得る.ここで,永年項は

$$C_m D_1 (g b_{m0} - D_0 a_{m0}) \quad (6.75)$$

となっているので,この項をゼロにするためには,a_{m0}, b_{m0} は T_1 の関数であってはならない.すなわち,a_{m0}, b_{m0} の式 (6.73) から A_m は T_1 の関数でなくなり,$T_2, T_3, \ldots$ の関数となる.

式 (6.74) の右辺に a_{m0}, b_{m0} を代入して a_{m1} について解けば,

$$a_{mi} = \sum_{i,j} \{ j E_{1,ij}^m A_i A_j e^{j(\omega_i + \omega_j) T_0} + j E_{2,ij}^m A_i \bar{A}_j e^{j(\omega_i - \omega_j) T_0} \} + cc \quad (6.76)$$

となる.i, j についての総和は添え字について行う.単独に用いられている j は虚数単位であって,総和の対称とならない.$\bar{A}_j$ は A_j の共役複素数を表し,$E_{1,ij}^m$, $E_{2,ij}^m$ は

$$E_{1,ij}^m = \frac{1}{C_m} \frac{1}{\omega_m^2 - (\omega_i + \omega_j)^2} \Big\{ -\lambda_m \lambda_j \omega_i \alpha_{mi}^j$$

$$- (\lambda_i^2 \omega_j + \lambda_i \lambda_j \omega_i) \alpha_{ij}^m + \omega_j \mu_{mi}^j - \frac{\omega_i + \omega_j}{2} \mu_{ij}^m \Big\} \quad (6.77\text{a})$$

$$E_{2,ij}^m = \frac{1}{C_m} \frac{1}{\omega_m^2 - (\omega_i - \omega_j)^2} \Big\{ -\lambda_m \lambda_j \omega_i \alpha_{mi}^j$$

$$+ (\lambda_i^2 \omega_j - \lambda_i \lambda_j \omega_i) \alpha_{ij}^m - \omega_j \mu_{mi}^j - \frac{\omega_i - \omega_j}{2} \mu_{ij}^m \Big\} \quad (6.77\text{b})$$

と定義される実数である.a_{m1} を式 (6.70b) に代入して b_{m1} を求めれば,

$$b_{m1} = \sum_{i,j} \{ F_{1,ij}^m A_i A_j e^{j(\omega_i + \omega_j) T_0} + F_{2,ij}^m A_i \bar{A}_j e^{j(\omega_i - \omega_j) T_0} \} + cc \quad (6.78)$$

となる.ここに,$F_{1,ij}^m$, $F_{2,ij}^m$ は

$$F_{1,ij}^m = \frac{1}{g} \Big\{ (\omega_i + \omega_j) E_{1,ij}^m - \frac{\lambda_i \alpha_{ij}^m}{C_m} \frac{\omega_i \omega_j}{g} - \frac{\mu_{ij}^m}{2 C_m} \Big\} \quad (6.79\text{a})$$

$$F_{2,ij}^m = \frac{1}{g} \Big\{ (\omega_i - \omega_j) E_{2,ij}^m + \frac{\lambda_i \alpha_{ij}^m}{C_m} \frac{\omega_i \omega_j}{g} - \frac{\mu_{ij}^m}{2 C_m} \Big\} \quad (6.79\text{b})$$

と定義される実数である.

以上で Φ と η について,振幅に関して 2 次までの非線形応答が得られた.まとめると,

$$\Phi(x,y,z,t) = \epsilon a_{m0}(t)\Phi_m(x,y,z) + \epsilon^2 \sum_i a_{i1}(t)\Phi_i(x,y,z) \tag{6.80}$$

$$\eta(x,y,t) = \epsilon b_{m0}(t)\Phi_m(x,y,z) + \epsilon^2 \sum_i b_{i1}(t)\Phi_i(x,y,z) \tag{6.81}$$

である.この ϵ^2 項までの段階では時間軸で T_0 と T_1 しか用いておらず,A_m は T_0,T_1 の関数ではないので,振幅と振動数の関係は線形のまま,すなわちソフトニングでもハードニングでもない.このことを検討するには ϵ^3 項を調べなければならない.なお,式 (6.77) の分母がゼロになる場合,これはいくつかの固有振動数の間にある整数関係が成り立つときに起こる**内部共振**であるが,いまはゼロにならないとして議論を進めていき,内部共振については注釈 6.4 で考察する.

ϵ^3 項について線形項から b_{m2} を消去すると,

$$\begin{aligned}
C_m(D_0^2 a_{m2} &+ \lambda_m g a_{m2}) = D_0 Q_m + C_m D_2(g b_{m0} - D_0 a_{m0}) \\
&+ \sum_{i,j} \Big[\lambda_m g \alpha_{mi}^j \{b_{i0}(D_0 b_{j1}) + b_{i1}(D_0 b_{j0})\} \\
&\quad - \lambda_i \alpha_{ij}^m D_0 \{(D_0 a_{i0})b_{j1} + (D_0 a_{i1})b_{j0}\} - g\mu_{mi}^j(a_{i0}b_{j1} + a_{i1}b_{j0}) \\
&\quad - \frac{1}{2}\mu_{ij}^m D_0(a_{i0} a_{j1} + a_{i1} a_{j0}) \Big] \\
&+ \sum_{i,j,k} \Big[\frac{1}{2}g\lambda_m^2 \Gamma_{mij}^k b_{i0} b_{j0}(D_0 b_{k0}) - \frac{1}{2}g(\lambda_i + \lambda_m)H_{mij}^k a_{i0} b_{j0} b_{k0} \\
&\quad - \frac{1}{2}\lambda_i^2 \Gamma_{ijk}^m D_0^2(a_{i0} b_{j0} b_{k0}) + \lambda_i^2 \Gamma_{ijk}^m D_0 \{a_{i0} b_{j0}(D_0 b_{k0})\} \\
&\quad - \lambda_i H_{ijk}^m D_0(a_{i0} a_{j0} b_{k0}) \Big]
\end{aligned} \tag{6.82}$$

を得る.この式に a_{i0},b_{i0},a_{i1},b_{i1} の表示式を代入すると,

$$\begin{aligned}
C_m(D_0^2 a_{m2} + \lambda_m g a_{m2}) &= D_0 Q_m - 2C_m j\omega_m \frac{\partial A_m}{\partial T_2} e^{j\omega_m T_0} \\
&+ \sum_{i,j,p,q} \mathcal{E}_1(m;i,j;p,q) A_i A_p A_q e^{j(\omega_i+\omega_p+\omega_q)T_0} \\
&+ \sum_{i,j,s,t} \mathcal{E}_2(m;i,j;s,t) A_s A_t A_j e^{j(\omega_s+\omega_t+\omega_j)T_0}
\end{aligned}$$

$$+ \sum_{i,j,k} \mathcal{E}_3(m;i,j,k) A_i A_j A_k e^{j(\omega_i+\omega_j+\omega_k)T_0}$$

$$+ \sum_{i,j,p,q} \{\mathcal{F}_1(m;i,j;p,q)\bar{A}_i A_p A_q e^{j(-\omega_i+\omega_p+\omega_q)T_0}$$

$$+ \mathcal{F}_2(m;i,j;p,q) A_i A_p \bar{A}_q e^{j(\omega_i+\omega_p-\omega_q)T_0}$$

$$+ \mathcal{F}_3(m;i,j;p,q) A_i \bar{A}_p A_q e^{j(\omega_i-\omega_p+\omega_q)T_0}\}$$

$$+ \sum_{i,j,s,t} \{\mathcal{F}_4(m;i,j;s,t) \bar{A}_s A_t A_j e^{j(-\omega_s+\omega_t+\omega_j)T_0}$$

$$+ \mathcal{F}_5(m;i,j;s,t) A_s A_t \bar{A}_j e^{j(\omega_s+\omega_t-\omega_j)T_0}$$

$$+ \mathcal{F}_6(m;i,j;s,t) A_s \bar{A}_t A_j e^{j(\omega_s-\omega_t+\omega_j)T_0}\}$$

$$+ \sum_{i,j,k} \{\mathcal{F}_7(m;i,j,k) \bar{A}_i A_j A_k e^{j(-\omega_i+\omega_j+\omega_k)T_0}$$

$$+ \mathcal{F}_8(m;i,j,k) A_i A_j \bar{A}_k e^{j(\omega_i+\omega_j-\omega_k)T_0}$$

$$+ \mathcal{F}_9(m;i,j,k) A_i \bar{A}_j A_k e^{j(\omega_i-\omega_j+\omega_k)T_0}\}$$

$$+ cc \tag{6.83}$$

となる．ここに，$\mathcal{E}_i$, $\mathcal{F}_i$ は実数で，次のように定義される．

$$\mathcal{E}_1(m;i,j;p,q) = \lambda_m \alpha_{mi}^j \omega_i(\omega_p+\omega_q) F_{1,pq}^j + \lambda_i \alpha_{ij}^m \omega_i(\omega_i+\omega_p+\omega_q) F_{1,pq}^j$$

$$- g\mu_{mi}^j F_{1,pq}^j + \frac{1}{2}\mu_{ij}^m E_{1,pq}^j(\omega_i+\omega_p+\omega_q)$$

$$\mathcal{E}_2(m;i,j;s,t) = \lambda_m \lambda_j g \alpha_{mi}^j F_{1,st}^i$$

$$+ \omega_i^2 \omega_j \alpha_{ij}^m (\omega_s+\omega_t)(\omega_s+\omega_t+\omega_j)\frac{E_{1,st}^i}{g^2}$$

$$- \mu_{mi}^j \omega_j E_{1,st}^i + \frac{1}{2}\mu_{ij}^m (\omega_s+\omega_t+\omega_j) E_{1,st}^i$$

$$\mathcal{E}_3(m;i,j,k) = -\frac{1}{2}\lambda_m^2 \lambda_k \frac{\omega_i \omega_j}{g} \Gamma_{mij}^k$$

$$+ \frac{1}{2}(\lambda_i+\lambda_m)\frac{\omega_j \omega_k}{g} H_{mij}^k - \frac{1}{2}\lambda_i^2 \frac{\omega_j \omega_k}{g^2}(\omega_i+\omega_j+\omega_k)^2 \Gamma_{ijk}^m$$

$$+ \lambda_i^2 \lambda_k \frac{\omega_i}{g}(\omega_i+\omega_j+\omega_k) \Gamma_{ijk}^m - \lambda_i \frac{\omega_k}{g}(\omega_i+\omega_j+\omega_k) H_{ijk}^m$$

$$\mathcal{F}_1(m;i,j;p,q) = -\lambda_m \alpha_{mi}^j \omega_i(\omega_p+\omega_q) F_{1,pq}^j + \lambda_i \alpha_{ij}^m \omega_i(\omega_i-\omega_p-\omega_q) F_{1,pq}^j$$

6.3 有限波高理論　*179*

$$-g\mu_{mi}^j F_{1,pq}^j + \frac{1}{2}\mu_{ij}^m E_{1,pq}^j(-\omega_i+\omega_p+\omega_q)$$

$$\mathcal{F}_2(m;i,j;p,q) = \lambda_m \alpha_{mi}^j \omega_i(\omega_p-\omega_q)F_{2,pq}^j + \lambda_i \alpha_{ij}^m \omega_i(\omega_i+\omega_p-\omega_q)F_{2,pq}^j$$

$$-g\mu_{mi}^j F_{2,pq}^j + \frac{1}{2}\mu_{ij}^m E_{2,pq}^j(\omega_i+\omega_p-\omega_q)$$

$$\mathcal{F}_3(m;i,j;p,q) = \lambda_m \alpha_{mi}^j \omega_i(-\omega_p+\omega_q)F_{2,pq}^j + \lambda_i \alpha_{ij}^m \omega_i(\omega_i-\omega_p+\omega_q)F_{2,pq}^j$$

$$-g\mu_{mi}^j F_{2,pq}^j - \frac{1}{2}\mu_{ij}^m E_{2,pq}^j(\omega_i-\omega_p+\omega_q)$$

$$\mathcal{F}_4(m;i,j;s,t) = \lambda_m \lambda_j g \alpha_{mi}^j F_{2,st}^i$$

$$-\omega_i^2 \omega_j \alpha_{ij}^m (\omega_s-\omega_t)(\omega_s-\omega_t-\omega_j)\frac{E_{2,st}^i}{g^2}$$

$$+\mu_{mi}^j \omega_j E_{2,st}^i - \frac{1}{2}\mu_{ij}^m(-\omega_s+\omega_t+\omega_j)E_{2,st}^i$$

$$\mathcal{F}_5(m;i,j;s,t) = \lambda_m \lambda_j g \alpha_{mi}^j F_{1,st}^i$$

$$-\omega_i^2 \omega_j \alpha_{ij}^m (\omega_s+\omega_t)(\omega_s+\omega_t-\omega_j)\frac{E_{1,st}^i}{g^2}$$

$$+\mu_{mi}^j \omega_j E_{1,st}^i + \frac{1}{2}\mu_{ij}^m(\omega_s+\omega_t-\omega_j)E_{1,st}^i$$

$$\mathcal{F}_6(m;i,j;s,t) = \lambda_m \lambda_j g \alpha_{mi}^j F_{2,st}^i$$

$$+\omega_i^2 \omega_j \alpha_{ij}^m (\omega_s-\omega_t)(\omega_s-\omega_t+\omega_j)\frac{E_{2,st}^i}{g^2}$$

$$-\mu_{mi}^j \omega_j E_{2,st}^i + \frac{1}{2}\mu_{ij}^m(\omega_s-\omega_t+\omega_j)E_{2,st}^i$$

$$\mathcal{F}_7(m;i,j,k) = \frac{1}{2}\lambda_m^2 \lambda_k \frac{\omega_i\omega_j}{g}\Gamma_{mij}^k$$

$$+\frac{1}{2}(\lambda_i+\lambda_m)\frac{\omega_j\omega_k}{g}H_{mij}^k - \frac{1}{2}\lambda_i^2 \frac{\omega_j\omega_k}{g^2}(\omega_i-\omega_j-\omega_k)^2 \Gamma_{ijk}^m$$

$$-\lambda_i^2 \lambda_k \frac{\omega_i}{g}(\omega_i-\omega_j-\omega_k)\Gamma_{ijk}^m + \lambda_i \frac{\omega_k}{g}(\omega_i-\omega_j-\omega_k)H_{ijk}^m$$

$$\mathcal{F}_8(m;i,j,k) = -\frac{1}{2}\lambda_m^2 \lambda_k \frac{\omega_i\omega_j}{g}\Gamma_{mij}^k$$

$$-\frac{1}{2}(\lambda_i+\lambda_m)\frac{\omega_j\omega_k}{g}H_{mij}^k + \frac{1}{2}\lambda_i^2 \frac{\omega_j\omega_k}{g^2}(\omega_i+\omega_j-\omega_k)^2 \Gamma_{ijk}^m$$

$$+\lambda_i^2 \lambda_k \frac{\omega_j}{g}(\omega_i+\omega_j-\omega_k)\Gamma_{ijk}^m + \lambda_i \frac{\omega_k}{g}(\omega_i+\omega_j-\omega_k)H_{ijk}^m$$

$$\mathcal{F}_9(m;i,j,k) = \frac{1}{2}\lambda_m^2 \lambda_k \frac{\omega_i \omega_j}{g} \Gamma_{mij}^k$$
$$- \frac{1}{2}(\lambda_i + \lambda_m)\frac{\omega_j \omega_k}{g} H_{mij}^k + \frac{1}{2}\lambda_i^2 \frac{\omega_j \omega_k}{g^2}(\omega_i - \omega_j + \omega_k)^2 \Gamma_{ijk}^m$$
$$- \lambda_i^2 \lambda_k \frac{\omega_j}{g}(\omega_i - \omega_j + \omega_k)\Gamma_{ijk}^m - \lambda_i \frac{\omega_k}{g}(\omega_i - \omega_j + \omega_k) H_{ijk}^m$$
(6.84)

いま，第 m 次の固有振動モードに注目する．固有振動数がお互いに離れている場合，m 次の固有振動数に近い振動数で系が激震されると，振幅 A_m はほかの振幅 A_i ($i \neq m$) に比べて大きく，

$$|A_i| \ll |A_m| \tag{6.85}$$

としてよい．このとき，式 (6.83) は

$$C_m(D_0^2 a_{m2} + g\lambda_m a_{m2}) = D_0 Q_m - 2jC_m \frac{\partial A_m}{\partial T_2} e^{j\omega_m T_0} \omega_m$$
$$+ C_N A_m^2 \bar{A}_m e^{j\omega_m T_0} + C_T A_m^3 e^{j3\omega_m T_0} + cc$$
(6.86)

とおける．ここに，

$$C_N = \sum_j \left\{ \sum_{i=1}^{3} \mathcal{F}_i(m;m,j;m,m) + \sum_{i=4}^{6} \mathcal{F}_i(m;j,m;m,m) \right\}$$
$$+ \sum_{i=7}^{9} \mathcal{F}_i(m;m,m,m) \tag{6.87}$$

$$C_T = \sum_j \{\mathcal{E}_1(m;m,j;m,m) + \mathcal{E}_2(m;j,m;m,m)\}$$
$$+ \mathcal{E}_3(m;m,m,m) \tag{6.88}$$

である．j については系の固有振動モードの数まで和をとる．式 (6.87) に $\mathcal{F}_i$ の定義式 (6.84) を代入すると，

$$C_N = \sum_j \{2(\beta_{jm}^m + \gamma_{jm}^m)\omega_m E_{1,mm}^j + 2\lambda_m \omega_m^2 \alpha_{mm}^j (2F_{2,mm}^j - F_{1,mm}^j)$$
$$- g\mu_{mm}^j (2F_{2,mm}^j + F_{1,mm}^j)\} - 2\lambda_m^2 (\Lambda_{mmm}^m + K_{mmm}^m)$$
(6.89)

となる.

次に，振幅と振動数の関係を求める．いま，加振外力の角振動数 Ω が系の第 m 次の固有角振動数 ω_m に近いとする．振幅 A_m は T_1 の関数ではないので，Ω と ω_m の差を ϵ^2 のオーダーとして，式 (6.26) と同じように

$$\Omega = \omega_m + \epsilon^2 \sigma \tag{6.90}$$

とおく．σ を求めるために，加振外力 Q_m を

$$Q_m = \frac{1}{2} q_m e^{j\Omega t} + cc \tag{6.91}$$

と複素表示する．ここに，q_m は実数である．また，A_m についても同様に，実数 a，β を用いて，

$$A_m = \frac{1}{2} a e^{j\beta} \tag{6.92}$$

とおく．式 (6.91)，(6.92) を式 (6.86) に代入すれば,

$$\begin{aligned}C_m(D_0^2 a_{m2} + g\lambda_m a_{m2}) = &\left\{-j\omega_m C_m \left(\frac{\partial a}{\partial T_2} + ja\frac{\partial \beta}{\partial T_2}\right)\right.\\&\left.- \frac{j\Omega}{2} q_m e^{j(\sigma T_2 - \beta)} + \frac{1}{8} C_N a^3\right\} e^{j\beta} e^{j\omega_m T_0} + \frac{1}{8} C_T a^3 e^{3j\beta} e^{3j\omega_m T_0} + cc\end{aligned} \tag{6.93}$$

となる．ここで，

$$\gamma = \sigma T_2 - \beta \tag{6.94}$$

で定義される変数 γ を準備して，式 (6.93) の永年項をゼロとすれば，実数部と虚数部より,

$$\omega_m C_m a\left(\sigma - \frac{\partial \gamma}{\partial T_2}\right) + \frac{1}{8} C_N a^3 + \frac{1}{2} q_m \omega_m \sin\gamma = 0 \tag{6.95a}$$

$$-\omega_m C_m \frac{\partial a}{\partial T_2} - \frac{1}{2} q_m \omega_m \cos\gamma = 0 \tag{6.95b}$$

となる．定常運動状態では

$$\frac{\partial a}{\partial T_2} = 0, \quad \frac{\partial \gamma}{\partial T_2} = 0 \tag{6.96}$$

であるので，式 (6.95a) より

$$\sigma = -\frac{C_N}{8\omega_m C_m} a^2 - \frac{1}{2}\frac{q_m}{C_m a}\sin\gamma \tag{6.97}$$

を得る．ここに，式 (6.95b) より

$$\cos\gamma = 0 \tag{6.98}$$

であるので，$\sin\gamma$ は ± 1 の値をとり，式 (6.97) は

$$\sigma = -\frac{C_N}{8\omega_m C_m}a^2 \pm \frac{1}{2}\frac{q_m}{C_m a} \tag{6.99}$$

と表すこともできる．

式 (6.99) をプロットすれば共振曲線が得られ，$q_m = 0$ としてプロットすれば背骨曲線が得られる．C_N の正負によって，背骨曲線はソフトニング，ハードニングの特性を示し，飛び移り現象が生じる．以下に，式 (6.97) で表される共振曲線の安定性を検討する．

運動の安定性は，その運動を表す解に微小な擾乱を与えて，その擾乱の消長を調べることにより決定できる．定常運動解 a_0，γ_0 に擾乱 a_p，γ_p を加え合わせて，

$$a = a_0 + a_p \tag{6.100a}$$
$$\gamma = \gamma_0 + \gamma_p \tag{6.100b}$$

として式 (6.93) に代入する．a_p と γ_0 は，式 (6.95a)，(6.95a) において

$$\frac{\partial a_0}{\partial T_2} = 0, \quad \frac{\partial \gamma_0}{\partial T_2} = 0$$

とした式を満足することを考慮し，A_0，γ_p について線形化した式を求めれば，永年項の実数部より

$$\frac{\partial \gamma_p}{\partial T_2} = \frac{1}{a_0}\left(\sigma + \frac{3C_N}{8\omega_m C_m}a_0^2\right)a_p \tag{6.101a}$$

を，虚数部より

$$\frac{\partial a_p}{\partial T_2} = -a_0\left(\sigma + \frac{C_N}{8\omega_m C_m}a_0^2\right)\gamma_p \tag{6.101b}$$

を得る．さらに，a_p，γ_p を

$$a_p(T_2) = a_{p0}e^{\lambda T_2} \tag{6.102a}$$
$$\gamma_p(T_2) = \gamma_{p0}e^{\lambda T_2} \tag{6.102b}$$

として式 (6.101) に代入すると，

6.3 有限波高理論

$$\begin{bmatrix} \lambda & a_0\left(\sigma + \dfrac{C_N}{8\omega_m C_m}a_0^2\right) \\ -\dfrac{1}{a_0}\left(\sigma + \dfrac{3C_N}{8\omega_m C_m}a_0^2\right) & \lambda \end{bmatrix} \begin{Bmatrix} a_{p0} \\ \gamma_{p0} \end{Bmatrix} = \begin{Bmatrix} 0 \\ 0 \end{Bmatrix} \quad (6.103)$$

となる.よって,λ に関する特性方程式は

$$\lambda^2 + \left(\sigma + \dfrac{C_N}{8\omega_m C_m}a_0^2\right)\left(\sigma + \dfrac{3C_N}{8\omega_m C_m}a_0^2\right) = 0 \quad (6.104)$$

となる.λ の実数部が正値であると擾乱が成長するので,不安定領域は

$$\left(\sigma + \dfrac{C_N}{8\omega_m C_m}a_0^2\right)\left(\sigma + \dfrac{3C_N}{8\omega_m C_m}a_0^2\right) < 0 \quad (6.105)$$

で与えられる.この不安定領域は,背骨曲線がソフトニング,あるいはハードニングの特性をもつことによって生じる飛び移り現象についての不安定領域である.

一般的な定式化を終える前に,これまでの結果をまとめると,振幅の 2 乗項までの Φ と η の非線形応答は式 (6.80),(6.81) で与えられ,具体的な a_{i0},b_{i0},a_{i1},b_{i1} を式 (6.73),(6.74),(6.76),(6.78) を用いて書き表すと,

$$\Phi(x,y,z,t) = (\epsilon a)\cos\tau \cdot \Phi_m(x,y,z)$$
$$+ \sum_i \dfrac{1}{2}(\epsilon a)^2 E_{1,mm}^i \sin 2\tau \cdot \Phi_i(x,y,z) \quad (6.106)$$

$$\eta(x,y,t) = -\dfrac{\omega_m}{g}(\epsilon a)\sin\tau \cdot \Phi_m(x,y,0)$$
$$+ \sum_i \dfrac{1}{2}(\epsilon a)^2 (F_{1,mm}^i \cos 2\tau + F_{2,mm}^i)\Phi_i(x,y,0) \quad (6.107)$$

となる.ここに,τ は

$$\tau = \omega_m T_0 + \beta \quad (6.108)$$

で定義されるが,式 (6.94) を用いて β を σ と γ で表し,式 (6.90) の σ の定義式を考慮すると,

$$\tau = \omega_m T_0 + \sigma T_2 - \gamma = \Omega t - \gamma$$

となる.さらに,式 (6.98) の γ について考慮すれば,

$$\tau = \Omega t \pm \dfrac{\pi}{2} \quad (6.109)$$

が得られる.この式の複号は,背骨曲線の両側の共振曲線上で応答の線形部分の位相が $180°$ ずれることを意味している.

また，マルティプルスケール法において導入したパラメータ ϵ は，(ϵa) として応答の線形部分の振幅を表している．

6.3.3 線形解

本方法においては，まず，線形化された境界条件を満足する線形解を求めることが必要である．線形解を求めるにあたっては，どのような方法を用いてもよい．円筒タンクや矩形タンクにおいては，第 2 章で示したような解析解が利用できるし，任意形状タンクであれば，有限要素法や級数展開法，境界要素法が利用できる．

この線形解から，固有角振動数 ω_i と固有振動モード Φ_i，それに Φ_i の微係数 Ψ_i，χ_i が得られ，非線形解析に必要なパラメータが式 (6.61) から求められる．問題となるのは，どの固有振動モードを非線形計算で考慮するかということであるが，一般には，目的とする固有振動数 ω_m に近い固有振動数をもつモードはすべて考慮に入れねばならない．ただし，軸対称タンクや矩形タンクのように，固有振動モードが三角関数などの簡単な直交関数で表されることがわかっている場合には，数個の固有振動モードを考えれば十分であることを次節の応用例において示す．

6.4 長方形タンクにおける非線形スロッシング

図 6.7 に示すような矩形タンクに液体が入っているときのスロッシングの線形解[†]は，2.7 節で求めたように，

$$\omega_k^2 = \mu_k g \tanh \mu_k H \tag{6.110}$$

$$\Phi_k(x, y, z) = D_k(z) \cos \frac{n\pi x}{L} \cos \frac{m\pi y}{W} \tag{6.111}$$

で与えられる．ここに，

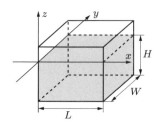

図 6.7 長方形タンク

[†] 第 2 章ではタンクの長さを a，b としているが，これらは本章では非線形の振幅として使っているので，L，W を使用した．また，水位を H としている．

$$\mu_k^2 = \left(\frac{n\pi}{L}\right)^2 + \left(\frac{m\pi}{W}\right)^2 \tag{6.112}$$

$$D_k(z) = \frac{\omega_k}{\mu_k}\frac{\cosh\mu_k(H+z)}{\sinh\mu_k H} \tag{6.113}$$

である．添え字 k は式 (6.112) において，m, n の組み合わせの小さいほうから順番に $1, 2, \ldots$ と付けていく．

いま，タンクが x 方向に水平加振を受けるとする．このとき励振によって生じる最低次の固有振動モードは $n=1$, $m=0$ の場合で，この固有振動モードを $(1,0)$ と表すことにする．また，このとき添え字 k を 1 とする．励振外力の振動数が $(1,0)$ モードの固有振動数 ω_1 に近いとして，スロッシングの非線形応答を考える．式 (6.53)，(6.54) より，非線形応答は多くの固有振動モードの重ね合わせで表されるのであるが，式 (6.61) のパラメーター α_{ij}^k, β_{ij}^k, γ_{ij}^k, Γ_{ijk}^l, Λ_{ijk}^l, K_{ijk}^l の計算により，$(1,0)$ と $(2,0)$ の二つの固有振動モードのみを考慮すればよいことが，次のようにしてわかる．

まず，**表 6.1** のように，式 (6.61) の添え字 i, j, k, l と対応する固有振動モードを定義する．式 (6.87) より，必要とされるパラメーターは

$$\alpha_{1i}^1, \quad \alpha_{11}^i, \quad \beta_{1i}^1, \quad \beta_{11}^i, \quad \gamma_{1i}^1, \quad \gamma_{11}^i, \quad \Gamma_{111}^1, \quad \Lambda_{111}^1, \quad K_{111}^1$$

であることがわかる．ここで α, β, γ に関する添え字 i だけが問題となるが，α, β, γ の定義式 (6.61) に戻り，α_{ij}^k, β_{ij}^k, γ_{ij}^k の添え字 i, j, k の組み合わせのうち二つが 1 であることを考慮し，三角関数の積分の性質より，i については $(2,0)$ モードについてのみ α_{1i}^1, β_{11}^i などの値が非ゼロとなる．たとえば，$(4,0)$ モードや $(1,1)$ モードを考えても，

$$\int_0^L \cos^2\frac{\pi x}{L}\cos\frac{4\pi x}{L}\,dx = 0, \quad \int_0^L\int_0^W \cos^2\frac{\pi x}{L}\cos\frac{\pi y}{W}\,dy\,dx = 0$$

であるから，α_{11}^4, α_{17}^1 はゼロとなる．

表 6.1 矩形タンクにおける添え字と振動モード ($\xi = \pi x/L$, $\zeta = \pi y/W$)

添え字	モード形	φ_k
1	$(1,0)$	$D_1\cos\xi$
2	$(2,0)$	$D_2\cos 2\xi$
3	$(3,0)$	$D_3\cos 3\xi$
4	$(4,0)$	$D_4\cos\zeta$
5	$(0,1)$	$D_5\cos 2\zeta$
6	$(0,2)$	$D_6\cos 3\zeta$
7	$(1,1)$	$D_7\cos\xi\cos\zeta$

第6章 非線形スロッシング

長方形タンクにおける非線形スロッシングの理論解は，Miles により次式で与えられて[112]，

$$\eta = A\cos\Omega t \cos\frac{\pi x}{L}$$
$$+ \frac{1}{8}\frac{\pi}{L}A^2\{T^{-1} + T + T^{-1}(3T^{-2} - 1)\cos 2\Omega t\}\cos\frac{2\pi x}{L} \qquad (6.114)$$

$$\left(\frac{\Omega}{\omega_1}\right)^2 = 1 + \frac{1}{32}\left(\frac{\pi A}{L}\right)^2 (9T^{-4} - 12T^{-2} - 3 - 2T^2) \qquad (6.115)$$

である．ここに，

$$T = \tanh\frac{\pi H}{L}$$

である．式 (6.114) に対応する式は，式 (6.107) に式 (6.111) を代入して，

$$\eta = -\frac{\omega_1}{g}(\epsilon a)D_1 \sin\tau \cos\frac{\pi x}{L}$$
$$+ \frac{1}{2}(\epsilon a)^2(F_{1,11}^2 \cos 2\tau + F_{2,11}^2)D_2 \cos\frac{2\pi x}{L} \qquad (6.116)$$

である．また，式 (6.115) に対応する背骨曲線は，式 (6.97) において加振外力をゼロとした

$$\sigma = -\frac{C_N}{8\omega_1 C_1}a^2$$

に ϵ^2 をかけて，σ の定義式 (6.90) を用いると，

$$\Omega = \omega_1 - \frac{C_N}{8\omega_1 C_1}(\epsilon a)^2 \qquad (6.117)$$

となる．ここで，式 (6.116) 中の D_1 を計算すれば，

$$\frac{\omega_1}{g}D_1 = 1$$

となるので，本方法で用いている (ϵa) は Miles の理論解の振幅 A に等しい．

本方法による結果と Miles の理論解を比較して，**表 6.2** に示す．Miles の理論解の C_N，$F_{1,11}^2$，$F_{2,11}^2$ は式 (6.114)，(6.115) を用いて換算した．計算に用いた数値は $g = 980\,\mathrm{cm/s^2}$，$L = 80\,\mathrm{cm}$ である．

C_N の値は，水位が低いとき負となってハードニング，水位が高いとき正となってソフトニングの背骨曲線を作り出すが，C_N の値がゼロになる水位は式 (6.115) より $H/L = 0.337$ で，この前後で背骨曲線の特徴が変わる現象は "**frequency-reversal**" として知られている．

表 6.2 長方形タンクにおける非線形スロッシングの計算

H/L		0.2	0.5	1.0
ω_1		4.629	5.941	6.192
ω_2		8.089	8.757	8.773
数値摂動解 (本章の方法)	$E_{1,11}^2$	-1.347×10^{-1}	-8.228×10^{-3}	-1.115×10^{-3}
	$E_{2,11}^2$	-7.857×10^{-2}	-8.214×10^{-2}	-8.312×10^{-2}
	$F_{1,11}^2$	-1.262×10^{-3}	-2.455×10^{-4}	-1.852×10^{-4}
	$F_{2,11}^2$	1.906×10^{-4}	1.761×10^{-4}	1.758×10^{-4}
	C_N	-2.118×10^{-1}	4.238×10^{-2}	5.698×10^{-2}
理論解 式 (6.114)	$F_{1,11}^2$	-1.262×10^{-3}	-2.455×10^{-4}	-1.852×10^{-4}
	$F_{2,11}^2$	1.906×10^{-4}	1.761×10^{-4}	1.758×10^{-4}
式 (6.115)	C_N	-2.118×10^{-1}	4.238×10^{-2}	5.698×10^{-2}

例題 6.2 式 (6.116) を使って自由表面形状を図示せよ．数値を表 6.2 のときと同じく，

$$g = 9.8 \,\text{m/s}^2, \quad L = 8\,\text{m}, \quad \frac{H}{L} = 0.5, \quad \mu_1 = \frac{\pi}{L}, \quad \mu_2 = \frac{2\pi}{L}$$

$$D_1 = \frac{\omega_1}{\mu_1} \frac{\cosh \mu_1(H+0)}{\sinh \mu_1 H}, \quad D_2 = \frac{\omega_2}{\mu_2} \frac{\cosh \mu_2(H+0)}{\sinh \mu_2 H}$$

$$F_{1,11}^2 = -2.455 \times 10^{-4}, \quad F_{2,11}^2 = 1.761 \times 10^{-4}$$

とする．

解答 時刻 $\tau = \pi/2$ の場合を計算する (**図 6.8**)．振幅 ϵa によって非線形度が異なるが，波高が 1 m, 2 m, 3 m 程度になるよう $\epsilon a = 10, 20, 30$ として計算した．波高が 3 m 程度になると，上方向に運動する波が尖り，下方向に運動する波は平坦になるという，非線形の特徴が出ている．

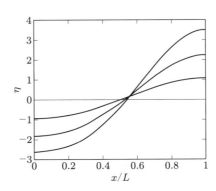

図 6.8 長方形タンクでの波高の非線形応答

6.5 軸対称タンクにおける非線形スロッシング

6.5.1 水平加振を受ける軸対称タンク

液体の入った軸対称タンクが水平加振を受けると，自由表面は共振点の近くで大振幅の運動を行う．とくに1次の共振点の近くにおいては，現象は複雑で，図 6.9 (a) のような**平面運動** (planar motion, lateral sloshing) は，自由表面の非線形性によって図 (b) のような**回転運動** (swirl, rotary sloshing) になる場合がある．この現象はHuttonら[31, 49, 112, 127, 128, 178] により解明されているが，これまでに述べた方法によって説明する．ここでは共振点近傍を論じるので，応答の強制振動項は共振項に比べて小さい (注釈 1.1 参照) として無視する．

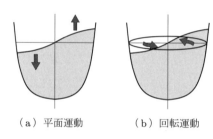

（a）平面運動　　（b）回転運動

図 6.9　平面運動と回転運動

6.5.2 平面運動

図 6.10 のような軸対称タンクに円柱座標 (r, θ, z) をとる．タンクの半径を R とする†．タンクが水平加振を受けるとき生じる内部液体のスロッシングは "lateral sloshing" とよばれるが，軸対称タンクの場合，図 6.9 (b) のような回転運動もあるので，図 6.9 (a) のような横揺れ運動を平面運動とよぶことにする．

図 6.10　軸対称タンクにとった円柱座標系

---

† a, b を非線形パラメータに使っているので，本章では半径を R で表す．

6.5 軸対称タンクにおける非線形スロッシング

平面運動を表すために，式 (6.53)，(6.54) において，

$$\Phi(x,y,z,t) = \sum_k a_k(t)\Phi_k(r,\theta,z) \tag{6.118a}$$

$$\eta(x,y,t) = \sum_k b_k(t)\Phi_k(r,\theta,z) \tag{6.118b}$$

とし，さらに円周方向波数が k の運動を考えれば，

$$\Phi_k(r,\theta,z) = \hat{\Phi}_k(r,z)\cos k\theta \tag{6.119}$$

と表せる．ここに，ハットのついた $\hat{\Phi}_k$ は θ に無関係な関数である．

次に，非線形解析において必要な固有振動モードについて考える．式 (6.119) で表される円周方向波数が k の第 m 次モードを (k_c,m) で表すことにする．いま，$(1c,1)$ モードの固有振動数に近い振動数の加振を受ける場合を考える．$(1c,1)$ モードの固有角振動数を ω_1 とし，添え字 $1c$ で $(1c,1)$ モードを表す．式 (6.84) で定義されるパラメーターで $(1c,1)$ モードと非ゼロの値を作るのは，円周方向波数が 0 と 2 の $(0,m)$，$(2c,m)$ モードのみであることが，矩形タンクの場合と同様に三角関数の簡単な積分によりわかる．ここで，m が 2 以上のモードについては，その固有角振動数が $m=1$ のそれよりもさらに ω_1 から離れていることと，$(0,1)$，$(2c,1)$ で作られるパラメータの値に比べてかなり小さいことから，m が 2 以上の振動モードは考慮に入れなくてよい．

$(0,1)$，$(2c,1)$ の振動モードに対して添え字 0，$2c$ を対応させれば，共振曲線の式 (6.97) における C_N は，

$$\begin{aligned} C_N = \sum_{j=0,2c} &\{2(\beta_{j1c}^{1c} + \gamma_{j1c}^{1c})\omega_1 E_{1,1c1c}^j + 2\lambda_1\omega_1^2\alpha_{1c1c}^j(2F_{2,1c1c}^j - F_{1,1c1c}^j) \\ &- g\mu_{1c1c}^j(2F_{2,1c1c}^j + F_{1,1c1c}^j)\} - 2\lambda_1^2(\Lambda_{1c1c1c}^{1c} + K_{1c1c1c}^{1c}) \end{aligned} \tag{6.120}$$

が得られる．また，q_m は式 (6.91) と式 (6.63) を用いて，

$$q_{1c} = \Omega^2 X_c \pi \int_0^R \hat{\Phi}_1(r,0) r^2\, dr \tag{6.121}$$

となる．ここに，X_c はタンクの水平方向の最大振幅である．

Φ, η の非線形応答は，式 (6.106)，(6.107) で添え字 m に $1c$，添え字 i に 0，2 をあてればよい．また，飛び移り現象についての不安定領域は式 (6.105) で与えられる．

6.5.3 平面運動における回転運動成分の出現

平面運動においては，振幅が大きくなると回転運動が混在してくる場合があることが，実験[31, 49]からわかっている．この不安定現象を調べるために，液体が平面運動をしている状態での回転運動成分の出現について，以下に検討する．

まず，準備として振動モードの定義を行う．前項では，

$$\Phi_k(r,\theta,z) = \hat{\Phi}_k(r,z)\cos k\theta \tag{6.122}$$

の振動モードを (k_c, m) とし，$(k_c, 1)$ の場合の添え字として k_c を用いた．同様に，

$$\Phi_k(r,\theta,z) = \hat{\Phi}_k(r,z)\sin k\theta \tag{6.123}$$

の振動モードを (k_s, m) とし，$(k_s, 1)$ の場合の添え字として k_s を用いることにする．式 (6.122), (6.123) における振幅は，それぞれの振動モードについて A_{kc}, A_{ks} で表されることになる．

さて，純粋な回転運動は

$$\Phi_1(r,\theta,z)e^{j\omega_1 t} = \hat{\Phi}_1(r,z)(\cos\theta \pm j\sin\theta)e^{j\omega_1 t} = \hat{\Phi}_1 e^{j(\omega_1 t \pm \theta)} \tag{6.124}$$

で表すことができる．ゆえに，

$$A_{1c} = \pm j A_{1s} \tag{6.125}$$

であれば純粋な回転運動になり，$|iA_{1s}|$ が $|A_{1c}|$ に比べて小さければ，平面運動の中に回転運動が混在していることになる．なお，式 (6.124), (6.125) の ± の複号は右回りと左回りの回転を表し，どちらの回転が起こるかは加振力と初期条件で決定されるので，ここでは + で表される方向の回転を考えることにする．

まず，式 (6.83) において，添え字 m として $1c$ と $1s$ を考えて永年項をゼロとすれば，

$$\begin{aligned}
&-2j\omega_1 C_1 \frac{\partial A_{1c}}{\partial T_2} + \frac{j\Omega}{2} q_{1c} e^{j\Omega T} \\
&+ (C_N A_{1c}\bar{A}_{1c}A_{1c} + C_{R1} A_{1s}\bar{A}_{1s}A_{1c} + C_{R2} A_{1s}A_{1s}\bar{A}_{1c})e^{j\omega_1 T_0} + cc = 0
\end{aligned} \tag{6.126}$$

$$\begin{aligned}
&-2j\omega_1 C_1 \frac{\partial A_{1s}}{\partial T_2} + \frac{j\Omega}{2} q_{1s} e^{j\Omega t} \\
&+ (C_N A_{1s}\bar{A}_{1s}A_{1s} + C_{R1} A_{1c}\bar{A}_{1c}A_{1s} + C_{R2} A_{1c}A_{1c}\bar{A}_{1s})e^{j\omega_1 T_0} + cc = 0
\end{aligned} \tag{6.127}$$

となる．ここで，式 (6.83) の $D_0 Q_m$ 項は式 (6.121) で与えられる水平加振力で置き換えられており，q_{1s} はゼロである．C_{R1} と C_{R2} は，

$$\alpha_{1s0}^{1s} = \alpha_{1c0}^{1c}, \quad \alpha_{1c1c}^{2s} = \alpha_{1c1c}^{2c}, \quad \alpha_{1s1s}^{2c} = -\alpha_{1c1c}^{2c}$$

などの関係を用いて，すべてを添え字 $1c$ で表すパラメータにより，

$$\begin{aligned}
C_{R1} &= \mathcal{F}_2(1c; 1c, 0; 1c, 1c) + \mathcal{F}_3(1c; 1c, 0; 1c, 1c) \\
&\quad + \mathcal{F}_4(1c; 0, 1c; 1c, 1c) + \mathcal{F}_6(1c; 0, 1c; 1c, 1c) \\
&\quad + 2\mathcal{F}_1(1c; 1c, 2c; 1c, 1c) + 2\mathcal{F}_5(1c; 2c, 1c; 1c, 1c) \\
&\quad - \lambda_1^2 \left(\frac{4}{3} \Lambda_{1c1c1c}^{1c} + 12 K_{1c1c1c}^{1c} \right) \\
&= -(2\lambda_1 \omega_1^2 \alpha_{1c0}^{1c} + g \mu_{1c1c}^0) F_{1,1c1c}^0 + 2\omega_1 (\beta_{1c0}^{1c} + \gamma_{1c0}^{1c}) E_{1,1c1c}^0 \\
&\quad + (8\lambda_1^2 g \alpha_{1c2c}^{1c} - 4g \mu_{1c1c}^{2c}) F_{2,1c1c}^{2c} \\
&\quad - \lambda_1^2 \left(\frac{4}{3} \Lambda_{1c1c1c}^{1c} + 12 K_{1c1c1c}^{1c} \right) \tag{6.128}
\end{aligned}$$

$$\begin{aligned}
C_{R2} &= \mathcal{F}_1(1c; 1c, 0; 1c, 1c) + \mathcal{F}_5(1c; 0, 1c; 1c, 1c) \\
&\quad + \mathcal{F}_2(1c; 1c, 2c; 1c, 1c) + \mathcal{F}_3(1c; 1c, 2c; 1c, 1c) \\
&\quad + \mathcal{F}_4(1c; 2c, 1c; 1c, 1c) + \mathcal{F}_6(1c; 2c, 1c; 1c, 1c) \\
&\quad - \mathcal{F}_1(1c; 2c, 1c; 1c, 1c) - \mathcal{F}_5(1c; 2c, 1c; 1c, 1c) \\
&\quad + \lambda_1 \left(-\frac{2}{3} \Lambda_{1c1c1c}^{1c} + 10 K_{1c1c1c}^{1c} \right) \\
&= g(4\lambda_1^2 \alpha_{1c0}^{1c} - 2\mu_{1c1c}^0) F_{2,1c1c}^0 - g(4\lambda_1^2 \alpha_{1c2c}^{1c} - 2\mu_{1c1c}^{2c}) F_{2,1c1c}^{2c} \\
&\quad - (2\lambda_1 \omega_1^2 \alpha_{1c2c}^{1c} + g \mu_{1c1c}^{2c}) F_{1,1c1c}^{2c} + 2\omega_1 (\beta_{1c2c}^{1c} + \gamma_{1c2c}^{1c}) E_{1,1c1c}^{2c} \\
&\quad + \lambda_1^2 \left(-\frac{2}{3} \Lambda_{1c1c1c}^{1c} + 10 K_{1c1c1c}^{1c} \right) \tag{6.129}
\end{aligned}$$

と書くことができる．

式 (6.126)，(6.127) は位相が $90°$ ずれた運動を表している．平面運動中に回転運動成分が出現することによる不安定領域を調べるため，式 (6.127) に i を乗じて式 (6.126) と同相にして加え合わせると，

$$-2j\omega_1 C_1 \frac{\partial}{\partial T_2}(A_{1c} + jA_{1s}) + \frac{j\Omega}{2} q_{1c} e^{j\Omega t}$$

$$+ \{C_N(A_{1c}\bar{A}_{1c}A_{1c} + jA_{1s}\bar{A}_{1s}A_{1s})$$
$$+ C_{R1}(A_{1s}\bar{A}_{1s}A_{1c} + jA_{1c}\bar{A}_{1c}A_{1s})$$
$$+ C_{R2}(A_{1s}A_{1s}\bar{A}_{1c} + jA_{1c}A_{1c}\bar{A}_{1s})\}e^{j\omega T_0}$$
$$+ cc = 0 \tag{6.130}$$

を得る.さらに,
$$A_{1c} = \frac{1}{2}a_0 e^{j\beta} \tag{6.131}$$
$$A_{1s} = -\frac{j}{2}a_p e^{j\beta} \tag{6.132}$$

とする. a_0 は平面運動の振幅を表し, a_p は平面運動中に生じる回転運動成分の擾乱を表す. a_0 と a_p は

$$a_0 \gg a_p \tag{6.133}$$

の関係にある.式 (6.131), (6.132) を式 (6.130) に代入すると,

$$\left[-j\omega_1 C_1 \left\{\left(\frac{\partial a_0}{\partial T_2} + \frac{\partial a_p}{\partial T_2}\right) + j\left(\sigma - \frac{\partial \gamma_0}{\partial T_2} - \frac{\partial \gamma_p}{\partial T_2}\right)(a_0 + a_p)\right\}\right.$$
$$- \frac{j\omega_1 q_{1c}}{2}\{\cos(\gamma_0 + \gamma_p) + j\sin(\gamma_0 + \gamma_p)\}$$
$$\left.+ \frac{1}{8}C_N a_0^3 + \frac{1}{8}(C_{R1} - C_{R2})a_0^2 a_p\right]e^{j\omega_1 T_0}e^{j\beta} + cc = 0 \tag{6.134}$$

となる.ここに, γ_0, γ_p は式 (6.94), (6.100b) で定義される.上式を a_0 オーダーのものと擾乱のオーダーのものに分ける.まず, a_0 のオーダーの実数部と虚数部より,

$$\omega_1 C_1 \left(\sigma - \frac{\partial \gamma_0}{\partial T_2}\right)a_0 + \frac{1}{8}C_N a_0^3 + \frac{1}{2}q_{1c}\omega_1 \sin\gamma_0 = 0 \tag{6.135a}$$

$$-\omega_1 C_1 \frac{\partial a_0}{\partial T_2} - \frac{1}{2}q_{1c}\omega_1 \cos\gamma_0 = 0 \tag{6.135b}$$

が得られ,擾乱のオーダーの実数部と虚数部より,

$$\omega_1 C_1 \left\{\left(\sigma - \frac{\partial \gamma_0}{\partial T_2}\right)a_p - \frac{\partial \gamma_p}{\partial T_2}a_0\right\} + \frac{1}{2}\omega_1 q_{1c}\gamma_p \sin\gamma_0$$
$$+ \frac{1}{8}(C_{R1} - C_{R2})a_0^2 a_p = 0 \tag{6.136a}$$

$$-\omega_1 C_1 \frac{\partial a_p}{\partial T_2} + \frac{1}{2}\omega_1 q_{1c}\gamma_p \sin\gamma_0 = 0 \tag{6.136b}$$

を得る.

式 (6.135) は式 (6.95a), (6.95b) と同じであり，ただちに共振曲線を表す

$$\sigma = -\frac{C_N}{8\omega_1 C_1}a_0^2 - \frac{1}{2}\frac{q_{1c}}{C_1 a_0}\sin\gamma_0 \tag{6.137a}$$

$$\cos\gamma_0 = 0 \tag{6.137b}$$

が得られる．また，前節で飛び移り現象による安定解析を行ったときとまったく同じ手順を用いて，擾乱 a_p, γ_p を

$$a_p = a_{p_0}e^{\lambda T_2}, \quad \gamma_p = \gamma_{p_0}e^{\lambda T_2} \tag{6.138}$$

として式 (6.136) に代入し，λ の特性方程式を求めれば，

$$\lambda^2 + \left(\sigma + \frac{C_{R1}-C_{R2}}{8\omega_1 C_1}a_0^2\right)\left(\sigma + \frac{C_N}{8\omega_1 C_1}a_0^2\right) = 0 \tag{6.139}$$

を得る．ここでは，式 (6.136b) の第 2 項の $\sin\gamma_0$ には式 (6.137a) の関係を用いている．λ が正の実数部をもつと擾乱が成長して不安定となり，この領域は

$$\lambda^2 + \left(\sigma + \frac{C_{R1}-C_{R2}}{8\omega_1 C_1}a_0^2\right)\left(\sigma + \frac{C_N}{8\omega_1 C_1}a_0^2\right) < 0 \tag{6.140}$$

で与えられる．

6.5.4 回転運動

純粋な回転運動は，式 (6.130) において

$$A_{1c} = \frac{1}{2}ae^{j\beta} \tag{6.141a}$$

$$A_{1s} = -\frac{j}{2}ae^{j\beta} \tag{6.141b}$$

として代入して，

$$\left[-2j\omega_1 C_1\left\{\frac{\partial a}{\partial T_2} + j\left(\sigma - \frac{\partial \gamma}{\partial T_2}\right)a\right\} - \frac{j\omega_1 q_{ic}}{2}(\cos\gamma + j\sin\gamma)\right.$$
$$\left. + \frac{1}{4}(C_N + C_{R1} - C_{R2})a^3\right]e^{j\omega_1 T_0}e^{j\beta} + cc = 0 \tag{6.142}$$

となる．先ほどまでの手順とまったく同様にして，

$$\sigma = -\frac{C_N + C_{R1} - C_{R2}}{8\omega_1 C_1}a^2 \pm \frac{q_{1c}}{4C_1 a} \tag{6.143}$$

なる共振曲線を表す式を得る．また，飛び移りによる不安定領域は，

$$\left\{\sigma + \frac{3(C_N + C_{R1} - C_{R2})}{8\omega_1 C_1}a^2\right\}\left\{\sigma + \frac{C_N + C_{R1} - C_{R2}}{8\omega_1 C_1}a^2\right\} < 0 \quad (6.144)$$

で与えられる．

また，前項での式 (6.140) の不等号を逆にした領域

$$\left(\sigma + \frac{C_{R1} - C_{R2}}{8\omega_1 C_1}a^2\right)\left(\sigma + \frac{C_N}{8\omega_1 C_1}a^2\right) > 0 \quad (6.145)$$

においては，水平加振力を受けて平面運動と回転運動が混在していても，回転運動成分が減衰していく領域で，回転運動の不安定領域となる．

6.5.5 数値計算例

ここでは，軸対称タンクにおけるスロッシングの数値計算例として，円筒タンクを考える．半径 R，水位 H の円筒タンクにおけるスロッシングの線形解は，第 2 章の式 (2.83)，(2.84) で与えられて，

$$\Phi(r, \theta, z, t) = \hat{\Phi}(r, \theta, z)e^{j\omega t}$$
$$= D\cos n\theta \cdot J_n(\lambda_{ni}r)\frac{\cosh \lambda_{ni}(z + H)}{\cosh \lambda_{ni}H}e^{j\omega t} \quad (6.146)$$

$$\omega_{ni}^2 = \xi_{ni}\frac{g}{a}\tanh\frac{\xi_{ni}H}{a} \quad (6.147)$$

であり，Ψ_k, χ_k は

$$\Psi_k = \frac{\partial \Phi_k}{\partial r}, \quad \chi_k = \frac{\partial \Phi_k}{r\partial \theta}$$

で与えられる．

計算に用いた数値は Hutton の論文[31] のものを採用し，これを表 6.3 に示す．線形解の式 (6.146) における D の値は，各振動モードについて

表 6.3 計算に用いた数値

R	15.08 cm (6 inch)
H	22.62 cm (9 inch)
g	980 cm/s² (386 inch/s²)
$\xi_1 R$	1.841
$\xi_0 R$	3.832
$\xi_2 R$	3.054
ω_1	10.89 rad/s
ω_0	15.78 rad/s
ω_2	14.09 rad/s

$$D\cosh\xi_n H = 1$$

となるように決めた．また，式 (6.61) でのパラメーターの計算に必要となるベッセル関数の積分については，数表[91] からとった 20 点の離散値を用いて数値積分を行った．

計算結果[195] を表 6.4 に示す．C_N，C_{R1}，C_{R2} を用いて，共振曲線，背骨曲線，安定‐不安定領域を計算すると，次のようになる．

表 6.4　円筒タンクにおける計算結果

	$i=0$	$i=2c$
$E^i_{1,1c1c}$	2.65×10^{-5}	2.51×10^{-4}
$E^i_{2,1c1c}$	5.05×10^{-4}	-1.35×10^{-3}
$F^i_{1,1c1c}$	2.31×10^{-6}	-1.36×10^{-6}
$F^i_{2,1c1c}$	-2.00×10^{-6}	3.67×10^{-6}
C_N	5.04×10^{-3}	
C_{R1}	-3.61×10^{-3}	
C_{R2}	8.65×10^{-3}	
q_{1c}	$0.251\Omega^2 X_c$	

平面運動の背骨曲線 P_B：式 (6.99)

$$\sigma = -6.73 \times 10^{-7} a^2$$

平面運動の共振曲線 P_1，P_2：式 (6.99)

$$\sigma = -6.73 \times 10^{-7} a^2 \pm \frac{10.81}{a}\Omega^2 X_C$$

平面運動の飛び移り現象に関する不安定領域 R_3 より上：式 (6.105)

$$(\sigma + 6.73 \times 10^{-7} a^2)(\sigma + 20.2 \times 10^{-7} a^2) < 0$$

平面運動の中に回転運動成分が混入することによる不安定領域：式 (6.140)

$$(\sigma - 16.4 \times 10^{-7} a^2)(\sigma + 6.73 \times 10^{-7} a^2) < 0$$

回転運動の背骨曲線 S_B：式 (6.143)

$$\sigma = 9.65 \times 10^{-7} a^2$$

回転運動の共振曲線 S_1，S_2：式 (6.143)

$$\sigma = 9.65 \times 10^{-7} a^2 \pm \frac{5.41}{a}\Omega^2 X_C$$

回転運動の飛び移り現象に関する不安定領域：式 (6.144)

$$(\sigma - 29.0 \times 10^{-7} a^2)(\sigma - 9.65 \times 10^{-7} a^2) < 0$$

回転運動の成分が減衰していくことによる不安定領域：式 (6.145)

$$(\sigma - 16.4 \times 10^{-7} a^2)(\sigma + 6.73 \times 10^{-7} a^2) > 0$$

以上の曲線と領域を**図 6.11** に示す．図の横軸は σ で，式 (6.90) で定義されたように，加振振動数 Ω と固有振動数 ω_m との差を示す量で，

$$\Omega = \omega_m + \epsilon^2 \sigma$$

である．縦軸は，式 (6.92) で定義される応答の振幅 a である．

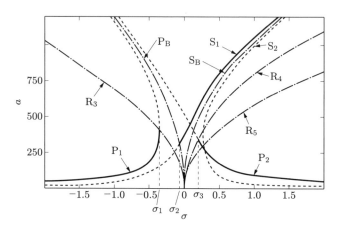

図 6.11 横加振した場合の液面の応答曲線

この図においては，加振振幅 X_C を $0.062\,\mathrm{cm}$ として計算している．図の曲線と領域の説明は**表 6.5** にまとめた．図中の太い実線が安定な共振曲線であることを表す．$\sigma < \sigma_1$ での加振振動数では，安定な運動は平面運動である．$\sigma_1 < \sigma < \sigma_2$ では安定な運動は存在しない．$\sigma_2 < \sigma < \sigma_3$ では回転運動だけが安定な運動で，$\sigma_3 < \sigma$ では回転運動と平面運動の二つの運動が安定となる．しかし，σ を大きくしていくと曲線 S_1 は，実際には減衰のため最大値があり，この最大点から曲線 P_2 の同じ σ の点に飛

表 6.5 図 6.11 の説明

曲線，領域	説 明
P_B	平面運動の背骨曲線
P_1, P_2	平面運動の共振曲線
R_3 より下領域	平面運動が安定な領域
R_4 より下領域	平面運動が安定な領域
S_B	スワールの背骨曲線
S_1, S_2	スワールの共振曲線
R_5 より上の領域 (S_B まで)	スワールの不安定領域

6.5 軸対称タンクにおける非線形スロッシング

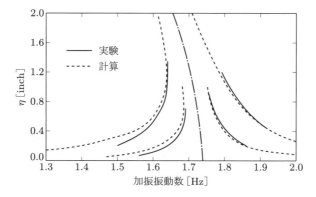

図 6.12 応答曲線の計算と実験[31]との比較

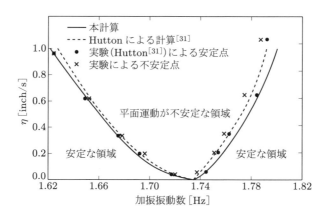

図 6.13 応答曲線の計算と実験との比較

び移りが起こって安定な運動は平面運動だけとなる．実験と比較した結果を，平面運動の共振曲線について図 6.12 に，平面運動の安定境界 (図 6.12 の曲線 R_3 と R_4) について図 6.13 に示す．

【注釈 6.4】内部共振について　内部共振は，多自由度の振動系において，固有振動数 $\omega_1, \omega_2, \ldots, \omega_n$ の間に，m_i を整数として

$$m_1\omega_1 + m_2\omega_2 + \cdots + m_n\omega_n \approx 0$$

が成立するとき生じる非線形現象である．6.3.2 項で「内部共振がないと仮定する」ことは，式 (6.77a), (6.77b) の分母がゼロにならないことを意味する．応用例で採用した二つの例題については，ともに水深が深くなると，

$$2\omega_1 - \omega_4 \approx 0$$

の関係が成立する．ここで，添え字1で表される固有振動モードは，長方形タンクの場合 (1,0)，軸対称タンクの場合 (1,1) で，添え字4で表される固有振動モードは，それぞれ (4,0), (4,1) である．しかし，ω_1 の振動数の非線形振動を考える場合，ω_4 の振動モードは，$\alpha_{ij}^k, \beta_{ij}^k$ などのパラメータ計算により考慮する必要のないことがわかっているので，実際に用いられることの多いこの種のタンクについては，内部共振がないとして式 (6.77a), (6.77b) 以下の計算を続けることができる．一般には，内部共振がありそうな場合には，ϵ^3 オーダーの計算に進む前に内部共振解析を行うことになる．

【注釈 6.5】非線形振動の構造強度への影響　非線形振動においては，低次の共振モードに加えて高次の振動モードが重ね合わさって応答することがわかった．とくに，軸対称タンクでは $n=1$ のモードに $n=0$ と $n=2$ のモードが重ね合わさる．ロケットや衛星で，この非線形振動が問題になるようなことは実際にはほとんどない．なぜなら，そのような大きな振動になる前に制御しなければならないからである．一方で耐震工学においては，地震動が大きくなれば大変形応答となる．この場合，タンクからの溢流などの問題に加え，タンクの強度の観点からは，$n=1$ に対する発生応力に $n=0$，$n=2$ に対する応力も加え合わさる．さらに，内部共振も考慮しておかねばならない．線形理論で $n=1$ の場合だけの発生応力に比べて危険側になり得る (たとえば文献 [227]).

6.6　係数励振振動（縦スロッシング）

6.6.1　縦加振時の定式化

タンクが縦方向（重力方向）に加振される場合を考える．タンクが土台の上にあって，その土台が縦方向に角加速度 Ω で振幅 A の正弦波で加振されている場合，タンク座標系から見ると，重力加速度 g は見かけ上

$$\hat{g} = g - A\Omega^2 \sin\Omega t \tag{6.148}$$

となる．よって，式 (2.65) は

$$\frac{\partial^2 \Phi}{\partial t^2} + (g - A\Omega^2 \sin\Omega t)\frac{\partial \Phi}{\partial z} = 0 \tag{6.149}$$

となる．ここで，

$$\Phi(x,y,z,t) = \sum_m a_m(t)\frac{\cosh\lambda_m(z+h)}{\cosh\lambda_m h}S_m(x,y) \tag{6.150}$$

である (注釈 6.6 参照)．円筒タンクの場合，軸対称変形の $n=0$ の場合を採用して，

$$S_m(x,y) = \cos 0\theta \cdot J_0(\lambda_m r) = J_0(\lambda_m r) \tag{6.151}$$

である．式 (6.150) を式 (6.149) に代入して，$z=0$ において

$$\frac{\partial^2 a_m}{\partial t^2} + \lambda_m \tanh \lambda_m h \cdot (g - A\Omega^2 \sin \Omega t) a_m = 0 \tag{6.152}$$

となる．このように振動方程式の係数，とくに剛性項が時間の関数の場合，**係数励振振動** (parametric excitation) という．

【注釈6.6】 2.1.3項では，慣性座標系での z と土台（いまの場合タンク）座標系の $\hat{z}$ とは，

$$z = \hat{z} + A \sin \Omega t$$

で変換されて，

$$m\ddot{\hat{z}} + k\hat{z} = mA\Omega^2 \sin \Omega t$$

の形の振動方程式となっている．この変換はスロッシングの場合，液体にかかる慣性力の g として $\hat{g}$ で考慮されているので，振動モードの Φ における z の変換は不要である．

6.6.2 マシューの方程式

式 (6.152) を一般化して書き直した

$$m\ddot{u} + (k + P \cos \omega t)u = 0 \tag{6.153}$$

を，**マシューの方程式** (Mathieu's equation) という．

$$\omega_0^2 = \frac{k}{m}, \quad p = \frac{P}{m}$$

と置き換えると，

$$\ddot{u} + (\omega_0^2 + p \cos \omega t)u = 0 \tag{6.154}$$

と書ける．$\omega = 2\omega_0$ の加振振動数で共振状態に陥ることを簡単に示す．

まず，応答は加振振動数と同じ振動数で生じると考えて，

$$u = C_1 \cos \omega t + S_1 \sin \omega t$$

として式 (6.154) に代入すると，

$$(\omega_0^2 - \omega^2) C_1 \cos \omega t + (\omega_0^2 - \omega^2) S_1 \sin \omega t$$
$$+ S_1 \frac{p}{2} \sin 2\omega t + C_1 \frac{p}{2} \cos 2\omega t + C_1 \frac{p}{2} = 0$$

となる．自明解 ($S_1 = 0, C_1 = 0$) 以外の基本振動数の項 ($\cos \omega t$, $\sin \omega t$ の項) の係数をゼロとするには，$\omega = \omega_0$ が解となる．しかし，この解は p に依存しないので，別の解の形を探してみる．すると振動数 2ω の項に注目し，

$$u = C_{1/2} \cos \frac{\omega t}{2} + S_{1/2} \sin \frac{\omega t}{2}$$

として代入してみると，

$$\left(\omega_0^2 - \frac{\omega^2}{4}\right)C_{1/2}\cos\frac{\omega t}{2} + \left(\omega_0^2 - \frac{\omega^2}{4}\right)S_{1/2}\sin\frac{\omega t}{2}$$
$$+ pC_{1/2}\cos\omega t\cos\frac{\omega t}{2} + pS_{1/2}\cos\omega t\sin\frac{\omega t}{2} = 0$$

となる．ここで，

$$\cos\omega t\cos\frac{\omega t}{2} = \frac{1}{2}\left(\cos\frac{3}{2}\omega t + \cos\frac{\omega t}{2}\right)$$
$$\cos\omega t\sin\frac{\omega t}{2} = \frac{1}{2}\left(\sin\frac{3}{2}\omega t - \sin\frac{\omega t}{2}\right)$$

であるので，

$$\left(\omega_0^2 - \frac{\omega^2}{4} + \frac{p}{2}\right)C_{1/2}\cos\frac{\omega t}{2} + \left(\omega_0^2 - \frac{\omega^2}{4} - \frac{p}{2}\right)S_{1/2}\sin\frac{\omega t}{2}$$
$$+ pC_{1/2}\cos\frac{3\omega t}{2} + pS_{1/2}\sin\frac{3\omega t}{2} = 0$$

となる．ここで，$\cos\omega t/2$，$\sin\omega t/2$ の項をゼロとすると，

$$\omega = 2\omega_0\sqrt{1 \pm \frac{p}{2\omega_0^2}}$$

となる．よって，固有振動数の 2 倍程度の加振振動数で土台を励振すると，$C_{1/2}$，$S_{1/2}$ がゼロでない応答を生じる．$\omega = \omega_0$，$\omega = 2\omega_0/3$ のときにも応答を生じるが，縦スロッシングとして一番応答が大きいのは $\omega = 2\omega_0$ の場合である．

例題 6.3 半径 11.7 cm，水位 5 cm の円筒タンクを垂直加振機の上で励振したとき，自由表面の応答が一番大きくなる加振振動数を求めよ．

解答 固有振動数は，式 (6.147) より

$$\omega_{01}^2 = 3.8317\frac{9.8}{0.117}\tanh\frac{3.8317 \times 0.05}{0.117} = 297.5 = (2\pi \times 2.745)^2$$

で，$f_0 = \omega_0/2\pi = 2.745$ Hz である．そのときの加振振動数 f はその 2 倍の 5.49 Hz である．なお，実験[222] では，$f_0 = 2.75$ Hz，$f = 5.44$ Hz となった．

ここでは，「縦スロッシングとして一番応答が大きいのは固有振動数の 2 倍の振動数で加振される場合である」ということを説明するため，かなり端折ってマシューの方程式の解について説明したが，$\sin 3/2\omega t$，$\cos 3/2\omega t$ の項や安定性の議論などは，非線形振動の教科書 [87]，[136] などを参照されたい．

【注釈 6.7】 ロケットは発射後，エンジン推力の微小変動により縦方向の加振を受ける．とくに液体推進薬が少なくなったときに，推進系と機体構造系の固有振動数が一致して，5〜50 Hz 程度で振幅が数 g で 10 秒程度持続する正弦波振動となることがある．これを**ポゴ振動**[79] (ロケットの縦振動が子供の玩具の POGO stick（日本ではホッピング）に似ているのでこうよばれている) というが，スロッシングが主体となる振動数ではないので，本節で説明した係数励振振動とはならない．

第7章 水中振動

本章と次章では，構造振動と液体の連成振動に必要な事項を説明する．本章が水中振動で，次章が液体が片側だけの接水振動である．

7.1 流体中の物体が受ける力

流体[†]中にある剛な物体が，流れによってどのような力を受けるかを検討する．**表 7.1** に示すように，流体による力はいろいろあるが，ここでは流体については非粘性の渦なし運動と考えることにする．まず，**図 7.1** のような，物体の x 方向に速度 u がある場合の 2 次元問題を考える．流体の運動方程式は式 (3.5) において $\sigma_x = -p$ として，

表 7.1 流体中で運動する物体が流体から受ける力

仮 定	概 念	比例する関数	例
完全流体	非回転運動（循環なし）	dv/dt	付加質量 M_a
	非回転運動（循環あり）	v^2	揚力，抗力
	回転運動	v^2	カルマン渦による励振
粘性流体	低レイノルズ流れ	v	摩擦，粘性抵抗 D_y
	高レイノルズ流れ	v^2	圧力抵抗 D_p
圧縮性流体		v^n	放射抵抗

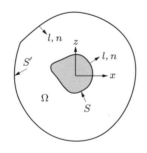

図 7.1 流れの中の物体 (その 1)

[†] 本節では流れ場を扱っているので，液体とよばず，流体とよぶ．

7.1 流体中の物体が受ける力

$$\rho\left(\frac{\partial u}{\partial t}+u\frac{\partial u}{\partial x}+w\frac{\partial u}{\partial z}\right)=-\frac{\partial p}{\partial x}+\frac{\partial \tau_{xz}}{\partial z} \tag{7.1}$$

である．ここに，p は物体の x 面にはたらく x 方向の応力（すなわち圧力）であり，τ_{xz} は z 面に作用する x 方向のせん断応力である．この式を図 7.1 に示すような領域 Ω で積分する．ここで，l，n を表面 S，S' の法線の x，z 方向の方向余弦，$ds=\sqrt{dx^2+dz^2}$ として，

$$\rho\iint_\Omega\left(u\frac{\partial u}{\partial x}+w\frac{\partial u}{\partial z}\right)dx\,dz=-\rho\int_S u(lu+nw)\,ds-\rho\int_{S'} u(lu+nw)\,ds$$

$$\iint_\Omega\left(-\frac{\partial p}{\partial x}+\frac{\partial \tau_{xz}}{\partial z}\right)dx\,dz=-\int_S(-lp+n\tau_{zx})\,ds-\int_{S'}(-lp_{xx}+n\tau_{zx})\,ds$$

であるので，式 (7.1) は

$$\rho\iint_\Omega \frac{\partial u}{\partial t}dx\,dz-\rho\int_S u(lu+nw)\,ds-\rho\int_{S'} u(lu+nw)\,ds$$
$$=-\int_S(-lp+n\tau_{zx})\,ds-\int_{S'}(-lp+n\tau_{zx})\,ds \tag{7.2}$$

となる．

物体が表面 S で囲まれているので，物体にはたらく力 F は

$$F=\int_S(-lp+n\tau_{zx})\,ds$$
$$=-\rho\iint_\Omega\frac{\partial u}{\partial t}dx\,dz+\rho\int_S u(lu+nw)\,ds+\rho\int_{S'}u(lu+nw)\,ds$$
$$\quad -\int_{S'}(lp+n\tau_{zx})\,ds$$

である．S から十分に遠い S' 上において $\tau_{xz}=0$ としてよいので，

$$F=-\rho\iint_\Omega\frac{\partial u}{\partial t}dx\,dy+\rho\int_{S+S'}u(lu+nw)\,ds-\int_{S'}lp\,ds \tag{7.3}$$

である．式 (7.3) は図 7.1 について記述したが，流れの方向に上下対称な[†] 図 7.2 において適用すれば，

$$F=-\rho\int\frac{\partial u}{\partial t}d\Omega+\rho\int_{-\infty}^{\infty}(u_1^2-u_2^2)\,dz+\int_{-\infty}^{\infty}(p_2-p_1)\,dz \tag{7.4}$$

となる．ここに，u_1，u_2 と p_1，p_2 とは，それぞれ境界 S_1'，S_2' 上の速度と圧力であ

[†] 迎角ゼロで循環なし．

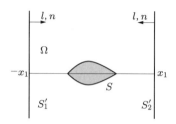

図 7.2 流れの中の物体 (その 2)

る．この式を

$$F = F_1 + F_2 + F_3 \tag{7.5}$$

とすると，第 1 項は質量項，第 2 項は**速度 2 乗抵抗**の項，第 3 項は圧力差の項となる．質量項に関しては，振動現象において使う場合は**付加質量** (added mass)，そうでない場合は**仮想質量**[†] (virtual mass) とよばれることが多い．本書では以降，付加質量とよぶ．

例題 7.1 x 方向前方から速度 U で流れている流体中にある 2 次元の円断面にはたらく力を求めよ．

....

解答 円柱周りの速度 U の一様流れ (図 7.3 (a)) の速度ポテンシャル Φ は，a を円柱の半径として

$$\Phi = U\left(r + \frac{a^2}{r}\right)\cos\theta = Ux\left(1 + \frac{a^2}{x^2 + z^2}\right) \tag{7.6}$$

で与えられる．この速度ポテンシャルから計算される液体の速度は，

$$\begin{aligned}u &= \frac{\partial \Phi}{\partial x} = U + Ua^2\left\{\frac{1}{x^2+z^2} - \frac{2x^2}{(x^2+z^2)^2}\right\}\\ &= U + Ua^2\frac{r^2\cos^2\theta - r^2\sin^2\theta}{r^4} = U\left(1 - \frac{a^2\cos 2\theta}{r^2}\right)\end{aligned}$$

$$w = \frac{\partial \Phi}{\partial z} = Ua^2\frac{-2xz}{(x^2+z^2)^2} = -U\frac{a^2\sin 2\theta}{r^2}$$

で (図 (b))，物体表面の r 方向の速度 v_r は

$$\begin{aligned}v_r &= u\cos\theta + w\sin\theta = U\cos\theta - \frac{a^2}{a^2}U(\cos 2\theta\cos\theta + \sin 2\theta\sin\theta)\\ &= U\cos\theta - U\cos(2\theta - \theta) = 0\end{aligned}$$

[†] 物体の質量と付加質量の和を仮想質量（見かけ質量）という場合もある[7]．

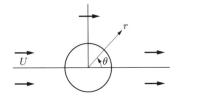
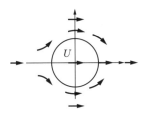

（a）一様流の円柱周りの流れ　　（b）静止液体中で移動する円柱周りの流れ

図 7.3　円柱周りの流れ

となって，物体を通過する液体はないという境界条件は満足している．この速度ポテンシャルによる物体表面での圧力分布 $p(t, r=a, \theta)$ は，

$$p(t,x,y) = \rho \frac{\partial \Phi}{\partial t} = \rho \frac{dU}{dt} r \left(1 + \frac{a^2}{r^2}\right) \cos\theta$$

となる．これらを式 (7.5) に入れて計算してみると，

$$F_1 = -\rho \int \frac{\partial u}{\partial t} d\Omega = -\rho \frac{\partial U}{\partial t} \int \left(1 + \frac{a^2 \cos 2\theta}{r^2}\right) d\Omega = -\rho \frac{\partial U}{\partial t} \pi a^2$$
$$= -M_v \frac{\partial U}{\partial t}$$

となる．ここに，

$$M_v = \rho \pi a^2 \tag{7.7}$$

で付加質量となっている．

F_2 項に関しては，u_2 は u_1 の後流で経験的に渦なしの条件は満たさず，渦ができて速度が落ちているので，$u_2 = mu_1$ とすると，

$$F_2 = \rho \int_{-\infty}^{\infty} (1-m^2) u_1^2 \, dz = C_d \rho a \frac{U^2}{2} \tag{7.8}$$

である．ここに，

$$C_d = \frac{2}{a} \int_{-\infty}^{\infty} (1-m^2) \, dz \tag{7.9}$$

で，C_d は**抵抗係数** (coefficient of drag) とよばれる．F_3 については，S_1' と S_2' が十分に遠ければ $p_1 = p_2$ であり，この項は無視できる．

一般的に，速度 U の流れの中に静止している物体が流体から受ける力は，

$$F = M_v \frac{dU}{dt} + \frac{1}{2} \rho C_d S U |U| \tag{7.10}$$

となる．ここに，S は 2 次元の場合は長さ，3 次元の場合は面積となる．この式をモ

リソンの式 (Morison's equation) ということがある．等速運動の場合，流体を渦なしの完全流体と仮定できれば，**ダランベールの背理**により物体は流体から力を受けないので，第2項はゼロとなる．付加質量 M_v は

$$M_v = \eta \rho V \tag{7.11}$$

とも書けて，V は物体の体積 (2次元の場合面積)，η はその体積が有効にはたらく割合 ($\eta \leq 1$) で，**付加質量係数** (added mass coefficient) とよばれる．ρ は物体でなく流体の密度である．よって，付加質量は，液中の物体が排除した体積分の流体の質量の 100% 以下の質量であることがわかる．

7.2 運動する剛体の付加質量

前節では静止した物体が流体から受ける力を考えたが，今度は静止した液体の中で運動する物体が液体から受ける力を考える．

振動している物体周りの液体の運動エネルギー T は，

$$T = \frac{1}{2} \int \rho q^2 \, dV \tag{7.12}$$

である．ここに，ρ は液体の密度，q は液体の速度で位置の関数となり，積分は物体表面から無限遠までである．物体そのものの運動エネルギーは，物体の質量を M_0，速度を U として

$$\frac{1}{2} M_0 U^2$$

であるので，液体と物体の運動エネルギーを合わせて改めて T とすれば，

$$T = \frac{1}{2} U^2 \left(M_0 + \rho \int \frac{q^2}{U^2} \, dV \right) \tag{7.13}$$

となる．ここで，グリーンの定理で体積積分を表面積分に変えて，

$$M_v = \rho \int \frac{q^2}{U^2} \, dV = \rho \frac{1}{U^2} \int \Phi \frac{\partial \Phi}{\partial n} \, dS \tag{7.14}$$

として，M_v を**付加質量**と定義する．

物体の質量は方向に依存せず一定値であるが，付加質量には方向性がある．また，物体が回転運動をすると**付加慣性モーメント**が生じるであろうことも容易に推察される．次に，付加質量と付加慣性モーメントの一般論を説明してみる．

静止液体中にある物体が運動するとき，液体からどのような力を受けるかを検討する．静止液体中に物体がある場合の速度ポテンシャルは，

$$\Phi = \Phi_1 u + \Phi_2 v + \Phi_3 w + \Phi_4 \omega_1 + \Phi_5 \omega_2 + \Phi_6 \omega_3 \tag{7.15}$$

と書き表すことができる (文献 [2], 118 節). ここに, $\Phi_1 \sim \Phi_6$ は物体の形状のみに依存する係数である. また,

u, v, w : それぞれ物体の x, y, z 方向の速度

ω_1, ω_2, ω_3 : それぞれ物体の x, y, z 軸周りの角速度

である. 物体の運動によって生じる圧力は, 圧力方程式 (2.52) から

$$p = -\rho \frac{\partial \Phi}{\partial t} - \frac{1}{2} \rho q^2 + \rho g z + C$$

である. ここで, $q^2 = u^2 + v^2 + w^2$ であり, 圧力方程式 (2.52) を導いた際の任意関数 $F(t)$ を C (ゼロのままでもよい) とした. この圧力を物体表面上で積分すると, 第 2 項は圧力抵抗で, 流れのはがれがなければゼロ, 第 3 項は浮力, 第 4 項は定数となる. よって, 時間依存項は第 1 項に由来して, 動的な力は

$$F = \int_S p\, dS = M_x \dot{u} + M_y \dot{v} + M_z \dot{w} + I_x \dot{\omega}_1 + I_y \dot{\omega}_2 + I_z \dot{\omega}_3 \tag{7.16}$$

となる. ここに,

M_x, M_y, M_z : それぞれ x, y, z 方向の付加質量

I_x, I_y, I_z : それぞれ x, y, z 軸周りの付加慣性モーメント

であり, 物体表面の方向余弦を (l, m, n) として,

$$M_x = \rho \int_S \Phi_1 l\, dS, \quad M_y = \rho \int_S \Phi_2 m\, dS, \quad M_z = \rho \int_S \Phi_3 n\, dS \tag{7.17}$$

$$I_x = \rho \int_S \Phi_4 (ny - mz)\, dS, \quad I_y = \rho \int_S \Phi_5 (lz - nx)\, dS,$$

$$I_z = \rho \int_S \Phi_6 (mx - ly)\, dS \tag{7.18}$$

である.

例題 7.2 半径 a の 2 次元の円断面の付加質量を, 式 (7.17) の定義式から求めよ.

解答 x 方向と y 方向の付加質量は対称性から等しいので, x 方向の付加質量を求めてみる. 式 (7.15) の形の速度ポテンシャルは, 式 (7.6) より一様流部分を取り除いて,

$$\Phi = U\Phi_1 = U\frac{a^2 \cos\theta}{r}$$

で，式 (7.17) の定義式に代入して $r = a$ として，

$$M_x = \rho \int_S \Phi_1 l \, dS = \int_S \rho \frac{a^2 \cos\theta}{a} \cos\theta \, dS = \rho a \int_0^{2\pi} \cos^2\theta \cdot a \, d\theta = \rho \pi a^2$$

となり，例題 7.1 の式 (7.9) と一致する．

参考までに，ほかの定義式 (7.14) からも求めてみる．定義式より，

$$M_v = \rho \int \frac{q^2}{U^2} \, dV = \rho \frac{1}{U^2} \int \Phi \frac{\partial \Phi}{\partial n} \, dS$$

で，$r = a$ において

$$\Phi = Ua\cos\theta, \quad \frac{\partial \Phi}{\partial n} = \frac{\partial \Phi}{\partial r} = -U\cos\theta$$

であるので，

$$M_v = \frac{\rho}{U^2} U^2 a \int_0^{2\pi} \cos^2\theta \cdot a \, d\theta = \rho a^2 \pi$$

となる．

例題 7.3　半径 a の 3 次元の球の付加質量を求めよ．

解答　この例題は例題 7.2 とほぼ同じ内容であるが，式 (7.14) より求めてみる．運動は軸対称である．座標系を図 7.4 のようにとって，速度ポテンシャルを

$$\Phi = -\frac{1}{2} U \frac{a^3}{r^2} \cos\phi$$

ととれば，速度は

$$\frac{\partial \Phi}{\partial r} = U \frac{a^3}{r^3} \bigg|_{r=a} \cos\phi = U\cos\phi$$

である．運動エネルギー T は，式 (4.2) より

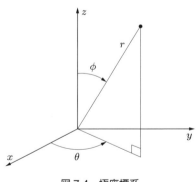

図 7.4　極座標系

$$T = \frac{\rho}{2}\int_S \Phi \frac{\partial \Phi}{\partial n}\,dS = \frac{\rho}{4}aU^2\int \cos^2\phi\,dS$$

である．ここで，球面の場合，面積要素 dS は

$$dS = \sqrt{EG - F^2}\,d\theta\,d\phi = a^2\sin\phi\,d\theta\,d\phi$$

となる．ここに，E, F, G は曲面のパラメータで (文献 [118], p. 61)，曲面の微分幾何学より，上記のように計算できる．よって，

$$T = \frac{\rho}{4}a^3U^2\int_0^\pi \cos^2\phi\sin\phi\,d\phi\int_0^{2\pi}d\theta = \frac{\rho}{4}a^3U^2\times 2\pi\times\left[\frac{-\cos^3\phi}{3}\right]_0^\pi$$

$$= \frac{-\rho\pi a^3 U^2}{2}\times\frac{2}{3} = \frac{1}{3}\rho\pi a^3 U^2 = \frac{1}{2}M_v U^2$$

から，V を球の体積として，次式が得られる．

$$M_v = \rho\frac{2\pi a^3}{3} = \frac{\rho V}{2} \tag{7.19}$$

これは，付加質量は球が排除した液体の質量の半分に等しいことを示している．

表 7.2 と表 7.3 に，各種形状物体の付加質量を示す．表 7.2 の中で，楕円は面内の運動，楕円板は板が面外方向に運動する．回転楕円体は卵状の 3 次元物体の長径方向と短径方向の運動に対する付加質量を示している．

表 7.2 各種形状の付加質量[137, 156]

2 次元物体			3 次元物体		
形 状		M_v	形 状		M_v
円柱	⊘ $2a$	↔ $\rho\pi a^2$	球	⊘ $2a$	↔ $\frac{2}{3}\rho\pi a^3$
円板	$2a$	↔ $\rho\pi a^2$	球(壁に近い)	$2a$, h	↔ $\frac{2}{3}\rho\pi a^3\left(1+\frac{3a^3}{16h^3}\right)$ ↕ $\frac{2}{3}\rho\pi a^3\left(1+\frac{3a^3}{8h^3}\right)$
楕円	$2a$, $2b$, α	↔ $\rho\pi(b^2\cos^2\alpha + a^2\sin^2\alpha)$	楕円板	$2a$, $2b$	↕ $\frac{4k_4\rho\pi a^2 b}{3}$
四角柱	$2a$, $2b$	↕ $k_1\rho\pi a^2$	回転楕円体	$2a$, $2b$	↔ $\frac{4k_2\rho\pi ab^2}{3}$ ↕ $\frac{4k_3\rho\pi ab^2}{3}$

表 7.3　表 7.2 の中の係数の値[137, 156]

		$a/b = 0.5$	1	2	5	10
係　数	k_1	1.70	1.51	1.36	1.21	1.14
	k_2	—	0.50	0.70	0.90	0.96
	k_3	—	0.50	0.21	0.060	0.021
	k_4	—	0.64	0.41	0.19	0.10

例題 7.4　図 7.5 の左側に示すようなマス－スプリング系について，それを水に浸した場合の浮力による変位 x_s と，水に浸す前後の固有角振動数を求めよ．ただし，ばね定数を k，質点の質量と体積を M，V，液体の密度を ρ とせよ．

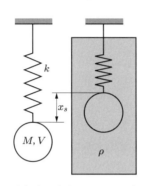

図 7.5　空気中と水中のマス－スプリング系

解答　まず，x_s については，重量が浮力 $\rho g V$ 分小さくなるので，

$$x_s = \frac{\rho g V}{k}$$

である．力（重量）が浮力分小さくなるだけで質量は変わらないことに注意しなければならない．次に，空気中（空気の密度は無視する）の固有角振動数 ω_0 は

$$\omega_0 = \sqrt{\frac{k}{M}}$$

である．一方，水中では式 (7.19) で与えられる液体の付加質量が加わるので，固有角振動数 ω_w は

$$\omega_0 = \sqrt{\frac{k}{M + \rho V/2}}$$

で，振動数は低下する．

7.3 抵抗係数

式 (7.8) において後流で速度が落ちるのは摩擦抵抗のためである．種々の物体の抵抗係数を表 7.4 に示す．図 7.6 のように，抵抗係数はレイノルズ数 Re の関数となるが，表 7.4 に示しているのは $Re = 10^4 \sim 10^6$ 程度の範囲での値である．

表 7.4 抵抗係数 C_d の値[52]

2 次元物体		3 次元物体	
形 状	C_d	形 状	C_d
円柱	$1.20 (Re < 3 \times 10^5)$ $0.34 (Re > 3 \times 10^5)$	球	$0.47 (Re < 4 \times 10^5)$ $0.10 (Re > 4 \times 10^5)$
半円	1.20 2.30	半球	0.42 1.17
平板 平板（壁付）	1.98 1.25	半球面	0.38 1.42
正四角柱	2.05 1.20 1.55	円板 立方体	0.38 1.98 1.42

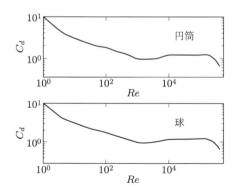

図 7.6 抵抗係数 C_d とレイノルズ数 Re との関係 ($Re = 10^4 \sim 10^6$)[135]

弾性体の水中振動

2.9.4 項では**単層吹き出し**による方法を説明した．原理的にはすべて単層吹き出しにより問題が定式化できるが，構造物が薄く，その両側に液体がある場合，構造の表裏に一組の吹き出し (source)，吸い込み (sink) が存在することになる．これはよく知られているように，一つの**二重吹き出し** (doublet) で置き換えることができる．このような定式化は文献 [131]，[161]，[162] において行われているが，ここでは板の水中振動を解析対象として定式化を行う．なお，同じ水中振動でも細長いものはストリップ理論[137, 156] が使え，ずんぐりした 3 次元体については前章で述べた単層吹き出しが使える．後者の例として，船のボスの振動解析例[168] などがある．

7.4.1 板の水中振動

周辺単純支持の板の片側に液体がある場合の付加質量は，式 (8.12) で与えられる．両側に液体がある場合はこれを 2 倍する．最低次の振動モードである $n=1$, $m=1$ の場合の数値を採用すると，

$$m_v = 2 \times \frac{\rho a}{\pi \sqrt{1+(a/b)^2}} \tag{7.20}$$

となる．この考えは簡単にもかかわらず，そこそこの精度をもつ．数値例は 7.4.4 項で示す．

7.4.2 二重吹き出しによる定式化

式 (2.125)，(2.126) において，σ を二重吹き出しとして区別するため，改めて μ と書いて

$$\{\Phi\} = [B]\{\mu\} \tag{7.21}$$

$$\left\{\frac{\partial \Phi}{\partial n}\right\} = [C]\{\mu\} \tag{7.22}$$

とする．ある点 Q の二重吹き出し μ_q によって生じる点 P の速度ポテンシャル Φ_p は

$$\Phi_p = \frac{1}{4\pi}\mu_q \frac{\partial}{\partial n}\left(\frac{1}{r_{pq}}\right) \tag{7.23}$$

であり，法線方向の速度は

$$\frac{\partial \Phi_p}{\partial n} = \frac{\partial \Phi_p}{\partial z} = \frac{1}{4\pi}\mu_q \frac{\partial^2}{\partial n \partial n}\left(\frac{1}{r_{pq}}\right) \tag{7.24}$$

となる．ここに，n' は点 Q での法線方向の単位ベクトルである．いま，**図 7.7** のよ

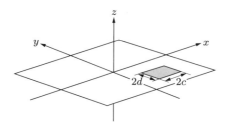

図 7.7 水中に置かれた板

うに，xy 平面に置かれた薄板を $2c \times 2d$ の面積をもつ長方形の液体要素で分割した場合を考える．これを点 $P(x, y, z)$ 上での速度ポテンシャル Φ_i，速度 $\partial\Phi_i/\partial n$ と点 $Q(\xi, \eta, \zeta)$ での二重吹き出し μ_j とで離散化すると，

$$\Phi_i = \frac{1}{2}\mu_i \delta_{ij} + \frac{1}{4\pi}\sum_j \frac{\cos\gamma_i}{r_{ij}}\mu_j S_j \tag{7.25}$$

$$\frac{\partial \Phi_i}{\partial n} = \sum_j \frac{1}{4\pi}\mu_j \left\{ \frac{1}{r_{ij}^3} - \frac{3(z_i - \xi_j)^2}{r_{ij}^5} \right\} \tag{7.26}$$

となる．S_j は点 Q が属する第 j 要素の面積である．γ_{ij} は点 j で法線ベクトル $\mathbf{n}$ と $\mathbf{r}$ とのなす角度で，板の場合 $\pi/2$ となる．また，$z_i = 0$, $\xi_j = 0$ である．よって，$[B]$, $[C]$ の成分は

$$B_{ij} = \frac{1}{2}\delta_{ij} \tag{7.27}$$

$$C_{ij} = \frac{1}{4\pi}\int_{S_j} \frac{1}{r_{ij}^3} dS \quad (i \neq j \text{ のとき}) \tag{7.28}$$

$$C_{ii} = \frac{1}{\pi}\left[\frac{1}{d}\{\cos(\alpha+\beta) - \cos\alpha\} - \frac{\sin\alpha}{c}\right] \tag{7.29}$$

ただし，

$$\tan\alpha = \frac{d}{c}, \quad \beta = \frac{\pi}{2} - \alpha$$

となる．C_{ii} については注釈 7.1 で導出する．C_{ij} は数値積分によって求めるが，第 i 要素と第 j 要素の距離が遠い場合，

$$C_{ij} = \frac{1}{4\pi}\frac{S_j}{\{(x_i - \xi_j)^2 + (y_i - \eta_j)^2\}^{3/2}}, \quad S_j = 4cd \tag{7.30}$$

とできる．$[B]$, $[C]$ が計算できれば，第 2 章の定式化に従って液体の質量行列が得られることになるが，1 要素 1 節点の要素は，先ほどの単層吹き出しによるものに比べ

214　第7章　水中振動

てかなり収束性が悪い.

【注釈 7.1】　二重吹き出しの特異積分に関する式 (7.29) を導出する. 図 7.8 のように, $2c \times 2d$ の矩形領域で積分することを考える. FP を有限領域積分 (finite part integral) として,

$$C_{ii} = \frac{1}{4\pi} \mathrm{FP} \left[\int \frac{r\, dr\, d\theta}{r^3} \right] = \frac{1}{\pi}(I_1 + I_2)$$

$$= \frac{1}{\pi} \mathrm{FP} \left[\int_0^\alpha \int_0^{c/\cos\theta} \frac{dr\, d\theta}{r^2} \right] + \frac{1}{\pi} \mathrm{FP} \left[\int_\alpha^{\alpha+\beta} \int_0^{d/\sin\theta} \frac{dr\, d\theta}{r^2} \right]$$

のように I_1 と I_2 を計算する. $r = 0$ での積分は, Hadamard の有限部分の積分[81]として計算し, 対称性から主値をとることにより除かれる. よって,

$$I_1 = \int_0^\alpha \left[-\frac{1}{r} \right]_0^{c/\cos\theta} d\theta = -\int_0^\alpha \frac{\cos\theta}{c} d\theta = -\frac{\sin\alpha}{c}$$

$$I_2 = -\int_\alpha^{\alpha+\beta} \frac{\sin\theta}{d} d\theta = \frac{1}{d}\{\cos(\alpha+\beta) - \cos\alpha\}$$

となり, 式 (7.29) が得られる.

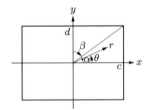

図 7.8　二重吹き出しの特異積分

7.4.3　板要素との組み合わせ

前項で述べたように, 板の有限要素と液体の境界要素の分割を同じにとったのでは液体側の収束が構造側に比べてはなはだ悪いので, 図 7.9 のように一つの板要素中に 9 個の二重吹き出しを分布させる. さらに, 新たに板の節点と同じ場所に二重吹き出しを四つ配置し, この四つで内部の 9 個の吹き出しを補間する. 補間関数は

$$\mu(x,y) = \frac{1}{4}\left[\left(1-\frac{x}{a}\right)\left(1-\frac{y}{b}\right) ; \left(1+\frac{x}{a}\right)\left(1-\frac{y}{b}\right) \right.$$

$$\left. \left(1+\frac{x}{a}\right)\left(1+\frac{y}{b}\right) ; \left(1-\frac{x}{a}\right)\left(1+\frac{y}{b}\right) \right] \begin{bmatrix} \mu_1 \\ \mu_2 \\ \mu_3 \\ \mu_4 \end{bmatrix} \quad (7.31)$$

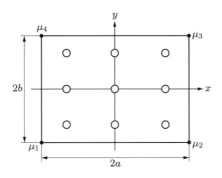

図 7.9 板要素上に配置させた二重吹き出し

とする．最初の液体の質量行列は，内部の 9 個の点からなる未知数によって作り上げ，このようにしてできた質量行列を上記の補間関数によって作られる変換行列により板の節点数の次元の行列にまで縮小させる．このように，板要素と液体要素の節点を一致させて連成問題を解く．

7.4.4 計算例

水中に片持ちで置かれた板の水中振動の固有振動数を，**表 7.5** に示す．計算に用いた数値は以下のとおりである．

長辺 $2a = 0.4064\,\text{m}$，短辺 $2b = 0.2032\,\text{m}$，境界条件：短辺の片側固定

ヤング率 $E = 206\,\text{GPa}$，ポアソン比 $\nu = 0.3$，板厚 $h = 0.00267\,\text{m}$

板の密度 $\rho_p = 7800\,\text{kg/m}^3$，水の密度 $\rho = 1000\,\text{kg/m}^3$

表 7.5 の (a) は板の振動の理論解，(b) は (e), (f) に対応する計算法で，液体がないとしたもの，(e), (f) は Sayhi による計算である．(c), (g), (h) が本節で説明した計算

表 7.5 板の水中振動の固有振動数 (Hz)

			方法	1次	2次	3次	4次
真空中	(a)	板理論解	文献 [60]	13.8	59.3	85.9	194
	(b)	Sayhi による[161]		13.8	59.0	85.8	192
	(c)	ACM 要素	FEM 3×4 要素	13.8	59.4	86.6	193
水中	(d)	実験	文献 [60]	5.1	29.8	34.4	99
	(e)	Sayhi による[161]	FEM 36 要素	6.2	35.0	41.2	118
	(f)		100 要素	5.9	33.2	39.2	111
	(g)	本節での理論	BEM 3×4	6.2	40.0	44.2	138
	(h)		4×4	5.8	39.3	41.6	136
	(i)	簡易計算式 (7.32)	真空中／2.54	5.4	23.3	33.8	76.3

法による結果で，板としては 12 自由度の ACM 要素[†]を使っている．(g) で 3×4 に板を分割した場合の二重吹き出しの数は $(3 \times 4) \times 9$ であり，縮約化によって $(3+1) \times (4+1)$ に板の節点上の二重吹き出しによる質量行列に変換されている．(i) は 7.4.1 項の付加質量により，真空中の値を補正したものである．

付加質量で液体の質量効果を近似して周辺自由の長方形板の水中振動を解析すると，質量については式 (7.20) を用いて，

$$\begin{aligned}\rho_p h + m_v &= \rho_p h \left\{ 1 + \frac{2\rho a}{\rho_p \pi h \sqrt{1+(a/b)^2}} \right\} \\ &= \rho_p h \left(1 + \frac{2 \times 102 \times 0.4064}{800 \times \pi \times 0.00267 \times \sqrt{5}} \right) \\ &= \rho_p h (1 + 5.5) = 2.54^2 \rho_p h \end{aligned} \qquad (7.32)$$

となり，振動数は真空中の値の $1/2.54$ 倍となる．よって，表 7.5 の最下段（簡易解析）のような結果を得る．境界条件がまったく異なっているため本来使うべきではないが，オーダー評価目的にはそこそこの精度はあることがわかる．

[†] ほとんどの有限要素法の教科書に書いてある 12 自由度長方形非適合要素．

 # 接水振動

本章では，片側に液体がある場合の弾性体（板，シェル）の振動について説明する．一般に**流力弾性学** (hydroelasticity) といわれる分野の中の一つである．流力弾性学は，**空力弾性学** (aeroelasticity) に対応する用語である．航空機の分野での空力弾性学においては，空気力は揚力 (lift)・抗力 (drag) として弾性変形に影響を及ぼし，また，その弾性変形が空気の流れに大きな影響を及ぼす．この現象は，完全に空気力と弾性力との連成である．流体中における翼状構造の挙動も同じである．

本章では，タンクの構造振動に及ぼす液体の影響を付加質量として取り扱う方法について説明する．タンク中の液体のように流れがない場合には，空力弾性学のように大きな連成は起こらず，液体から弾性体への一方的な影響として，液体は付加質量として取り扱える．そこで，本章ではいくつかの弾性体の付加質量を導く．次に，付加質量としてでなく，完全な連成解析として，タンクを有限要素で，内部液体を第2章で説明した境界要素でモデリングした解析法を説明して，数値解析例を示す．この解析においては，スロッシングと構造振動の両方の固有値が混在した状態で計算されることになる．

8.1 接水振動における液体の付加質量

液体－構造連成振動において，液体の役割はおもに付加質量効果と減衰効果であるが，前者は系の固有振動数を大きく下げる．完全流体中の剛体の付加質量は，理論的には前章で示したようにいかなる形状のものでも計算することができ，簡単な形状の剛体については付加質量が解析解の形で計算されている．ところが，構造が弾性振動を行う場合，液体の付加質量は振動モードと振動数の関数となり，簡単には計算できない．後者の減衰効果については，現在のところ試験に頼らざるを得ない．このほか，液体の圧縮性と自由表面における重力や，表面張力による剛性効果が考えられる．多くの場合，液体によって作られる剛性は，構造の剛性に比べると，圧縮性によるものは桁違いに大きく，自由表面により作られる剛性は桁違いに小さい．このため，通常の構造体を主眼とした解析においては，液体は非圧縮性と仮定され，自由表面は無視される．もし，液体の剛性まで含めて計算を行うとすれば，数値計算上かなりたちの

悪い問題を相手とすることになる．このような場合，そもそも系の異なるものを連成させて解析対象としているわけであるから，いきなり数値計算を行うのは賢明ではなく，既存の解析解や近似解を十分に吟味することが重要である．

ここでは，接水振動の近似解を求めるために必要な液体の付加質量を，いくつかのタンク形状に関して求めてみる．

8.2 板の接水振動

片側に液体がある板の振動の付加質量を求めてみる．問題を簡単にするため，図 8.1 のように格子状に桁 (フレーム (frame) やストリンガー (stringer)) で囲まれた長さ a, b の板を考える．桁の部分で単純支持構造と考える．w を板の z 方向変位とすると，板の振動方程式は

$$D\left(\frac{\partial^4 w}{\partial x^4} + 2\frac{\partial^2 w}{\partial x^2 \partial y^2} + \frac{\partial^4 w}{\partial y^4}\right) = -\rho_s h \frac{\partial^2 w}{\partial t^2} + p \tag{8.1}$$

である (たとえば文献 [224]，pp. 100–101)．ここに，ρ_s は板の密度，h は板の厚さ[†]，p は液体による z 方向の圧力である．また，D は**板の曲げ剛性**で，

$$D = \frac{Eh^3}{12(1-\nu^2)}$$

と表される．ここに，E はヤング率，ν はポアソン比である．

付加質量 (added mass) の考え方は，液体が接水部で板と同じ振動変位をしたときの，板にとっての等価な単位面積あたりの質量 m_v であるので，

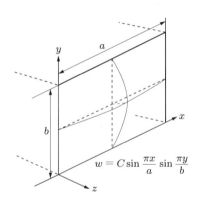

図 8.1 桁に囲まれた板の振動モード ($n = m = 1$ の場合)

[†] 本章では h をタンクの厚さとするため，水深は H で記す．

8.2 板の接水振動

$$p = -m_v \frac{\partial^2 w}{\partial t^2} \tag{8.2}$$

と近似できる．m_v を導くのがこれからの目的である．

まず，周辺単純支持の板の振動モードは，C_1 を定数，n と m を整数として

$$w = C_1 e^{j\omega t} \sin \frac{n\pi x}{a} \sin \frac{m\pi y}{b} \tag{8.3}$$

で表すことができる．$n = m = 1$ の場合のモードを図 8.1 に示す．これが周辺単純支持条件

$$w = 0, \quad D\left(\frac{\partial^2 w}{\partial y^2} + \nu \frac{\partial^2 w}{\partial x^2}\right) = 0 \quad (y = 0, b \text{ において})$$

$$w = 0, \quad D\left(\frac{\partial^2 w}{\partial x^2} + \nu \frac{\partial^2 w}{\partial y^2}\right) = 0 \quad (x = 0, a \text{ において})$$

を満足することは，代入して計算すれば明らかである．

式 (8.3) を振動方程式 (8.1) に代入すれば，式 (8.2) を考慮して，固有角振動数が得られて，

$$\omega^2 = \frac{D}{\rho_s h + m_v} \left\{ \left(\frac{n\pi}{a}\right)^2 + \left(\frac{m\pi}{b}\right)^2 \right\}^2 \tag{8.4}$$

となる．ここで未定なのは液体の付加質量 m_v であるので，次に m_v を求める．

液体は図 8.1 の xy 面の向こう側 ($-z$ 側) にあるとする．液体については，速度ポテンシャル Φ がラプラスの方程式

$$\frac{\partial^2 \Phi}{\partial x^2} + \frac{\partial^2 \Phi}{\partial y^2} + \frac{\partial^2 \Phi}{\partial z^2} = 0 \tag{8.5}$$

を満足し，板との接触面では，速度ポテンシャルの定義から，液体と板の振動速度が等しくて

$$\frac{\partial \Phi}{\partial z} = \frac{\partial w}{\partial t} \quad (z = 0 \text{ において}) \tag{8.6}$$

であり，板から十分に離れたところでは液体は動かないので，

$$\frac{\partial \Phi}{\partial z} = 0 \quad (z = -\infty \text{ において}) \tag{8.7}$$

である．自由表面での境界条件は無視する．この妥当性は，板の振動数とスロッシングの低次の固有振動数は十分に離れているからである．また，x, y 方向についても境界条件は課さない．速度ポテンシャルを式 (8.3) を参考にして，x, y 方向については同じ形とし，深さ方向 (z 方向) にはスロッシングと同じように指数関数を使って，

$$\Phi(x,y,z) = C_2 e^{j\omega t} e^{\lambda z} \sin\frac{n\pi x}{a} \sin\frac{m\pi y}{b} \tag{8.8}$$

の形に仮定して定数 C_2 と λ を求めてみる．λ が正であれば境界条件式 (8.7) は満足する．境界条件式 (8.6) に式 (8.3) と式 (8.8) とを代入し，$z = 0$ とすれば，

$$C_2 \lambda e^{\lambda 0} = C_1 j\omega$$

であるので，

$$C_2 = \frac{C_1 j\omega}{\lambda} \tag{8.9}$$

が得られる．また，式 (8.8) をラプラスの方程式 (8.5) に代入すれば，

$$\lambda^2 = \left(\frac{n\pi}{a}\right)^2 + \left(\frac{m\pi}{b}\right)^2 \tag{8.10}$$

が得られる．これで液体の速度ポテンシャルが得られたので，付加質量 m_v を求めてみる．

液体による板面に当たる圧力 p は，$z = 0$ において

$$p = -m_v \frac{\partial^2 w}{\partial t^2} = m_v \omega^2 w$$

であり，一方で，

$$p = -\rho \frac{\partial \Phi}{\partial t}\bigg|_{z=0} = -\rho j\omega \frac{C_1 j\omega}{\lambda} e^{j\omega t} \sin\frac{n\pi x}{a} \sin\frac{m\pi y}{b} = \rho \frac{\omega^2}{\lambda} w$$

で，この両者は等しいので，

$$m_v = \frac{\rho \omega^2 w/\lambda}{\omega^2 w} = \frac{\rho}{\lambda} = \frac{\rho}{\sqrt{(n\pi/a)^2 + (m\pi/b)^2}} \tag{8.11}$$

が得られる．よって，式 (8.4) より，周辺単純支持の板の接水振動の固有振動数が求められる．

通常は低次の振動が問題となり，図 8.1 のような $n=1$, $m=1$ のときは，

$$m_v = \frac{\rho a}{\pi\sqrt{1 + (a/b)^2}} \tag{8.12}$$

となる．$a \ll b$ であれば，近似的に $\pi = 3$ として，

$$m_v = \frac{\rho a}{3}$$

となり，一区画の長さ a の 1/3 の長さの液体が，板と一緒に振動していると考えればよい．両側に液体がある場合，式 (8.12) の値を単純に 2 倍すればよい (7.4.4 項参照)．この液体による単位面積あたりの付加質量 m_v と，板の単位面積あたりの質量 $\rho_s h$ と

の比を**付加質量係数**といい，

$$\eta = \frac{m_v}{\rho_s h} \tag{8.13}$$

と定義される．

液体の入った円筒タンクの振動

8.3.1 円筒タンクでの付加質量

円筒タンクの中に液体があるときの液体による付加質量を求めてみる．**図 8.2** に示すような，半径 a，厚さ h，長さ L の円筒タンク（薄肉円筒シェル）の振動方程式は，面外変位 w に関しての 8 階の偏微分方程式となって，

$$\frac{1-\nu}{2} k \left\{ \tilde{\nabla}^8 + \frac{1-\nu^2}{k} S^4 + (8-2\nu^2)S^4\Theta^2 + 8S^2\Theta^4 \right.$$
$$\left. + 2\Theta^6 + 4(1-\nu^2)S^4 + 4S^2\Theta^2 + \Theta^4 \right\} w = F \tag{8.14}$$

であり（文献 [141], [229]），分布外力項 F は

$$F = \frac{(1-\nu)a^2}{2B} \tilde{\nabla}^4(p) \tag{8.15}$$

である†．ここに，B は伸び剛性，k はシェルの薄さを表すパラメータで，シェルのヤング率 E とポアソン比 ν を使って，

$$B = \frac{Eh}{1-\nu^2}, \quad k = \frac{1}{12}\left(\frac{h}{a}\right)^2 \ll 1 \tag{8.16}$$

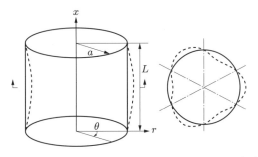

図 8.2　円筒タンクでの振動モード（$n=3$, $m=1$ の場合）

---

† この式では面内の慣性力は考慮されていないが，n が大きければ実用上十分な近似である．面内慣性力を考慮した理論は表 8.2 と文献 [141] を参照のこと．

である．また，演算子は $s = x/a$ と無次元化して，

$$S = \frac{\partial}{\partial s} = \frac{a\partial}{\partial x}, \quad \Theta = \frac{\partial}{\partial \theta}, \quad \tilde{\nabla}^2 = \frac{\partial^2}{\partial s^2} + \frac{\partial^2}{\partial \theta^2} = S^2 + \Theta^2 \qquad (8.17)$$

と定義される．ここで，p を本来のシェルの慣性項と液体の付加質量 m_v の項に分けて，

$$p = -\rho h \frac{\partial^2 w}{\partial t^2} - m_v \frac{\partial^2 w}{\partial t^2}$$

と表されたとする．いま，境界条件を理想化して，両端単純支持の円筒タンクに満杯に液体が満たされているとする．まず，両端単純支持の円筒タンクの振動モードは，n を円周方向波数，m をそのときの振動次数として，

$$w(x, \theta, t) = C_w \sin \frac{m\pi x}{L} \cos n\theta \cdot e^{j\omega_{nm} t} \qquad (8.18)$$

である．ここに，C_w は加振力に依存する定数である．ω_{nm} は (n, m) のモード形の固有角振動数で，m_v を決定した後に式 (8.32) のように計算できる．図 8.2 での右のモード図は，円周方向波数 $n = 3$ の場合を表している．なお，同時に x 方向と θ 方向の面内変位 u, v のモード形を C_u, C_v を定数として，

$$u(x, \theta, t) = C_u \cos \frac{m\pi x}{L} \cos n\theta \cdot e^{j\omega_{nm} t} \qquad (8.19)$$

$$v(x, \theta, t) = C_v \sin \frac{m\pi x}{L} \sin n\theta \cdot e^{j\omega_{nm} t} \qquad (8.20)$$

と仮定しているが，表には出てこない．このモード形が w に関しての単純支持条件

$$w = 0, \quad \frac{D}{a^2}\left(\frac{\partial^2 w}{\partial x^2} + \nu \frac{\partial^2 w}{a^2 \partial \theta^2} - \frac{\partial u}{a \partial x} - \nu \frac{\partial v}{a^2 \partial \theta}\right) = 0 \quad (x = 0, L \text{において})$$

を満足していることは，式 (8.18) を上式に代入してみれば明らかである．

液体も面外方向に同じ動きをするので，速度ポテンシャル Φ を介しての次の関係式

$$\frac{\partial w}{\partial t} = \frac{\partial \Phi}{\partial r}$$

から，液体の速度ポテンシャル Φ も式 (8.18) と同じ形となって，

$$\Phi(r, x, \theta, t) = R(r) \sin \frac{m\pi x}{L} \cos n\theta \cdot e^{j\omega_{nm} t} \qquad (8.21)$$

とおける．これを液体に関するラプラスの方程式の円柱座標系での式 (2.61) に代入すると，R の方程式は

$$\frac{d^2 R}{dr^2} + \frac{1}{r}\frac{dR}{dr} - \frac{n^2}{r^2}R - \left(\frac{m\pi}{L}\right)^2 R = 0 \qquad (8.22)$$

となる．ここで，

$$z = \frac{m\pi}{L}r$$

と置き換えれば，注釈 2.7 の式 (2.76)

$$\frac{d^2R}{dz^2} + \frac{1}{z}\frac{dR}{dz} - \left(1 + \frac{n^2}{z^2}\right)R = 0 \tag{8.23}$$

と同じになるので，一般解は式 (2.78) で定義される**変形ベッセル関数** $I_n(z)$ と $K_n(z)$ を使って，

$$R(z) = C_1 I_n(z) + C_2 K_n(z)$$

である．ここで，$K_n(z)$ に関しては $z=0$ で ∞ になるので，その係数 C_2 をゼロとして

$$R(z) = C_1 I_n(m\pi r/L)$$

である．接水部 $r=a$ で速度が等しいので，

$$\frac{\partial \Phi}{\partial r} = \frac{\partial w}{\partial t} \quad (r=a \text{ において})$$

の条件を課せば，I_n' を変数 x に関しての微分として，

$$C_1 \frac{m\pi}{L} I_n'(m\pi a/L) = C_w j\omega$$

となる．よって，振動液体がタンク壁面へ及ぼす圧力は，ρ を液体の密度とし，

$$\lambda_m = \frac{m\pi a}{L} \tag{8.24}$$

として，

$$p = -\rho\frac{\partial \Phi}{\partial t} = \rho\frac{a\omega_{nm}^2 C_w}{\lambda I_n'(\lambda_m)} I_n(\lambda_m) \sin\frac{m\pi x}{L} \cos n\theta \cdot e^{j\omega_{nm}t} \tag{8.25}$$

であるが，ω_{nm}^2 は時間に関する 2 回の微分によるものなので，

$$p = -\rho\frac{aI_n(\lambda_m)}{\lambda I_n'(\lambda_m)}\frac{\partial^2 w}{\partial t^2} = -m_v \frac{\partial^2 w}{\partial t^2} \tag{8.26}$$

であり，m_v は

$$m_v = \rho\frac{aI_n(\lambda_m)}{\lambda_m I_n'(\lambda_m)} \tag{8.27}$$

と与えられる．m_v とシェル自身の慣性項

$$-\rho_s h \frac{\partial^2 w}{\partial t^2}$$

とを見比べれば，液体による**付加質量係数** η は

$$\eta = \frac{\rho a I_n(\lambda_m)}{\rho_s h \lambda_m I'_n(\lambda_m)} \tag{8.28}$$

となる．長い円筒（λ_m が小さい）であるか，あるいは n が大きければ，注釈 8.1 より

$$\eta = \frac{\rho a I_n(\lambda_m)}{\rho_s h \lambda_m I'_n(\lambda_m)} \approx \frac{1}{n}\frac{\rho a}{\rho_s h} \tag{8.29}$$

と近似できる．ここに，h はシェルの厚さである．なお，後で述べる球形タンクに関しても，

$$\eta = \frac{1}{C}\frac{\rho a}{\rho_s h} \tag{8.30}$$

の形になり，球形タンクで薄肉の場合には $C \approx 2$ である．

【**注釈 8.1**】 変形ベッセル関数の微分は，

$$I'_\nu(x) = I_{\nu-1}(x) - \frac{\nu}{x}I_\nu(x)$$

の公式 (たとえば文献 [11]，p. 174) を使って，

$$\frac{1}{C} = \frac{I_n(\lambda_m)}{\lambda_m I'_n(\lambda_m)} \tag{8.31}$$

の C を計算すると**表 8.1** のようになる．たとえば $\lambda_m = \pi/10$ の場合，

$$\lambda_m = \frac{m\pi a}{L} = \frac{\pi}{10}$$

であるので，軸方向 1 次 ($m=1$) の振動モードの場合，$L/a = 10$ ということになる．表の結果から明らかなように，$C \approx n$ となる．

表 8.1 式 (*8.31*) の C の値

λ_m	$n=1$	$n=2$	$n=4$	$n=8$	$n=16$
$\pi/10$	0.9752	1.9835	3.9901	7.9945	15.9971
$\pi/5$	0.8996	1.9337	3.9604	7.9780	15.9884
$\pi/2$	0.3080	1.5657	3.7480	7.8620	15.9273

8.3.2 円筒タンクの振動解

付加質量を用いれば，シェルに関しては後で図 8.6 に示すような手順で厳密数値解は得られるが，両端単純支持の境界条件で円筒タンクの振動解を，閉形解の形で求めてみる．両端単純支持の境界条件を満たす変形式 (8.18) を代入すれば，式 (8.24) で定義される λ_m を使って，

$$\tilde{\nabla}^2 w = \left(\frac{a^2 \partial^2}{\partial x^2} + \frac{\partial^2}{\partial \theta^2}\right) C_w \sin\frac{m\pi x}{L} \cos n\theta \cdot e^{j\omega_{nm}t} = -(\lambda_m^2 + n^2)w$$

$$F = \frac{(1-\nu)a^2}{2B} \tilde{\nabla}^4 \{(\rho_s h + m_v)\ddot{w}\}$$

であるので，式 (8.14) は

$$\frac{1-\nu}{2}k\Big\{(\lambda_m^2+n^2)^4 + \frac{1-\nu^2}{k}\lambda_m^4 - (8-2\nu^2)\lambda_m^4 n^2$$

$$+ 8\lambda_m^2 n^4 - 2n^6 + 4(1-\nu^2)\lambda_m^4 - 4\lambda_m^2 n^2 + n^4\Big\}$$

$$= \frac{(1-\nu)a^2}{2B}(\lambda_m^2+n^2)^2(\rho_s h + m_v)\omega_{nm}^2$$

となる．ここで，

$$B = \frac{Eh}{(1-\nu^2)}, \quad k = \frac{h^2}{12a^2}, \quad D = \frac{Eh^3}{12(1-\nu^2)}$$

に注意して ω_{nm} を求めれば，

$$\omega_{nm} = \frac{1}{a^2}\sqrt{\frac{D}{\rho_s h + m_v}}\bigg[(\lambda_m^2+n^2)^2 + \frac{1-\nu^2}{k}\frac{\lambda_m^4}{(\lambda_m^2+n^2)^2}$$

$$+ \frac{1}{(\lambda_m^2+n^2)^2}\{-(8-2\nu^2)\lambda_m^4 n^2 + 8\lambda_m^2 n^4 - 2n^6$$

$$+ 4(1-\nu^2)\lambda_m^4 - 4\lambda_m^2 n^2 + n^4\}\bigg]^{1/2} \qquad (8.32)$$

となる．薄肉シェルの場合，$k \ll 1$ で，式 (8.32) の 2 行目と 3 行目は $1/k$ がかかっていないので，1 行目の第 2 項に対して省略できて，

$$\omega_{nm} = \frac{1}{a^2}\sqrt{\frac{D}{\rho_s h + m_v}}\bigg\{(\lambda_m^2+n^2)^2 + \frac{1-\nu^2}{k}\frac{\lambda_m^4}{(\lambda_m^2+n^2)^2}\bigg\}^{1/2} \qquad (8.33)$$

となる．これはそもそもの基礎方程式で，式 (8.14) の方程式に関して，より簡単な近似式

$$\frac{1-\nu}{2}k\left(\tilde{\nabla}^8 + \frac{1-\nu^2}{k}S^4\right) = F \qquad (8.34)$$

から導かれるものである．式 (8.34) は **Donnell の理論**とよばれ，円周方向波数 n が小さい変形では精度が悪くなるが，オーダーを見積もるにはこの理論[†]で十分である．

[†] Donnell の理論は円筒シェルのひずみ－変位関係式からの近似で導かれ，この振動方程式は Donnell 理論の結果の一部である．

この式 (8.33) を見ると，円周方向波数 n の 4 乗に比例する項と逆比例する項との和で振動数が決められるので，n が 0 や 1 でない値で最低固有振動数をもつことがわかる．これは，シェルの場合，面内ひずみエネルギーは n が小さいところで大きく，曲げエネルギーは n が大きいところで大きくなることに起因する．このことを次の例題で確かめよう．

> **例題 8.1** 次の数値を用いて，両端単純支持の円筒タンクの固有振動数を求めよ．液体の有無の両方を計算せよ．
>
> タンク高 $L = 50.8$ cm, タンク半径 $a = 12.7$ cm, 水位 $h = 0.02032$ cm,
>
> ヤング率 $E = 204.1 \times 10^9$ Pa, ポアソン比 $\nu = 0.29$,
>
> シェルの密度 $\rho_s = 7800$ kg/m^3, 液体の密度 $\rho = 1000$ kg/m^3

解答 式 (8.33) を使って計算した結果を図 8.3 に示す．最低固有振動数は $n = 6$ の場合である．液体があると振動数が大きく下がることもわかる．参考として，面内慣性力も考慮した厳密理論による結果 (表 8.2) を $m = 1$ について三角形でプロットしたが，$n = 2$ で Donnell 理論との差が出る程度で，ほかの n ではほぼ差がない．円筒シェルの振動の場合，薄肉であれば最低固有振動数は n が大きなところで発生するので，$n = 2$ 近辺で精度

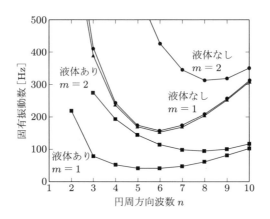

図 8.3 両端単純支持円筒タンクの固有振動数

表 8.2 円筒シェル理論の固有振動数 $f_{11} = \omega_{11}/2\pi$ [Hz] の比較

n	2	3	4	5	6	7	8	9	10
厳密理論	756	388	235	168	152	168	204	252	309
式 (8.32)	855	411	242	172	154	170	206	253	310
式 (8.34)	855	411	243	173	156	173	209	256	313

が悪くても実用上問題とならない．これが Donnell の円筒シェル理論が広く使われている
理由である．

液体の入った球形タンクの振動

円筒タンクの場合，振動方程式は 8 階の偏微分方程式で表されるが，球形タンクの場合，6 階の w に関する方程式と 2 階の補助変数に関する方程式の連立になる．

8.4.1 球形タンクの振動方程式

まず，図 8.4 に示すように半径 a，シェル厚 h の球形タンク（薄肉球形シェル）を考え，球座標系 (r, ϕ, θ) 方向のシェル中央面の変位を (w, u, v) とする．通常の極座標系は図 8.5 (a) のようにとられるが，これを逆さにしたのが図 (b) で，これは図 8.4 の方向と一致している．液体の動圧の影響は分布圧力 p で考える．すると本質的に 8 階の偏微分方程式は，図 8.4 に示すような座標系において，面外変位 w と補助変数 Ψ に

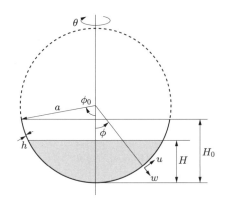

図 8.4 液体の入った球形タンク

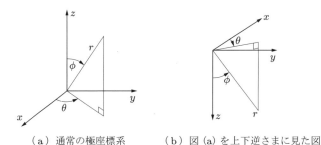

（a）通常の極座標系　　（b）図 (a) を上下逆さまに見た図

図 8.5 座標系

関して

$$k\tilde{\nabla}^6 w + k\left(4 - \Omega^2 \frac{\partial^2}{\partial t^2}\right)\tilde{\nabla}^4 w + \left(1 - \nu^2 + \Omega^2 \frac{\partial^2}{\partial t^2}\right)\tilde{\nabla}^2 w$$

$$+ \left\{2(1-\nu^2) - (1+3\nu)\Omega^2 \frac{\partial^2}{\partial t^2} - \Omega^4 \frac{\partial^4}{\partial t^4}\right\} w$$

$$= \frac{(1-\nu^2)R^2}{Eh}\left(\hat{\nabla}^2 + 1 - \nu - \Omega^2 \frac{\partial^2}{\partial t^2}\right)p \qquad (8.35)$$

$$\left(\tilde{\nabla}^2 + 2 - \frac{2}{1-\nu}\Omega^2 \frac{\partial^2}{\partial t^2}\right)\Psi = 0 \qquad (8.36)$$

と，6 階と 2 階の連立偏微分方程式となる (文献 [26], [32], [33], [144]). この式では，面内慣性力も考慮されている．Ψ は面内変位 u, v の補助変数で，

$$u = \frac{\partial U}{\partial \phi} - \Psi \sin\phi \qquad (8.37)$$

$$v = \frac{1}{\sin\phi}\frac{\partial U}{\partial \theta} \qquad (8.38)$$

である．この中のもう一つの補助変数 U は式 (8.36) の中には出てこない．また，演算子 $\tilde{\nabla}^2$ については

$$\tilde{\nabla}^2 = \frac{1}{\sin\phi}\frac{\partial}{\partial \phi}\left(\sin\phi \frac{\partial}{\partial \phi}\right) + \frac{1}{\sin^2\phi}\frac{\partial^2}{\partial \theta^2}$$

$$= \frac{\partial^2}{\partial \phi^2} + \cot\phi \frac{\partial}{\partial \phi} + \frac{1}{\sin^2\phi}\frac{\partial^2}{\partial \theta^2} \qquad (8.39)$$

であり，パラメータについては

$$k = \frac{1}{12}\left(\frac{h}{a}\right)^2, \quad \Omega^2 = \frac{\rho_s a^2 (1-\nu^2)}{E} \qquad (8.40)$$

で，ρ_s はシェルの密度である．

8.4.2 球形タンクの振動解

液体の動圧の評価は，タンクの壁にはたらく分布圧力 p で考慮する．液体は非圧縮，非粘性で渦なしとすると，速度ポテンシャル Φ が存在する．Φ はラプラスの方程式を満足して，図 8.5 の極座標系で表現すると，

$$\nabla^2 \Phi = \left\{\frac{\partial^2}{\partial r^2} + \frac{2}{r}\frac{\partial}{\partial r} + \frac{1}{r^2 \sin\phi}\frac{\partial}{\partial \phi}\left(\sin\phi \frac{\phi}{\partial \phi}\right) + \frac{1}{r^2 \sin^2\phi}\frac{\partial^2}{\partial \theta^2}\right\}\Phi = 0$$

$$(8.41)$$

8.4 液体の入った球形タンクの振動

である．速度ポテンシャルの境界条件は，タンクの壁面で

$$\frac{\partial w}{\partial t} = \frac{\partial \Phi}{\partial r} \quad (r = a \text{ において}) \tag{8.42}$$

で，自由表面の境界条件は，g を重力加速度として

$$g\frac{\partial \Phi}{\partial z} + \frac{\partial^2 \Phi}{\partial t^2} = 0 \tag{8.43}$$

である．シェルの振動方程式の中の分布力 p が，シェル自体の面外の慣性力と液体の付加質量 m_v の和で表せるので，

$$p = -\rho_s h \frac{\partial^2 w}{\partial t^2} - m_v \frac{\partial^2 w}{\partial t^2} \quad (r = a \text{ において}) \tag{8.44}$$

と表される．液体分については，付加質量の定義から

$$p = -m_v \frac{\partial^2 w}{\partial t^2} = -\rho_s h \eta \frac{\partial^2 w}{\partial t^2} \quad (r = a \text{ において}) \tag{8.45}$$

である．η は液体の**付加質量係数**であり，付加質量 m_v との関係は

$$\eta = \frac{m_v}{\rho_s h} \tag{8.46}$$

である．η は次節で導く．

η が既知としてシェルの振動方程式を解く．式 (8.45) を式 (8.35) に代入すれば，

$$k\tilde{\nabla}^6 w + k\left(4 - \Omega^2 \frac{\partial^2}{\partial t^2}\right)\tilde{\nabla}^4 w + \left\{1 - \nu^2 + (1+\eta)\Omega^2 \frac{\partial^2}{\partial t^2}\right\}\tilde{\nabla}^2 w$$
$$+ \left[2(1-\nu^2) - \{1 + 3\nu - (1-\nu)\eta\}\Omega^2 \frac{\partial^2}{\partial t^2} - (1+\eta)\Omega^4 \frac{\partial^4}{\partial t^4}\right]w = 0 \tag{8.47}$$

である．式 (8.47), (8.36) の解を得るため，w と Ψ について

$$w(\phi, \theta, t) = \tilde{w}(\phi)\cos n\theta \cdot e^{j\omega t} \tag{8.48}$$

$$\Psi(\phi, \theta, t) = \tilde{\Psi}(\phi)\cos n\theta \cdot e^{j\omega t} \tag{8.49}$$

とおく．ここに，n は円周方向波数であり，ω は固有角振動数である．式 (8.48), (8.49) を支配方程式 (8.47), (8.36) に代入し，

$$\lambda = \omega^2 \Omega^2 = \omega^2 \frac{\rho a^2 (1-\nu^2)}{E} \tag{8.50}$$

とおくと，

$$[k\tilde{\nabla}^6 + k(4+\lambda)\tilde{\nabla}^4 + \{1 - \nu^2 - \lambda(1+\eta)\}\tilde{\nabla}^2 + 2(1-\nu^2)$$
$$+ \{1 + 3\nu - (1-\nu)\eta\}\lambda - \lambda^2(1+\eta)]\tilde{w}\cos n\theta = 0 \tag{8.51}$$

$$\left(\tilde{\nabla}^2 + 2 + \frac{2}{1-\nu}\lambda\right)\tilde{\Psi}\cos n\theta = 0 \tag{8.52}$$

である．ここに，$\tilde{\nabla}^2$ は式 (8.39) で定義された演算子で，さらにこれらを書き換えれば，

$$k(\tilde{\nabla}^2 - \gamma_1)(\tilde{\nabla}^2 - \gamma_2)(\tilde{\nabla}^2 - \gamma_3)\tilde{w}\cos n\theta = 0 \tag{8.53a}$$

$$(\tilde{\nabla}^4 - \gamma_4)\tilde{\Psi}\cos n\theta = 0 \tag{8.53b}$$

となる．ここに，$\gamma_1,\ \gamma_2,\ \gamma_3$ は

$$k\gamma_i^3 + k(4+\lambda)\gamma_i^2 + \{1 - \nu^2 - \lambda(1+\eta)\}\gamma_i$$
$$+ [2(1-\nu^2) + \{1+3\nu - (1-\nu)\eta\}\lambda - \lambda^2(1+\eta)] = 0 \tag{8.54}$$

なる 3 次方程式の根であり，γ_4 は

$$\gamma_4 = -2 - \frac{2}{1-\nu}\lambda \tag{8.55}$$

である．

式 (8.53) の演算子 $\tilde{\nabla}^2$ は 3 次元の極座標系のラプラスの演算子から r 方向の演算を抜いた 2 次元的な演算子となっている．これらは注釈 8.2 で見るように，**ルジャンドルの陪微分方程式**

$$\frac{1}{\sin\phi}\frac{\partial}{\partial\phi}\left(\sin\phi\frac{\partial f}{\partial\phi}\right) + \frac{1}{\sin^2\phi}\frac{\partial^2 f}{\partial\theta^2} + c(c+1)f = 0 \tag{8.56}$$

であるから，解は**ルジャンドル陪関数**で表される．截頭球形シェル（極に穴があいている球形シェル）を考えなければ，極での特異性により，解は第 2 種のルジャンドル陪関数は含まず，第 1 種のルジャンドル陪関数 $P_c^n(\cos\phi)$ により，

$$w = \tilde{w}\cos n\theta \cdot e^{j\omega t} = \left\{\sum_{i=1}^{3} A_i P_{ci}^n(\cos\phi)\right\}\cos n\theta \cdot e^{j\omega t} \tag{8.57a}$$

$$\Psi = \tilde{\Psi}\cos n\theta \cdot e^{j\omega t} = A_4 P_{c4}^n(\cos\phi)\cos n\theta \cdot e^{j\omega t} \tag{8.57b}$$

となる．ここに，$A_i\ (i=1,2,3,4)$ は境界条件から決まる定数で，式 (8.56) の c は

$$c_i(c_i+1) = -\gamma_i \tag{8.58}$$

の根で，

$$c_i = \left(\frac{1}{4} - \gamma_i\right)^{1/2} - 0.5 \quad (i=1,2,3)$$

$$c_4 = \left(\frac{9}{4} + \frac{2}{1-\nu}\lambda\right)^{1/2} - 0.5 \tag{8.59}$$

である.

【注釈 8.2】球座標系におけるラプラスの方程式の解　球座標系でのラプラスの方程式は式 (8.41) である．これを，変数分離法により

$$\Phi(r, \phi, \theta) = R(r)Y(\phi, \theta) \tag{8.60}$$

として式 (8.41) に代入すると，

$$\frac{r^2}{R}\left(\frac{d^2R}{dr^2} + \frac{2}{r}\frac{dR}{dr}\right) + \frac{1}{Y\sin\phi}\frac{\partial}{\partial\phi}\left(\sin\phi\frac{\partial Y}{\partial\phi}\right) + \frac{1}{Y\sin^2\theta}\frac{\partial^2 Y}{\partial\theta^2} = 0 \tag{8.61}$$

となる．前半の R に関する部分と後半の Y に関する部分はお互いに独立なので，この値を μ として，

$$\frac{d^2R}{dr^2} + \frac{2}{r}\frac{dR}{dr} - \frac{\mu}{r^2}R = 0 \tag{8.62}$$

$$\frac{1}{\sin\phi}\frac{\partial}{\partial\phi}\left(\sin\phi\frac{\partial Y}{\partial\phi}\right) + \frac{1}{\sin^2\phi}\frac{\partial^2 Y}{\partial\theta^2} + \mu Y = 0 \tag{8.63}$$

となる．式 (8.62) に関しては，

$$R = r^t$$

として代入すると，

$$t^2 + t - \mu = 0$$

となり，

$$t = \frac{1}{2}(-1 \pm \sqrt{1+4\mu})$$

が得られる．このうち大きいほうの t を ν とすると，$-(\nu+1)$ がもう一つの t となる．よって，

$$\mu = \nu(\nu + 1) \tag{8.64}$$

と表すことができて，$R(r)$ の一般解は

$$R(r) = C_1 r^\nu + \frac{C_2}{r^{\nu+1}} \tag{8.65}$$

となる．

$Y(\phi, \theta)$ に関しては，式 (8.63) を眺めて，

$$Y(\phi, \theta) = P(\phi)\cos n\theta \tag{8.66}$$

とおいて式 (8.63) に代入すると，

$$\frac{1}{\sin\phi}\frac{d}{d\phi}\left(\sin\phi\frac{dP}{d\phi}\right)+\left\{\nu(\nu+1)-\frac{n^2}{\sin^2\phi}\right\}P=0 \tag{8.67}$$

となる．ここで，$x=\cos\phi$ とおくと，

$$\frac{d}{dx}\left\{(1-x^2)\frac{dP}{dx}\right\}+\left\{\nu(\nu+1)-\frac{n^2}{1-x^2}\right\}P=0 \tag{8.68}$$

となる．これは**ルジャンドルの陪微分方程式**となる．この解は**ルジャンドル陪関数** $P_\nu^n(\cos\phi)$, $Q_\nu^n(\cos\phi)$ (それぞれ第1種，第2種のルジャンドル陪関数という) で表される (文献 [5], pp. 312–313). 関数の数値化については，注釈 8.3 に説明してある．以上の結果，角振動数 ω の調和振動を考えた速度ポテンシャルは，

$$\Phi(r,\phi,\theta,t)=\left(C_1 r^\nu+\frac{C_2}{r^{\nu+1}}\right)\{C_3 P_\nu^n(\cos\phi)+C_4 Q_\nu^n(\cos\phi)\}\cos n\theta\cdot e^{j\omega t}$$

となり，$r=0$ での $1/r^{\nu+1}$ の特異性の回避により $C_2=0$, $Q_\nu^n(\cos\phi)$ の $\phi=\pi/2$ での特異性の回避により $C_4=0$ となって，結局，

$$\Phi(r,\phi,\theta,t)=Cr^\nu P_\nu^n(\cos\phi)\cos n\theta\cdot e^{j\omega t} \tag{8.69}$$

と得られる．関数 $P_\nu^n(\cos\phi)\cos n\theta$ については注釈 8.4 も参照されたい．

【注釈 8.3】ルジャンドル陪関数 $P_c^n(\cos\phi)$ の数値化 $P_c^n(\cos\phi)$ で c が整数，あるいは実数の場合には，数表や市販のサブルーチンプログラムが使用できるが，c が複素数の場合，Mehler の積分表示式[11]

$$P_c^n(\cos\phi)=\frac{\sqrt{2}e^{n\pi j}\sin^n\phi}{\sqrt{\pi}\Gamma(1/2-n)}\int_0^\phi\frac{\cos(c+1/2)\theta}{(\cos\theta-\cos\phi)^{(n+1/2)}}d\theta$$

$(0<\phi<\pi$ に対して$)$ \hfill (8.70)

を使って数値積分すれば数値化できる[144]．ここに，$\Gamma(x)$ はガンマ関数である．

$P_c^n(\cos\phi)$ のおおまかな性質としては，c が実数の場合は sin, cos 的な挙動をし，c が複素数の場合は双曲関数的にふるまう．なお，$Q_\nu^m(x)$ については，

$$Q_\nu^m(x)=\frac{\pi e^{jm\pi}}{2\sin m\pi}\left\{P_\nu^m(x)-\frac{\Gamma(\nu+m+1)}{\Gamma(\nu-m+1)}P_\nu^{-m}(x)\right\} \tag{8.71}$$

の関係がある．

次に，u, v を補助変数の式 (8.37), (8.38) から求めるため，U, Ψ を求める．Ψ については，式 (8.57b) がすでに求められている．U については，少し凝った演算[144]を行って，

$$U=\left\{\sum_{i=1}^3\bar{\epsilon}_i A_i P_{c_i}^n(\cos\phi)+\epsilon_4\sin^2\phi\cdot\frac{dp_{c_4}^n(\cos\phi)}{d\phi}\right\}\cos n\theta\cdot e^{j\omega t} \tag{8.72}$$

8.4 液体の入った球形タンクの振動

となる。ここに,

$$\bar{\epsilon}_i = \epsilon_i - \frac{\eta\lambda}{(1-\nu+\lambda)(1+\nu)} \quad (i=1,2,3) \tag{8.73a}$$

$$\epsilon_i = \frac{k\gamma_i^2 + k(3+\nu)\gamma_i + (1-\nu^2-\lambda)}{(1-\nu+\lambda)(1+\nu)} \tag{8.73b}$$

$$\epsilon_4 = -\frac{1-\nu}{2(1-\nu+\lambda)} \tag{8.73c}$$

である。これで U と Ψ がわかったので,これを u, v の表示式 (8.37), (8.38) に代入すれば,

$$u = \left\{ \sum_{i=1}^{3} \bar{\epsilon}_i A_i \frac{dP_{c_i}^n(\cos\phi)}{d\phi} + \frac{\epsilon_4 A_4 n^2}{\sin\phi} P_{c_4}^n(\cos\phi) \right\} \cos n\theta \cdot e^{j\omega t} \tag{8.74}$$

$$v = \left\{ \sum_{i=1}^{3} \frac{-\bar{\epsilon}_i A_i n}{\sin\phi} P_{c_i}^n(\cos\phi) - \epsilon_4 n \frac{dP_{c_4}^n(\cos\phi)}{d\phi} \right\} \sin n\theta \cdot e^{j\omega t} \tag{8.75}$$

を得る。なお,用いるシェル理論 (文献 [32], [33], [102] など) により,基礎方程式の係数が多少異なるが,数値計算すれば h/R オーダーの誤差範囲であるので,どの理論を使っても実用上大差ない。

境界条件を設定するために必要な物理量は,

$$u = 0 \quad \text{または} \quad N_\phi = 0 \tag{8.76a}$$

$$v = 0 \quad \text{または} \quad T_\phi = 0 \tag{8.76b}$$

$$w = 0 \quad \text{または} \quad V_\phi = 0 \tag{8.76c}$$

$$\beta = \frac{u}{a} - \frac{\partial w}{a\partial\phi} = 0 \quad \text{または} \quad M_\phi = 0 \tag{8.76d}$$

であり,力に関しては

$$T_\phi = N_{\phi\theta} + \frac{1}{a} M_{\phi\theta}$$

$$V_\phi = Q_\phi + \frac{1}{a\sin\phi} \frac{\partial M_{\phi\theta}}{\partial\theta}$$

$$N_\phi = \frac{B}{a} \left\{ \frac{\partial u}{\partial\phi} + \nu\cot\phi\, u + \frac{\nu}{\sin\phi}\frac{\partial v}{\partial\theta} + (1+\nu)w \right\}$$

$$N_\theta = \frac{B}{a} \left\{ \nu\frac{\partial u}{\partial\phi} + \cot\phi\, u + \frac{1}{\sin\phi}\frac{\partial v}{\partial\theta} + (1+\nu)w \right\}$$

$$N_{\phi\theta} = N_{\theta\phi} = \frac{1}{2a}\frac{Eh}{1+\nu}\left(\frac{\partial v}{\partial \phi} - \cot\phi v + \frac{1}{\sin\phi}\frac{\partial u}{\partial \theta}\right)$$

$$M_\phi = \frac{D}{a^2}\left(\frac{\partial u}{\partial \phi} + \nu\cot\phi u + \frac{\nu}{\sin\phi}\frac{\partial v}{\partial \theta}\right)$$

$$- \frac{D}{a^2}\left\{\frac{\partial^2 w}{\partial \phi^2} + \nu\left(\frac{1}{\sin^2\phi}\frac{\partial^2 w}{\partial \theta^2} + \cot\phi\frac{\partial w}{\partial \phi}\right)\right\}$$

$$M_\theta = \frac{D}{a^2}\left(\cot\phi u + \frac{1}{\sin\phi}\frac{\partial v}{\partial \theta} + \nu\frac{\partial u}{\partial \phi}\right)$$

$$- \frac{D}{a^2}\left(\frac{1}{\sin^2\phi}\frac{\partial^2 w}{\partial \theta^2} + \cot\phi\cdot\frac{\partial w}{\partial \phi} + \nu\frac{\partial^2 w}{\partial \phi^2}\right)$$

$$M_{\phi\theta} = M_{\theta\phi} = \frac{D(1-\nu)}{2a^2}\left(\frac{\partial v}{\partial \phi} - \cot\phi v + \frac{1}{\sin\phi}\frac{\partial u}{\partial \theta}\right)$$

$$- \frac{D(1-\nu)}{a^2}\left(\frac{1}{\sin\phi}\frac{\partial^2 w}{\partial \phi \partial \theta} - \frac{\cos\phi}{\sin^2\phi}\frac{\partial w}{\partial \theta}\right)$$

$$Q_\phi = \frac{1}{a}\frac{\partial M_\phi}{\partial \phi} + \frac{M_\phi - M_\theta}{a}\cot\phi + \frac{1}{a\sin\phi}\frac{\partial M_{\theta\phi}}{\partial \theta}$$

で，いずれも係数 A_i で書き表すことができる．ここに，B と D はそれぞれ伸び剛性と曲げ剛性で，

$$B = \frac{Eh}{1-\nu^2}, \quad D = \frac{Eh^3}{12(1-\nu^2)}$$

である．付加質量係数 η をゼロとすれば，部分球形タンクの振動の数値的な厳密解が図 8.6 に示すような手順により計算できるが，この詳細については文献 [144] を参照されたい．本書では，付加質量係数までが計算できればよしとする．その理由は，付

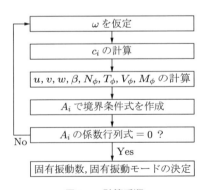

図 8.6　計算手順

加質量係数がわかれば，液体の入ったタンクの計算がシェル要素だけの構造計算として処理できるからである．

8.4.3 球形タンク中の液体の付加質量
(1) 完全球の場合

完全球の場合には点対称となるので，球での自由度は r と ϕ だけであり，式 (8.66) に対応するのは，θ のない

$$Y(\phi,\theta) = P(\phi) \tag{8.77}$$

である．よって，式 (8.68) において $n=0$ として，

$$\frac{d}{dx}\left\{(1-x^2)\frac{dP}{dx}\right\} + \nu(\nu+1)P = 0 \tag{8.78}$$

となる．この式は**ルジャンドルの微分方程式**となり，この解は**ルジャンドル関数** $P_\nu(\cos\phi)$, $Q_\nu(\cos\phi)$ (それぞれ第 1 種，第 2 種のルジャンドル関数という) で表される．先のルジャンドル陪関数との関係は，m が整数の場合，

$$P_\nu^m(x) = (x^2-1)^{m/2}\frac{d^m P_\nu(x)}{dx^m}, \quad Q_\nu^m(x) = (x^2-1)^{m/2}\frac{d^m Q_\nu(x)}{dx^m}$$

である．

液体の振動の場合，球表面で連続的に変形するので，ν は整数 m となる．この場合，$P_m(\cos\phi)$ は**ルジャンドル多項式**といわれ，

$$P_1(x) = 1, \quad P_1(x) = x = \cos\phi$$
$$P_2(x) = \frac{1}{2}(3x^2-1) = \frac{1}{4}(3\cos 2\phi)$$
$$P_3(x) = \frac{1}{2}(5x^3-3x) = \frac{1}{8}(5\cos 3\phi + 3\cos\phi)$$

である．

以上の準備により，完全球の速度ポテンシャル Φ は，式 (8.69) においてルジャンドル多項式を用いて，

$$\Phi = CP_m(\cos\phi)r^m e^{j\omega t} \tag{8.79}$$

となる．$r=a$ で境界条件式 (8.42) が成立するので，シェルの変位 w を

$$w = AP_m(\cos\phi)e^{j\omega t}$$

として係数 A を決めていく．この式と式 (8.79) を境界条件の式 (8.42) に代入すれば，

$$jωAP_m(\cos\phi)e^{jωt} = mCP_m(\cos\phi)r^{m-1}e^{jωt}$$

となる．これが $r=a$ で成立するので，

$$A = \frac{mCa^{m-1}}{jω}$$

である．付加質量 m_v の定義は，

$$p = -m_v\frac{\partial^2 w}{\partial t^2} = m_vω^2 aP_m(\cos\phi)e^{jωt} = \frac{mCR^{m-1}}{jω}m_vω^2 P_m(\cos\phi)e^{jωt}$$

であり，一方で

$$p = -ρ\frac{\partial \Phi}{\partial t} = -jωρCP_m(\cos\phi)a^m e^{jωt}$$

であるので，

$$m_v = \frac{ρa}{m} \tag{8.80}$$

である．この式と式 (8.45) を比べれば，式 (8.45) における付加質量係数 $η$ は，

$$η = \frac{1}{m}\frac{ρa}{ρ_s h} \tag{8.81}$$

となる．$m=0$ の場合，

$$P_0(\cos\phi) = 1$$

であり，半径方向に膨らんだり縮んだりする振動となる．これは液体も同様に圧縮，収縮を繰り返すことになり，液体の非圧縮性の仮定が満足されないことになるので，完全球の場合 $m \neq 0$ である．式 (8.53a) において

$$γ = -m(m+1) \tag{8.82}$$

であることは式 (8.58) からただちに導かれる．式 (8.82) と式 (8.81) を式 (8.54) に代入すれば，$λ$ に関する2次方程式が得られて，

$$\begin{aligned}(1+η)λ^2 &- \{(1+3ν) - (1-ν)η - (1+η)γ + kγ^2\}λ \\ &- \{kγ^3 + k(3-ν)γ^2 + (1-ν^2)γ + 2(1-ν^2)\} = 0\end{aligned} \tag{8.83}$$

となり，式 (8.50) の $λ$ について解けば固有振動数が得られる．

例題 8.2 以下の数値を使って，半径 a，シェル厚 h の完全球形タンクが空の場合と，液体が満杯にある場合との無次元固有振動数 $ωΩ$ を数値計算せよ．

$a/h = 10$，ポアソン比 $ν = 0.2$，タンクと液体の密度比 $ρ_s/ρ = 2.14$

解答 式 (8.83) を使う．この式で，

$$k = \frac{1}{12}\left(\frac{h}{a}\right)^2 = \frac{1}{12}\left(\frac{1}{10}\right)^2 = 0.000833$$

$$\eta = \frac{1}{m}\frac{\rho a}{\rho_s h} = \frac{1}{m}\frac{10}{2.14 \times 1} = \frac{4.673}{m}$$

とし，m を設定して λ について解く．たとえば $m=2$ のとき，

$$3.3377\lambda^2 - 19.7858\lambda + 3.9360 = 0$$

を解き，

$$\lambda = \omega^2\Omega^2 = \omega^2\frac{\rho_s a^2(1-\nu^2)}{E}$$

から $\sqrt{\lambda} = \omega\Omega$ を計算すると，表 8.3 のようになる．参考として，液体の圧縮性も考慮した Advani ら[80] の計算結果も付記する．圧縮性に関するパラメータである液体，タンクにおける音速は，それぞれ

$$C_f = 226\,\text{m/s},\quad C_s = 394\,\text{m/s}$$

であり，1次のモードについての計算結果では，ほとんど圧縮性の効果は出ていない．

表 8.3 液体を満たした完全球形タンクの無次元化振動数 $\omega\Omega$

m	式 (8.83)		Advani[80]		
	1 次	2 次	1 次	2 次	3 次（圧縮性）
0	—	—	—	—	1.56
1	—	1.27	—	1.07	2.11
2	0.454	2.39	0.454	2.06	2.75
3	0.595	3.44	0.594	2.80	3.56
4	0.730	4.46	0.731	3.40	4.49
5	0.902	5.48	0.904	3.95	5.43

液体がない場合は $\eta = 0$ として解けばよくて，たとえば $m=2$ の場合，1 次が 0.746，2 次が 2.66 となる．

(2) 赤道面を支持された半球の場合

完全球と同じように**ルジャンドル陪多項式**を使って，

$$\Phi = CP_m^n(\cos\phi)\left(\frac{r}{a}\right)^m \cos n\theta \cdot e^{j\omega t} \tag{8.84}$$

とすれば，

$$w = \frac{mR^{m-1}}{j\omega}CP_m^n(\cos\phi)\cos n\theta \cdot e^{j\omega t} \tag{8.85}$$

となる[36, 97]. ここに,

$$m - n = 奇数 \tag{8.86}$$

である. この条件での $P_m^n(x)$ は,

$$P_2^1(x) = 3(1-x^2)^{1/2}x = \frac{3}{2}\sin 2\phi$$

$$P_3^2(x) = 15(1-x^2)x = \frac{15}{4}(\cos\phi - \cos 3\phi)$$

$$P_4^1(x) = \frac{5}{2}(1-x^2)^{1/2}x(7x^2 - 3) = \frac{5}{16}(2\sin 2\phi + 7\sin 4\phi)$$

である. このようにとれば, 赤道面で

$$P_m^n\left(\cos\frac{\pi}{2}\right) = 0 \tag{8.87}$$

となり, タンク壁面での境界条件式 (8.42) を満足し, 重力を無視した液体の自由表面での境界条件 ($\Phi = 0$) も満足する. シェルについては当然,

$$w = 0 \quad \left(\phi = \frac{\pi}{2}（赤道面）において\right) \tag{8.88}$$

である. このとき η は

$$\eta = \frac{1}{m}\frac{\rho}{\rho_s}\frac{a}{h} \tag{8.89}$$

となり, 式 (8.83) から固有振動数が得られる. このようにして得られた解は, シェルの境界条件については赤道面で $w = 0$ という境界条件を満たすのみで, 式 (8.76) のほかの三つの境界条件は無視されるので, この解は現実的ではない.

【注釈 8.4】球面調和関数　ラプラスの微分方程式

$$\nabla^2 \Phi = 0$$

の正則な解を調和関数というが, そのうち極座標 (r, ϕ, θ) を用いて,

$$\Phi = r^m Y_{mn}(\phi, \theta) \quad (m は 0 か正整数) \tag{8.90}$$

の形に表されるものを m 次の**球調和関数**（または体球関数）, $Y_{mn}(\phi, \theta)$ を m 次の**球面調和関数**という. 球面調和関数は通常 Y_m と表示するが, $\cos n\theta$ 項の情報を入れるため, ここでは Y_{mn} と書く. $Y_{mn}(\phi, \theta)$ としては, $n = 1, 2, \ldots, m$ で

$$Y_{mn}(\phi, \theta) = P_m(\cos\phi), P_m^n(\cos\phi)\sin n\theta, P_m^n(\cos\phi)\cos n\theta \tag{8.91}$$

と $(2m + 1)$ 個の独立な直交関数が得られる. 最初の $P_m(\cos\phi)$ を帯球関数 (zonal harmonics），後の $2m$ 個をまとめて**縞球関数** (tesseral harmonics) といい，とくに $n=m$ の場合，扇球関数という[5]．$m=4$, $n=3$ の例を図 8.7 に示す．縞球関数がゼロになる節曲線を描けば，図 8.8 のようになる．球形タンクの振動モードは，式 (8.85) で見られるように縞球関数で表されるが，タンクの振動試験を行って高次の振動モードをレーザーホログラフィ法で可視化すると，図 8.9 のように縞球関数的なモード図を観測できる．

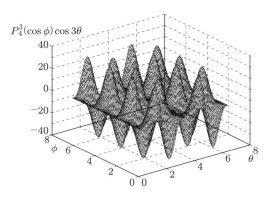

図 8.7 縞球調和関数の例：$P_4^3(\cos\phi)\cos 3\theta$

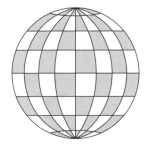

図 8.8 球面上の縞球調和関数の節曲線の例

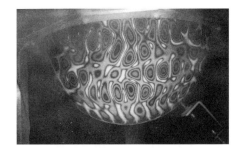

図 8.9 赤道面を固定された半球形タンクの固有振動モード例[169]

(3) 任意水位での付加質量係数の決定

完全球の場合，式 (8.79) で得られる解は厳密解であるが，実用においては球はどこかで支えられるので完全球とはならないし，また，満水以外のときもこの式は適用できない．半球の場合では $w=0$ の境界条件が満足されるのみで，かつ任意水位に適用するには 1 項近似では不十分である．解を多項式の和として表し，各項の係数をエネルギー法で決める方法などが考えられるが，液体の影響がつかみにくくなる．ここでは，部分球形タンク・任意水位という条件の下に，1 項近似で液体の付加質量を求める方法を説明する．

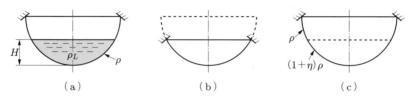

図 8.10　付加質量係数の計算法

図 8.10 (a) のように，上端を支持された部分球形タンクに液体が深さ H まで入っている場合を考える．この系の振動解析を次のような手順により行う．

低次振動に関しては，実験 (図 8.18 参照) や数値計算 (図 8.16 参照) でわかるように，タンクは液体と接している部分 ($0 \leq z \leq H$) のみが大きく振動し，液体と接していない部分はほとんど動かない．このことに注目し，液体と接しているシェルの部分を図 (b) のように取り出し，液体は入っていないとして固有振動解析を行う．このときの解は式 (8.57a) の形になるが，w の**大域解** w_G を

$$w_G = A_1 P_{c_1}^n (\cos\phi) \cos n\theta \cdot e^{j\omega t} \tag{8.92}$$

とし，液体の速度ポテンシャル Φ を同じ関数で

$$\Phi = C_1 P_{c_1}^n (\cos\phi) \left(\frac{r}{a}\right)^n \cos n\theta \cdot e^{j\omega t} \tag{8.93}$$

とする．このポテンシャル表示がラプラスの方程式 (8.41) を満足することは，代入すればわかる．また，シェルの振動モード w が一つの大域解と二つの**縁領域解**をもつことは，式 (8.51) において $k \to 0$ とすれば明らかである (表 8.4 参照)．この手順においては，

(1) w の解は本来三つのルジャンドル陪関数の和で表されるところを，その大域解 w_G で近似できる．
(2) 液体と接している部分の振動モードと図 (b) のように取り出して新たに境界を与えた部分の振動モードの大域解がほぼ等しい．

ということが前提となっている．すなわち，本方法においてはタンクの振動に重点が置かれ，液体の自由表面は無視される．液体とタンク壁面との連続性はシェルの大域解との連続性に緩和される．ただし，シェルの境界条件は厳密に満足される．

さて，次の手順としては，タンク壁での境界条件式 (8.42) において，w を先ほど求めた大域解 w_G で置き換えて，

$$\frac{\partial w_G}{\partial t} = \frac{\partial \Phi}{\partial r} \tag{8.94}$$

となる．上式に式 (8.93) の Φ を代入して，

$$\Phi = \frac{a}{c_1}\frac{\partial w_G}{\partial t} \tag{8.95}$$

を得る．このようにすれば式 (8.45) より，

$$q = -\rho_L \frac{a}{c_1}\frac{\partial^2 w_G}{\partial t^2} \tag{8.96}$$

となる．式 (8.96) と式 (8.45) を比べれば，**付加質量係数** η は

$$\eta = \frac{1}{c_1}\frac{a}{h}\frac{\rho_L}{\rho} \tag{8.97}$$

となる．この表示式は完全球の場合と同じ形である．付加質量係数 η が見積もられれば，図 (a) の液体は $\eta\rho$ となる密度をもつシェルに置き換えられ，図 (c) のように $(1+\eta)\rho$ なる密度のシェルとして解析できる．以上のように，満水状態での完全球と半球でしか明らかでなかった η の値が，任意部分球・任意水位の系に拡張されることになった．なお，図 (b) でのシェルの境界条件 ($z = H$ において) は，大域解のみを求めるという目的に従えば厳密に指定する必要はない．ここでは，図 (a) のシェルの上端におけると同じ境界条件を，図 (b) のシェルに課す．この方法による計算精度は例題 8.3 で示す．

例題 8.3 赤道面を固定された半球形タンクが液体を満杯に満たしているとき，付加質量係数を使って軸対称振動 ($n = 0$) の固有振動数を計算せよ．以下の数値を用いよ．

タンク半径 $a = 5.08$ m, シェル厚 $h = 0.00254$ m, ポアソン比 $\nu = 0.3$

シェルのヤング率 $E = 68.9 \times 10^9$ N/m^2,

シェルの密度 $\rho_s = 2.77 \times 10^3$ kg/m^3, 液体の密度 $\rho = 1.13 \times 10^3$ kg/m^3

解答 本節の方法により，固有振動モード

$$w = \{A_1 P_{c_1}(\cos\phi) + A_2 P_{c_2}(\cos\phi) + A_3 P_{c_3}(\cos\phi)\}e^{j\omega t} \tag{8.98}$$

の係数 c_i は，式 (8.54) を解いて γ_i を求め（液体はなく空である），さらに式 (8.58) を使って求め，**表 8.4** のようになる．この解析から，式 (8.97) において $c_1 = 2.03$ として液体の付加質量を決め，シェルの有限要素 15 個で半球をモデル化して自由表面なし（液体は付加質量で代替）の構造として解析している．要するに，使っているのは表 8.4 の「空の $m = 1$」の c_1 の値のみである．ほかの数値は参考として，厳密に偏微分方程式を図 8.6 の手順に従って計算している．**図 8.11** に，液体が満になっている場合の式 (8.98) で計算した固有振動モードを示す．全体的に c_1 が支配する大域解があり，上端の境界で局所的に境界条件を満たそうとしたモードであることがわかる．液体のある場合の振動数は，式 (8.50) より

表 8.4 半球タンクの振動モード

次数		振動数	振動モード				
	m	$\omega\Omega$	C_1	C_2, C_3	A_1	A_2, A_3	
空	1	0.706	2.03	$46.6 \mp j47.1$	1.0	$(-4.17 \pm j2.80) \times 10^{-32}$	
	2	0.883	4.08	$34.8 \mp j35.4$	1.0	$(2.23 \mp j2.56) \times 10^{-24}$	
	3	0.921	6.14	$28.7 \mp j29.5$	1.0	$(2.02 \mp j1.60) \times 10^{-20}$	
満	1	0.0414	2.04	$39.6 \mp j40.2$	1.0	$(1.64 \pm j2.22) \times 10^{-27}$	
	2	0.0650	4.10	$28.4 \mp j29.1$	1.0	$(-5.84 \pm j1.72) \times 10^{-20}$	
	3	0.0811	6.18	$23.2 \mp j24.2$	1.0	$(-7.81 \pm j1.07) \times 10^{-18}$	

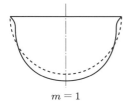
$m=1$

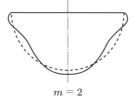
$m=2$

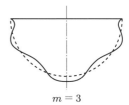
$m=3$

図 8.11 半球タンクの振動モード

$$\omega\Omega = \omega\sqrt{\frac{\rho_s a^2(1-\nu^2)}{E}} = 0.000944\omega$$

を使って，6.71 Hz，9.12 Hz，11.02 Hz となる．ほかの方法との精度比較は表 8.5 を参照されたい．

8.5 有限要素と境界要素の組み合わせ数値計算法

液体−構造達成振動問題で，解析的に解ける問題というのは限られているので，問題が少し複雑になると最終的には数値計算法を使わざるを得ない．この場合，

(A) 全部を有限要素法 (FEM) で解析する方法

(B) 液体に境界要素法 (BEM)，構造に有限要素法を用いる方法

(C) 解析解を利用する方法

があるが，汎用性から (A)，(B) の方法が有力である．境界要素法については，よくいわれているように，有限領域問題（液体の入ったタンクの振動など）では要素分割の簡単さ以外に有限要素法に比べて大きな利点はないし，無限領域問題（弾性体の水中振動など）についてさえも有限要素法では無限要素が使えることなども考慮し，この分野の問題では，境界要素法を採用するかどうかは解析者の好みの問題となる．ただし，液体−構造連成問題において注目するのは，多くの場合，液体よりもむしろ構造物であるので，液体について境界要素法を用いて構造物との接触面において自由度

を形成することは，本来の目的にかなう方法であり，液体についても有限要素法を用いる方法よりも簡単である．

以下に，液体について境界要素法，構造について有限要素法を用いた連成振動問題の解法を述べる．

8.5.1 考え方

ここでは，液体と接したり水中にある構造物の振動問題を考える．構造物については有限要素法により定式化がなされており，すでに構造物の剛性行列 $[K_s]$ と質量行列 $[M_s]$ が得られているとする．また，液体については剛性行列 $[K_g]$ と質量行列 $[M_v]$ が第2章で得られているので，これらに $[K_s]$ と $[M_s]$ とを重ね合わせて，固有値計算，動的応答計算など好きなように処理できることになる．以下に，液体の剛性行列と質量行列とを求めることとする．

ここでは例として，軸対称タンクを取り上げ，このタンクを有限要素の軸対称シェル要素でモデリングし，内部液体を 2.9 節で説明した軸対称液体要素でモデリングする．

8.5.2 軸対称シェル要素

第2章での軸対称液体要素 (境界要素 BEM) に対応する軸対称シェル要素 (有限要素 FEM) を使用する．シェル要素については，論文 [44] や教科書 [208] などにあるが，教科書 [229] にプログラムリストまで掲載して説明してあるので，導出は省略して結果のみを示す．図 8.12 のように円錐台形状上の要素を定義し，$\theta = 0$ での節点変位を $\{\tilde{u}(s), \tilde{v}(s), \tilde{w}(s), \tilde{\beta}(s)\}$ として，

$$\hat{u}(s, \theta) = \tilde{u}(s) \cos n\theta$$
$$\hat{v}(s, \theta) = \tilde{v}(s) \sin n\theta$$

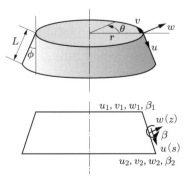

図 8.12　円錐台シェル要素

$$\hat{w}(s,\theta) = \tilde{w}(s)\cos n\theta$$

と円周方向に正弦波的な変化を仮定する．ただし，

$$\beta = \frac{\partial w}{\partial s}$$

である．図8.12に示すように，一つの要素の上下で2節点，全部で8自由度の要素である．これで$[K_s]$，$[M_s]$を計算すると，

$$[K_s] = \pi \int [B]^T [D][B] r\,ds, \quad [M_s] = \pi\rho \int [N_\delta]^T [N_\delta] r\,ds \tag{8.99}$$

となる．$n=0$の場合，$\pi \to 2\pi$とする．積分は数値積分(注釈2.12参照)する．この中で使っている行列は以下のとおりである．

$$[D] = \frac{Eh}{1-\nu^2} \begin{bmatrix} 1 & \nu & 0 & 0 & 0 & 0 \\ \nu & 1 & 0 & 0 & 0 & 0 \\ 0 & 0 & (1-\nu)/2 & 0 & 0 & 0 \\ 0 & 0 & 0 & h^2/12 & \nu h^2/12 & 0 \\ 0 & 0 & 0 & \nu h^2/12 & h^2/12 & 0 \\ 0 & 0 & 0 & 0 & 0 & (1-\nu)h^2/24 \end{bmatrix}$$

$$[N_\delta] = \begin{bmatrix} b_1 & 0 & 0 & 0 & b_2 & 0 & 0 & 0 \\ 0 & b_1 & 0 & 0 & 0 & b_2 & 0 & 0 \\ 0 & 0 & c_1 & c_2 & 0 & 0 & c_3 & c_4 \end{bmatrix}$$

$$[B] = \begin{bmatrix} b_3 & 0 & 0 & 0 \\ Sb_1 & Nb_1 & Cc_1 & Cc_2 \\ -Nb_1 & b_3 - Sb_1 & 0 & 0 \\ 0 & 0 & -d_1 & -d_2 \\ 0 & NCb_1 & N^2 c_1 - Sc_5 & N^2 c_2 - Sc_6 \\ 0 & -2SCb_1 + 2Cb_3 & -2NSc_1 + 2Nc_5 & -2NSc_2 + 2Nc_6 \\ b_4 & 0 & 0 & 0 \\ Sb_2 & Nb_2 & Cc_3 & Cc_4 \\ -Nb_2 & b_4 - Sb_2 & 0 & 0 \\ 0 & 0 & -d_3 & -d_4 \\ 0 & NCb_2 & N^2 c_3 - Sc_7 & N^2 c_4 - Sc_8 \\ 0 & -2SCb_2 + 2Cb_4 & -2NSc_3 + 2Nc_7 & -2NSc_4 + 2Nc_8 \end{bmatrix}$$

ここに，行列の中の変数は

$$\eta = \frac{s}{l}, \quad S = \frac{\sin\phi}{r}, \quad C = \frac{\cos\phi}{r}, \quad N = \frac{n}{r}$$

$$b_1 = 1 - \eta, \quad b_2 = \eta, \quad c_1 = 1 - 3\eta^2 + 2\eta^3$$

$$c_2 = l(\eta - 2\eta^2 + \eta^3), \quad c_3 = 3\eta^2 - 2\eta^3, \quad c_4 = l(-\eta^2 + \eta^3)$$

$$\begin{Bmatrix} b_3 \\ b_4 \end{Bmatrix} = \frac{d}{ds}\begin{Bmatrix} b_1 \\ b_2 \end{Bmatrix}, \quad \begin{Bmatrix} c_5 \\ c_6 \\ c_7 \\ c_8 \end{Bmatrix} = \frac{d}{ds}\begin{Bmatrix} c_1 \\ c_2 \\ c_3 \\ c_4 \end{Bmatrix}, \quad \begin{Bmatrix} d_1 \\ d_2 \\ d_3 \\ d_4 \end{Bmatrix} = \frac{d}{ds}\begin{Bmatrix} c_5 \\ c_6 \\ c_7 \\ c_8 \end{Bmatrix}$$

である．

8.5.3 構造要素と液体要素の重ね合わせ

2.9 節で液体の $[K_g]$, $[M_v]$ が求められたので，構造の $[K_s]$, $[M_s]$ と重ね合わせて解析を行えばよい．有限要素の軸対称シェル要素は要素の両端の節点で自由度をもっているが，2.9 節で導いた境界要素法の液体要素は要素中央 1 点でしか自由度をもっていないので，図 8.13 に示すように液体とシェルとの節点が一致するようにずらして要素分割を行うこととする．白丸で実線が液体要素，黒丸で点線がシェル要素である．

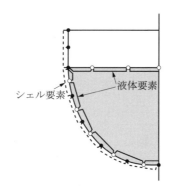

図 8.13 シェルと液体表面の要素分割

8.5.4 適用例：球形タンク

(1) 液体酸素 (LOX) タンク

ロケットの液体酸素 (liquid oxygen) タンクの底部をモデリングした球形タンクの振動は，多くの研究者の解析対象となっている．例題 8.3 に示した諸元についての縦振動 (軸対称振動，$n = 0$) の解析結果の比較を，表 8.5 に示す．

表 8.5 LOX タンクの軸対称振動 ($n = 0$) の固有振動数 (Hz)

モード	次数	Gossard 文献 [67]	Tai 文献 [67]	Guyan 文献 [66]	Hsiung 文献 [99]	Chung 文献 [113]	FEM + BEM 本節
バルジング	1	8.48	7.15	6.69	7.26	6.62	6.79
	2	14.40	9.40	9.92	11.47	10.25	10.65
	3		11.94	12.56	14.56	12.44	13.29
スロッシング	1			0.475	0.43	0.43	0.445
	2			0.617	0.59	0.60	0.597
	3			0.748	0.74	0.73	0.716

バルジングとしているのがタンク壁が主体の振動，**スロッシング**としているのが自由表面が主体の振動であるが，タンクの弾性（変形）はスロッシングにほとんど影響を及ぼさない．解析者相互にかなり計算結果が散らばっており，液体と構造の連成振動が数値的に不安定であることがわかる．その一つの要因としては，振動数の低いスロッシングと振動数の高いバルジング振動が同居（剛性の小さい自由表面と剛性の高いタンク壁面が剛性行列を形成）しているためである．FEM + BEM の解析では 15 シェル要素，液体要素は 25 個で，そのうち 10 要素が自由表面である．この表には入れていないが，例題 8.3 での付加質量を用いる簡易解法ではバルジング 1 次は 6.71 Hz である．

(2) 半 球

半球の試験結果との比較を，赤道面固定タンクについて図 8.14 に，下部固定について図 8.15 に示す．半径 a は 10 cm で，平均厚さ[†] は図 8.14 の半球が 0.476 mm，図 8.15 の半球が 0.713 mm である．いずれもアルミ製で，計算で用いた数値は

$$E = 70 \times 10^9 \text{ N/m}^2, \quad \nu = 0.3, \quad \rho_s = 2800 \text{ kg/m}^3$$

である．要素分割は，シェルに関しては 15 要素，液体に関しては自由表面は 10 要素で，タンク壁面に関しては最大 15 要素で，液位に従ってそれより少なくなっている．H_0 をタンクの高さ（半球の場合，$H_0 = a$），H を水位として，たとえば，$H/H_0 = 0.59$ で，タンク壁面では 11 要素である．振動モードに関して計算結果を図 8.16 に，レーザーホログラフィ法により振動モードを可視化した実験結果[169]を図 8.17 に示す．

[†] 絞り加工なので一様厚さではない．厚さ分布の詳細は文献 [169] 参照．

8.5 有限要素と境界要素の組み合わせ数値計算法

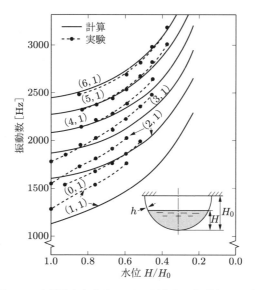

図 8.14 上端固定半球形タンクの計算値と実験値との比較

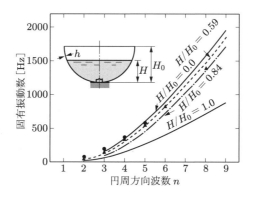

図 8.15 上端自由・下端固定の半球形タンクの固有振動数

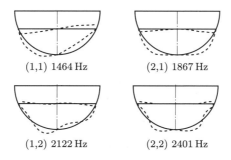

図 8.16 上端固定の半球形タンクのバルジングモード ($H/H_0 = 0.59$)

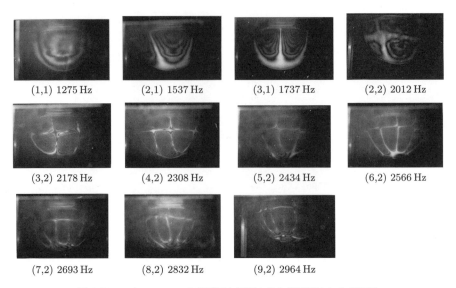

(1,1) 1275 Hz	(2,1) 1537 Hz	(3,1) 1737 Hz	(2,2) 2012 Hz
(3,2) 2178 Hz	(4,2) 2308 Hz	(5,2) 2434 Hz	(6,2) 2566 Hz
(7,2) 2693 Hz	(8,2) 2832 Hz	(9,2) 2964 Hz	

図 8.17　$H/H_0 = 1.0$ の赤道面を固定された半球形タンクの振動

8.5.5　適用例：部分球

ロケットタンクの底部を模した部分球を製作して先ほどの場合と同様に試験と計算結果を比較する．この部分球の高さ H_0 は 5.77 cm，半頂角は 60 度，球の半径 a は 11.55 cm，開口部半径は 10 cm である．平均厚さは 0.476 cm である．表 8.6 にその比較結果を，図 8.18 に試験により得られた振動モードを示す．要素分割は，シェルについては 20 要素，液体については自由表面は 10 要素，タンク壁面については最大 20 要素である．

表 8.6　部分球の共振振動数と計算した振動数 (Hz)

	実 験			計 算		
H/H_0	0.53	0.60	0.68	0	0.514	1.0
$n = 1$				5972	1173	1385
2	2040	1972	1884	6651	2019	1650
3	2200	2153	2070	6756	2227	1845
4		2305	2234	6820	2417	2013
5	2552	2485	2403	6879	2601	2167
6	2718		2560	6938	2785	2312
7	2893	2808	2720	6996	2977	
8		2982	2886	7068	3180	2588
9	3276		3066	7145	3402	2727

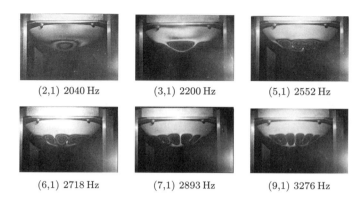

(2,1) 2040 Hz   (3,1) 2200 Hz   (5,1) 2552 Hz

(6,1) 2718 Hz   (7,1) 2893 Hz   (9,1) 3276 Hz

図 8.18　$H/H_0 = 0.53$ の上端を固定された部分球形タンクの振動

8.5.6　適用例：浮き屋根

石油タンクとして浮き屋根式円筒タンクがよく用いられるが，その自由振動解析を以下に示す．浮き屋根は，弾性板として軸対称シェル要素でモデル化する．2種類のタンク[126]での数値計算例を，**表 8.7** と **表 8.8** とに示す．要素分割は，**図 8.19** のように，液体の軸対称要素の節点とシェル要素の節点が一致するように分割している．表 8.8 では浮き屋根の周りに円環があるので，これは補強リング要素[106]でモデル化してある．使用した数値は，表 8.7 では

表 8.7　浮き屋根の固有振動数 (Hz)

(n, m)		$(1, 1)$	$(1, 2)$	$(1, 3)$
スロッシング	理論解	0.576	1.145	1.455
	BEM	0.582	1.152	1.470
真空中の浮き屋根	理論解	—	7.89	23.1
	BEM	—	8.11	24.0
連成振動	近藤[126]	0.574	2.32	7.49
	BEM + FEM	0.578	2.33	7.52

表 8.8　大型浮き屋根の固有振動数 (Hz)

(n, m)			$(1, 1)$	$(1, 2)$	$(1, 3)$
スロッシング		理論解	0.105	0.209	0.266
		BEM	0.107	0.211	0.270
真空中の浮き屋根	円環なし	理論解	—	0.0561	0.164
		FEM	—	0.0566	0.169
	円環付	FEM	—	0.0618	0.180
連成振動	BEM	円環なし	0.107	0.210	0.269
	+FEM	円環付	0.107	0.210	0.269

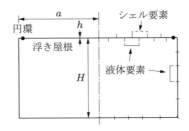

図 8.19 浮き屋根式円筒タンク

$a = 1\,\mathrm{m}, \quad H = 0.5\,\mathrm{m}, \quad h = 0.0061\,\mathrm{m}, \quad \rho = 1000\,\mathrm{kg/m^3}$

$E = 206\,\mathrm{GPa}, \quad \rho_s = 7800\,\mathrm{kg/m^3}, \quad \nu = 0.3$

である．液体要素は底面 10 要素，側面 10 要素，自由表面 11 要素で，シェル要素は自由表面の浮き屋根のみで 10 要素，円環リング要素は 1 要素である．

表 8.8 では，

$a = 30\,\mathrm{m}, \quad H = 15\,\mathrm{m}, \quad h = 0.01\,\mathrm{m}$

で，円環の曲げ剛性とねじり剛性は $7.4\,\mathrm{GPa \cdot m^4}$ である．

第9章 低重力場でのスロッシング

本章では,表面張力が無視できなくなる,低重力・無重力での液体の挙動について述べる.低重力では運動履歴が重要である.低重力ではエネルギー最小の平衡状態に落ち着くとは限らず,過去にどういう力を受けたかで現在の平衡状態が決定される.このような難しさがあるため,一般的な方法を適用することが困難で,多くの場合,試験か数値シミュレーションを実行する必要がある.

本章では,まず,液体の物性について表にまとめた後で,それらの数値を用いての次元解析について述べる.この次元解析により,実際問題解決のための指針やオーダー評価ができる.続いて,自由表面の形状(**メニスカス**)決定,そのメニスカスでのスロッシング,その数値計算法について述べる.最後に,プロペラントマネージングについて簡単に述べる.

9.1 各種液体の表面張力

液体は,その表面をできるだけ小さくしようとする傾向をもち,外力の作用が無視できるときには球形をとる.これは,液体の分子間にはたらく引力に基づいて,液体表面に沿って一種の張力がはたらくためである.これを**表面張力**といい[140],液体の表面に平行に,液面上の単位長さの線に直角にはたらく応力として表される.各種液体の表面張力を**表**9.1に示す.表面張力は,液体の表面を等温的に単位面積だけ増加するときの仕事に等しく,単位面積ごとに蓄えられる表面のエネルギーと考えること

表9.1 各種液体の表面張力(理科年表より抜粋)

	密度 ρ [g/cm^3]	表面張力 σ [dyne/cm]	温度 [°C]
水	0.9991	73.48	15
液体水素	0.0710	1.98	-253.1
液体ヘリウム	0.125	0.354	-271.6
液体窒素	0.83	10.53	-203.1
液体酸素	1.118	13.55	-183.6
ヒドラジン	1.011	66.45	25.0
水銀	13.5336	482.1	25

もできる．表面張力は温度依存性があり，温度が上がると減少する．

微小重力の度合を測る無次元パラメータとして**ボンド数** (Bond number) がある．ボンド数 Bo は，重力 g による力と表面張力 σ による力との比として，l を代表長さと考えると，

$$Bo = \frac{g \times \rho l^3}{\sigma l} = \frac{\rho g l^2}{\sigma} \tag{9.1}$$

で定義される．

静止液体の自由表面が固体壁に接する場所では，図 9.1 のように液体面と固体面とのなす角（液体の内部にある角を採用する）が液体／固体／気体で一定の値をとる．これを**接触角**という．

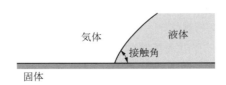

図 9.1 接触角の定義

9.2 ラプラスの定理

図 9.2 に示す，水の中にある油のように，表面が半径 a の球面になっている液滴を考える．この半径が仮想変位 δa だけ増加した場合，圧力の増加仕事 δW_1 は，油と水の表面圧力をそれぞれ p_o, p_w として，

$$\begin{aligned}\delta W_1 &= \left\{\frac{4}{3}\pi(a+\delta a)^3 - \frac{4}{3}\pi a^3\right\}p_o - \left\{\frac{4}{3}\pi a^3 - \frac{4}{3}\pi(a+\delta a)^3\right\}p_w \\ &= 4\pi a^2\,\delta a\,(p_o - p_w)\end{aligned}$$

である．一方で，表面が増加することによる表面張力 σ による仕事 δW_2 は，

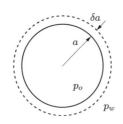

図 9.2 球面での表面張力

$$\delta W_2 = \{4\pi(a+\delta a)^2 - 4\pi a^2\}\sigma = 8\pi a\,\delta a\,\sigma$$

である．$\delta W_1 = \delta W_2$ であるので，

$$\Delta p = p_o - p_w = \frac{2\sigma}{a}$$

となる．これをラプラスの式といい，この球面の場合，$2/a$ は平均曲率となっている．一般の場合，

$$\frac{2}{a} \to \frac{1}{a} + \frac{1}{a} \to \frac{1}{R_1} + \frac{1}{R_2}$$

と主曲率半径 R_1 と R_2 で表して[217]，

$$\Delta p = \sigma\left(\frac{1}{R_1} + \frac{1}{R_2}\right) \tag{9.2}$$

と書き表される．これを一般化された**ラプラスの定理**（ラプラスの式）という．主曲率半径については次節で考察する．

9.3 曲面に関する微分幾何学の基礎

表面張力に関するラプラスの式を解くため，曲率半径を求める必要がある．ここでは，曲率半径を求めるための最小限の微分幾何学について簡単に説明する．

9.3.1 曲線

まず，図 9.3 に示すような曲線上の点 P を考え，そのベクトルを **δ** とする．位置を表すパラメータをある始点からの距離 s とすると，

$$\boldsymbol{\delta} = \boldsymbol{\delta}(s)$$

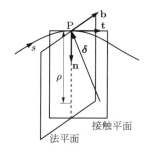

図 9.3　曲線でのベクトルの定義

である．点 P (パラメータ s の点) での接線方向の単位ベクトル (**接線ベクトル**) を $\mathbf{t}$ とすると，

$$\mathbf{t} = \frac{d\boldsymbol{\delta}}{ds}$$

である (注釈 9.1 参照)．

> **【注釈 9.1】** 曲線の一つとして，円を取り上げてパラメータ s のとり方を考える．円のパラメータ表示は，a を半径として
>
> $$x(t) = a\cos t, \quad y(t) = a\sin t$$
>
> と書き表せる．パラメータ t を時間と考えると，$d\boldsymbol{\delta}/dt$ は速度，$d^2\boldsymbol{\delta}/dt^2$ は加速度と解釈できる．始点からの距離を s とすると，s は速度 $v(t)$ の積分で，
>
> $$s = \int_0^t |v(t)|\,dt = \int_0^t \sqrt{\dot{x}(t)^2 + \dot{y}(t)^2}\,dt = \int_0^t a\,dt = at$$
>
> であり，本文でとっているパラメータ s はこの例のような $s = at$ である．よって，曲線表示を
>
> $$\boldsymbol{\delta}(s) = (x(s), y(s)), \quad x(s) = a\cos\frac{s}{a}, \quad y(s) = a\sin\frac{s}{a}$$
>
> と表示できて，
>
> $$\mathbf{t} = \frac{d\boldsymbol{\delta}}{ds} = \left(\cos\frac{s}{a}, \sin\frac{s}{a}\right)$$
>
> と表示できる．$|\mathbf{t}| = 1$ と単位ベクトルになっている．

$\mathbf{t}$ は単位ベクトルなので，その内積は

$$\mathbf{t} \cdot \mathbf{t} = \frac{d\boldsymbol{\delta}}{ds} \cdot \frac{d\boldsymbol{\delta}}{ds} = 1$$

であり，この両辺を s で微分すると

$$2\frac{d^2\boldsymbol{\delta}}{ds^2} \cdot \frac{d\boldsymbol{\delta}}{ds} = 0$$

で，$d^2\boldsymbol{\delta}/ds^2$ は $\mathbf{t}$ と直交する．接線に垂直に交わる平面を**法平面**，接線を含む平面を**接触平面**とし，この 2 平面が交わる方向に**主法線ベクトル** $\mathbf{n}$ を定義する．$\mathbf{n}$ の方向のとり方として二つあるが，2 次元の場合には $\mathbf{t}$ の左側にとることが多い．いずれにしても c を比例定数として，

$$\frac{d^2\boldsymbol{\delta}}{ds^2} = c\mathbf{n} \tag{9.3}$$

である．ここで，c の意味を考える．まず，以下のように曲率を定義する．

9.3 曲面に関する微分幾何学の基礎　255

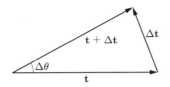

図 9.4　曲率の定義

点 P (パラメータ s の点) とその近くの点 Q (パラメータ $s + \Delta s$ の点) における接線を考え，その二つの接線のなす角度を $\Delta \theta$ (図 9.4) としたとき，

$$\kappa = \lim_{\Delta s \to 0} \frac{\Delta \theta}{\Delta s} = \frac{d\theta}{ds}$$

であり，この κ を**曲率** (curvature) という．また，

$$\rho = \frac{1}{\kappa}$$

を**曲率半径**という．一方で，$\mathbf{t}$ は単位ベクトルで，$d\mathbf{t}/ds$ の方向は $\mathbf{n}$ と同じなので，

$$\frac{d\mathbf{t}}{ds} = \frac{|\mathbf{t}| d\theta}{ds}\mathbf{n} = \frac{d\theta}{ds}\mathbf{n} = \kappa \mathbf{n}$$

となる．式 (9.3) と見比べれば，$c = \kappa$ である．よって，

$$\frac{d^2 \boldsymbol{\delta}}{ds^2} = \frac{d\mathbf{t}}{ds} = \kappa \mathbf{n} \tag{9.4}$$

が得られる．この式から，

$$\kappa = \pm \sqrt{\left(\frac{d^2 x}{ds^2}\right)^2 + \left(\frac{d^2 y}{ds^2}\right)^2 + \left(\frac{d^2 z}{ds^2}\right)^2} \tag{9.5}$$

である[†]．

例題 9.1　注釈 9.1 の円のパラメータ表示の場合の式 (9.5) で定義される κ を求めよ．

解答　式 (9.5) の右辺を計算すると，

$$\frac{d^2 \boldsymbol{\delta}}{ds^2} = \frac{d^2}{ds^2}\left(a\cos\frac{s}{a}, a\sin\frac{s}{a}\right) = \frac{1}{a}\left(-\cos\frac{s}{a}, -\sin\frac{s}{a}\right) = \kappa \mathbf{n}$$

であるので，$\kappa = 1/a$ となり，半径の逆数となる．また，この例で明らかなように，$\mathbf{n}$ を逆方向にとれば κ は負の値となる．

[†] κ としては通常，正の値を採用する．

さらに，法平面内に，$\mathbf{t}$ と $\mathbf{n}$ と直交する方向に**従法線ベクトル b** を定義する．従法線ベクトル $\mathbf{b}$ は $\mathbf{t}$ と $\mathbf{n}$ と直交するので，

$$\mathbf{b} = \mathbf{t} \times \mathbf{n} \tag{9.6}$$

とベクトル積で表される．

これら三つの単位ベクトルの微分を考える．まず $\mathbf{t}$ の微分であるが，式 (9.4) より

$$\frac{d\mathbf{t}}{ds} = \kappa \mathbf{n} \tag{9.7}$$

である．$\mathbf{b}$ の微分については，直交条件

$$\mathbf{t} \cdot \mathbf{b} = 0$$

を微分して，

$$\frac{d\mathbf{t}}{ds} \cdot \mathbf{b} + \mathbf{t} \cdot \frac{d\mathbf{b}}{ds} = \kappa \mathbf{n} \cdot \mathbf{b} + \mathbf{t} \cdot \frac{d\mathbf{b}}{ds} = 0$$

で，この第1項は直交条件で0であるので，$d\mathbf{b}/ds$ は $\mathbf{t}$ に垂直である．また，$\mathbf{b}$ とも直交するので，$d\mathbf{b}/ds$ は $\mathbf{n}$ に平行である．よって，

$$\frac{d\mathbf{b}}{ds} = -\tau \mathbf{n} \tag{9.8}$$

の形が成立する．この式は，注目している曲線上の点 P で s 上に P が動くと，ベクトル $\mathbf{b}$ は $\mathbf{n}$ の逆方向に回転すると解釈できる．この比例定数 τ を**ねじれ率**（捩率）という．$\mathbf{n}$ の微分は，

$$\begin{aligned}\frac{d\mathbf{n}}{ds} &= \frac{d}{ds}(\mathbf{b} \times \mathbf{t}) = \frac{d\mathbf{b}}{ds} \times \mathbf{t} + \mathbf{b} \times \frac{d\mathbf{t}}{ds} = -\tau(\mathbf{n} \times \mathbf{t}) + \mathbf{b} \times \kappa \mathbf{n} \\ &= \tau \mathbf{b} - \kappa \mathbf{t}\end{aligned} \tag{9.9}$$

となる．式 (9.7)〜(9.9) を**フレネの公式**（または Frenet–Serret の公式）という．

曲線がパラメータ表示で与えられているときには，フレネの公式から κ，τ は計算できるが，陽な表示としては，κ については式 (9.5)，τ については

$$\tau = \frac{1}{\kappa^2}\left[\frac{d\boldsymbol{\delta}}{ds}\frac{d^2\boldsymbol{\delta}}{ds^2}\frac{d^3\boldsymbol{\delta}}{ds^3}\right] = \frac{1}{\kappa^2}\begin{vmatrix} \dfrac{dx}{ds} & \dfrac{dy}{ds} & \dfrac{dz}{ds} \\ \dfrac{d^2x}{ds^2} & \dfrac{d^2y}{ds^2} & \dfrac{d^2z}{ds^2} \\ \dfrac{d^3x}{ds^3} & \dfrac{d^3y}{ds^3} & \dfrac{d^3z}{ds^3} \end{vmatrix} \tag{9.10}$$

となる．

【注釈 9.2】 式 (9.10) を証明する．フレネの公式を使って，

$$\frac{d\boldsymbol{\delta}}{ds} = \mathbf{t}, \quad \frac{d^2\boldsymbol{\delta}}{ds^2} = \kappa \mathbf{n}$$

$$\frac{d^3\boldsymbol{\delta}}{ds^3} = \kappa \frac{d\mathbf{n}}{ds} = \kappa(-\kappa\mathbf{t} + \tau\mathbf{b})$$

であるので，

$$\left[\frac{d\boldsymbol{\delta}}{ds} \frac{d^2\boldsymbol{\delta}}{ds^2} \frac{d^3\boldsymbol{\delta}}{ds^3}\right] = \frac{d\boldsymbol{\delta}}{ds} \cdot \left(\frac{d^2\boldsymbol{\delta}}{ds^2} \times \frac{d^3\boldsymbol{\delta}}{ds^3}\right) = \mathbf{t}(-\kappa^2\mathbf{n} \times \mathbf{t} + \tau\kappa\mathbf{n} \times \mathbf{b})$$

$$= \mathbf{t}(\kappa^3\mathbf{b} + \kappa^2\tau\mathbf{t}) = \kappa^2\tau$$

となり，式 (9.10) が得られる．

9.3.2 曲 面

次に，曲面の説明に移る．図 9.5 のように曲面上の点をベクトルで表し，

$$\boldsymbol{\delta} = \boldsymbol{\delta}(u, v)$$

とする．ここに，u, v は独立な二つのパラメータである．パラメータ座標 (u, v) と $(u + du, v + dv)$ に対応する曲面上の隣接する 2 点を考える．このとき，

$$d\boldsymbol{\delta} = \frac{\partial \boldsymbol{\delta}}{\partial u} du + \frac{\partial \boldsymbol{\delta}}{\partial v} dv = \boldsymbol{\delta}_u \, du + \boldsymbol{\delta}_v \, dv$$

である．この 2 点の距離を ds とすると，

$$(ds)^2 = (d\boldsymbol{\delta})^2 = \boldsymbol{\delta}_u^2 (du)^2 + 2\boldsymbol{\delta}_u \boldsymbol{\delta}_v \, du \, dv + \boldsymbol{\delta}_v^2 (dv)^2$$

となり，これを

$$(ds)^2 = E(du)^2 + 2F \, du \, dv + G(dv)^2 \tag{9.11}$$

ここに，$E = \boldsymbol{\delta}_u^2 = \left(\frac{\partial x}{\partial u}\right)^2 + \left(\frac{\partial y}{\partial u}\right)^2 + \left(\frac{\partial z}{\partial u}\right)^2$

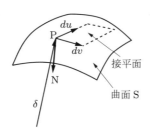

図 9.5 曲面でのベクトルの定義

$$F = \boldsymbol{\delta}_u \boldsymbol{\delta}_v = \left(\frac{\partial x}{\partial u}\right)\left(\frac{\partial x}{\partial v}\right) + \left(\frac{\partial y}{\partial u}\right)\left(\frac{\partial y}{\partial v}\right) + \left(\frac{\partial z}{\partial u}\right)\left(\frac{\partial z}{\partial v}\right)$$

$$G = \boldsymbol{\delta}_v^2 = \left(\frac{\partial x}{\partial v}\right)^2 + \left(\frac{\partial y}{\partial v}\right)^2 + \left(\frac{\partial z}{\partial v}\right)^2$$

と書いて，係数 E, F, G を**第1基本量**(または第1次規格量) という．ベクトル $\boldsymbol{\delta}_u$ と $\boldsymbol{\delta}_v$ とのなす角度を γ とすれば，

$$F = \boldsymbol{\delta}_u \cdot \boldsymbol{\delta}_v = \sqrt{E}\sqrt{G}\cos\gamma$$

であり，二つのベクトルが直交するとき $F = 0$ で，$|\cos\gamma| \leq 1$ なので，

$$\Delta^2 = EG - F^2 \geq 0$$

である．

次に，曲面上の点 P における**接平面**を考える．ベクトル $\boldsymbol{\delta}_u$ と $\boldsymbol{\delta}_v$ (u, v は必ずしも直交しない) とで定める平面が接平面であり，この平面の法線の単位ベクトルは，

$$\mathbf{N} = \frac{\boldsymbol{\delta}_u \times \boldsymbol{\delta}_v}{|\boldsymbol{\delta}_u \times \boldsymbol{\delta}_v|}$$

である．点 P における法線 $\mathbf{N}$ を含むあらゆる平面は，点 P における**法平面**という．図 9.3 で見られるように，曲線に関する法平面は一つであるが，曲面の法平面は無数にある．この接平面上の接線ベクトル $\mathbf{t}$ は

$$\mathbf{t} = \frac{d\boldsymbol{\delta}}{ds} = \boldsymbol{\delta}_u \frac{du}{ds} + \boldsymbol{\delta}_v \frac{dv}{ds}$$

で，$\mathbf{N}$ と $\mathbf{t}$ は直交するので，

$$\mathbf{N} \cdot \mathbf{t} = 0$$

となり，s で微分すれば

$$\mathbf{N} \cdot \frac{d\mathbf{t}}{ds} + \frac{d\mathbf{N}}{ds} \cdot \mathbf{t} = 0$$

であり，これにフレネの公式の第1式 (9.7) を適用すれば，

$$\frac{\mathbf{N} \cdot \mathbf{n}}{\rho} + \frac{d\mathbf{N}}{ds} \cdot \mathbf{t} = 0 \tag{9.12}$$

となる．ここに，$\rho = 1/\kappa$ である．この式が示すことは，「同じ接線 $\mathbf{t}$ をもっている曲線上のあらゆる曲線に対して，スカラー積 $\mathbf{N} \cdot \mathbf{n}/\rho$ が一定である」ということである．つまり，曲面上の曲線を調べるには，接線 $\mathbf{t}$ を含んだ任意平面の切り口によって考えている曲面から得られる平面曲線を調べればよい．

9.3 曲面に関する微分幾何学の基礎

$\mathbf{N}$ は曲面上の法線, $\mathbf{n}$ は曲線上の主法線であり, 両者は単位ベクトルなので, その二つのなす角を θ とすれば,

$$\mathbf{N} \cdot \mathbf{n} = \cos\theta$$

である. したがって, 式 (9.12) は

$$\frac{\cos\theta}{\rho} + \frac{d\mathbf{N}}{ds} \cdot \mathbf{t} = 0 \tag{9.13}$$

となる. $\mathbf{t}$ を含む平面が法平面となる場合は $\mathbf{n}$ と $\mathbf{N}$ とは平行であり, そのときの曲率半径を ρ_n とすれば,

$$\frac{\mathbf{N} \cdot \mathbf{n}}{\rho} = \frac{\cos\theta}{\rho} = \frac{1}{\rho_n} \tag{9.14}$$

と書くことができる. これは**ムーニエ (Meusnier) の定理**とよばれるもので, ある切り口の曲率半径は, その切り口の平面に対応する直截口[†] の曲率半径 ρ_n の正射影に等しい. 式 (9.14) を式 (9.4) を使ってさらに書き直すと,

$$\mathbf{N} \cdot \frac{d^2\boldsymbol{\delta}}{ds^2} = \frac{1}{\rho_n} \tag{9.15}$$

である. ここで,

$$d^2\boldsymbol{\delta} = d(\boldsymbol{\delta}_u\, du + \boldsymbol{\delta}_v\, dv) = \boldsymbol{\delta}_{uu}(du)^2 + 2\boldsymbol{\delta}_{uv}\, du\, dv + \boldsymbol{\delta}_{vv}(dv)^2$$

を考慮して,

$$\frac{ds^2}{\rho_n} = \mathbf{N} \cdot d^2\boldsymbol{\delta} = L(du)^2 + 2M\, du\, dv + N(dv)^2 \tag{9.16}$$

である. ここに,

$$L = \mathbf{N} \cdot \boldsymbol{\delta}_{uu}, \quad M = \mathbf{N} \cdot \boldsymbol{\delta}_{uv}, \quad N = \mathbf{N} \cdot \boldsymbol{\delta}_{vv}$$

を**第 2 基本量** (または第 2 次規格量) という. 式 (9.16) と式 (9.11) を組み合わせれば,

$$\frac{1}{\rho_n} = \frac{d^2\boldsymbol{\delta}}{ds^2} = \frac{L(du)^2 + 2M\, du\, dv + N(dv)^2}{E(du)^2 + 2F\, du\, dv + G(dv)^2} \tag{9.17}$$

が得られる.

[†] 法平面が曲面を切った場合にできる曲線.

9.3.3 主曲率・全曲率・平均曲率

式 (9.17) を du/dv に関して書き直すと,

$$(\rho_n L - E)\left(\frac{du}{dv}\right)^2 + 2(\rho_n M - F)\left(\frac{du}{dv}\right) + \rho_n N - G = 0 \tag{9.18}$$

と du/dv に関する 2 次方程式となり, この根は曲率半径 ρ_n を表す直截口の接線を決める. ここで, ρ は最大, 最小の極値をとる. 極値をとるときは

$$\frac{d\rho_n}{d(du/dv)} = 0$$

であるので, 式 (9.18) を微分して上式を適用すれば,

$$(\rho_n L - E)\left(\frac{du}{dv}\right) + \rho_n M - F = 0 \tag{9.19}$$

が得られ, さらに, この式に du/dv を乗じて式 (9.18) から引けば,

$$(\rho_n M - F)\left(\frac{du}{dv}\right) + \rho_n N - G = 0 \tag{9.20}$$

が得られる. 式 (9.19) と式 (9.20) とは, ρ_n が主曲率半径の最大値 R_1 と最小値 R_2 に等しい場合にのみ意味をもつ. すなわち, $\rho_n = R$ として

$$\left(\frac{du}{dv}\right) = -\frac{RM - F}{RL - E} = -\frac{RN - G}{RM - F}$$

が成立し,

$$(RM - F)^2 - (RL - E)(RN - G) = 0$$

となり, これを $1/R$ に関して書き直して,

$$(EG - F^2)\frac{1}{R^2} - (EN - 2FM + GL)\frac{1}{R} + (LN - M^2) = 0 \tag{9.21}$$

となる. 2 次代数方程式の根 $1/R_1$, $1/R_2$ と係数との関係より,

$$\frac{1}{R_1 R_2} = \frac{LN - M^2}{EG - F^2} = K \tag{9.22}$$

$$\frac{1}{R_1} + \frac{1}{R_2} = \frac{EN - 2FM + GL}{EG - F^2} = 2H \tag{9.23}$$

となる. K を**全曲率**, または**ガウスの曲率**, H を**平均曲率**[†] という.

[†] $2H$ を平均曲率という場合もある.

9.3 曲面に関する微分幾何学の基礎　261

本章で必要な平均曲率に関しては，曲面の基準面からのずれを η とするとき，平均曲率の具体的な計算結果を次の例題で示す．

例題 9.2 直交座標で曲面が $z = z_0 + \eta(x, y)$ で表されるときの平均曲率を求めよ．z_0 は水平面である．

解答　直交座標を使い，曲面上の点を

$$\boldsymbol{\delta} = x\mathbf{i} + y\mathbf{j} + \{z_0 + \eta(x, y)\}\mathbf{k}$$

として，パラメータを x と y にする．これにより，

$$\frac{\partial \boldsymbol{\delta}}{\partial x} = \boldsymbol{\delta}_x = \mathbf{i} + \eta_x \mathbf{k}$$

$$\frac{\partial \boldsymbol{\delta}}{\partial y} = \boldsymbol{\delta}_y = \mathbf{j} + \eta_y \mathbf{k}$$

$$\boldsymbol{\delta}_{xx} = \eta_{xx}\mathbf{k}, \quad \boldsymbol{\delta}_{xy} = \eta_{xy}\mathbf{k}, \quad \boldsymbol{\delta}_{yy} = \eta_{yy}\mathbf{k}$$

で，これらから基本量を計算すれば，

$$E = 1 + \eta_x^2, \quad F = \eta_x \eta_y, \quad G = 1 + \eta_y^2$$

$$\Delta = \sqrt{1 + \eta_x^2 + \eta_y^2}$$

$$\mathbf{N} = \frac{1}{\Delta}\begin{vmatrix} \mathbf{i} & \mathbf{j} & \mathbf{k} \\ 1 & 0 & \eta_x \\ 0 & 1 & \eta_y \end{vmatrix} = \frac{-\eta_x \mathbf{i} - \eta_y \mathbf{j} + \mathbf{k}}{\Delta}$$

$$L = \frac{\eta_{xx}}{\Delta}, \quad M = \frac{\eta_{xy}}{\Delta}, \quad N = \frac{\eta_{yy}}{\Delta}$$

である．これらを平均曲率の計算式 (9.20) に代入して，η^2 項を η 項に対して省略すれば，

$$\frac{1}{R_1} + \frac{1}{R_2} = \frac{\eta_{yy}(1 + \eta_x^2) - 2\eta_x \eta_y \eta_{xy} + \eta_{xx}(1 + \eta_y^2)}{\Delta^3} \approx \eta_{xx} + \eta_{yy}$$

となる．この結果の解釈は，z 軸が上に向いているので，法線 $\mathbf{n}$ も上方向，したがって，凹面のメニスカスの場合，平均曲率が正の値となる．

例題 9.3 円柱座標系で，$z = z_0 + \eta(r, \theta)$ として曲面の平均曲率を求めよ．z_0 としては水平面である．この結果は，9.5 節の軸対称タンクでのメニスカスの計算に使う．

解答　円柱座標を使い，曲面上の点を

$$\boldsymbol{\delta} = r\cos\theta\,\mathbf{i} + r\sin\theta\,\mathbf{j} + \{z_0 + \eta(r, \theta)\}\mathbf{k}$$

として，パラメータを r と θ にする．これにより，

$$\frac{\partial \boldsymbol{\delta}}{\partial u} = \frac{\partial \boldsymbol{\delta}}{\partial r} = \boldsymbol{\delta}_r = \cos\theta\,\mathbf{i} + \sin\theta\,\mathbf{j} + \eta_r \mathbf{k}$$

$$\frac{\partial \boldsymbol{\delta}}{\partial v} = \frac{\partial \boldsymbol{\delta}}{\partial \theta} = \boldsymbol{\delta}_\theta = -r\sin\theta \mathbf{i} + r\cos\theta \mathbf{j} + \eta_\theta \mathbf{k}$$

となる.これらから基本量を計算すると,

$$E = 1 + \eta_r^2, \quad F = \eta_r \eta_\theta, \quad G = r^2 + \eta_\theta^2$$

$$\Delta^2 = EG - F^2 = r^2 + r^2 \eta_r^2 + \eta_\theta^2$$

$$\mathbf{N} = \frac{1}{\Delta} \begin{vmatrix} \mathbf{i} & \mathbf{j} & \mathbf{k} \\ \cos\theta & \sin\theta & \eta_r \\ -r\sin\theta & r\cos\theta & \eta_\theta \end{vmatrix} = \frac{N_i \mathbf{i} + N_j \mathbf{j} - N_k \mathbf{k}}{\Delta}$$

となる.ここに,

$$N_i = \eta_\theta \sin\theta - r\eta_r \cos\theta, \quad N_j = -\eta_\theta \cos\theta - r\eta_r \sin\theta, \quad N_k = r$$

である.一方,2階微分は

$$\boldsymbol{\delta}_{rr} = \eta_{rr} \mathbf{k}$$

$$\boldsymbol{\delta}_{r\theta} = -\sin\theta \mathbf{i} + \cos\theta \mathbf{j} + \eta_{r\theta} \mathbf{k}$$

$$\boldsymbol{\delta}_{\theta\theta} = -r\cos\theta \mathbf{i} - r\sin\theta \mathbf{j} + \eta_{\theta\theta} \mathbf{k}$$

であるので,L, M, N は

$$L = \frac{1}{\Delta} r\eta_{rr}, \quad M = \frac{1}{\Delta}(-\eta_\theta + r\eta_{r\theta}), \quad N = \frac{1}{\Delta}(r^2 \eta_r + r\eta_{\theta\theta})$$

と計算できる.平均曲率の式の分子は

$$EN - 2FM + GL = \frac{1}{\Delta}(r^2 \eta_r + r\eta_{\theta\theta} + r^3 \eta_{rr})$$
$$+ \frac{1}{\Delta}\{r^2 \eta_r^3 + r\eta_r^2 \eta_{\theta\theta} - 2\eta_r \eta_\theta (r\eta_{r\theta} - \eta_\theta) + r\eta_\theta^2 \eta_{rr}\}$$

となり,Δ を除いて,η の 2 乗項は存在せず,分子について $(d\eta/dr)^2$, $(\eta/r)^2$ 項を η^0 項に対して省略すれば,最初の 3 項で近似できる.よって,

$$\frac{1}{R_1} + \frac{1}{R_2} = \frac{EN - 2FM + GL}{EG - F^2} = \frac{r^2 \eta_r + r\eta_{\theta\theta} + r^3 \eta_{rr}}{r^3 \{1 + \eta_r^2 + (\eta_\theta/r)^2\}^{3/2}} \tag{9.24}$$

となる.軸対称変形であれば,θ に関する項をゼロとして,

$$\frac{1}{R_1} + \frac{1}{R_2} = \frac{\eta_{rr}}{(1 + \eta_r^2)^{3/2}} + \frac{\eta_r}{r\sqrt{1 + \eta_r^2}} \tag{9.25}$$

となる.式 (9.24) の分母において $(d\eta/dr)^2$, $(\eta/r)^2$ 項を η^0 項に対して省略すれば,

$$\frac{1}{R_1} + \frac{1}{R_2} = \frac{\partial^2 \eta}{\partial r^2} + \frac{1}{r}\frac{\partial \eta}{\partial r} + \frac{1}{r^2}\frac{\partial^2 \eta}{\partial \theta^2} \tag{9.26}$$

となる.この結果の解釈は,r, θ, $\mathbf{n}$ で右手系をなすので,法線 $\mathbf{n}$ が上方向,したがって,凹面のメニスカスの場合,平均曲率が正の値となる.

9.3 曲面に関する微分幾何学の基礎　263

例題 9.4 球座標で曲面が $r = a + \eta(\phi, \theta)$ で表されるときの平均曲率を求めよ．a として規定されている面は半径 a の球面である．この結果は，9.4 節の液滴の振動に使う．

解答 最初の基準面が球の場合，大局的な曲率半径の中心はその球の中心である．したがって，法線ベクトル $\mathbf{n}$ を表面の内側に向けるため，球座標は $(\theta, \phi, \mathbf{n})$ の順序で採用する．曲面上の点を

$$\boldsymbol{\delta} = (a+\eta)\sin\phi\cos\theta\mathbf{i} + (a+\eta)\sin\phi\sin\theta\mathbf{j} + (a+\eta)\cos\phi\mathbf{k}$$

として，パラメータを θ と ϕ にする．これにより，

$$\frac{\partial \boldsymbol{\delta}}{\partial \theta} = \boldsymbol{\delta}_\theta = \{-(a+\eta)\sin\phi\sin\theta + \eta_\theta \sin\phi\cos\theta\}\mathbf{i}$$
$$+ \{(a+\eta)\sin\phi\cos\theta + \eta_\theta \sin\phi\sin\theta\}\mathbf{j} + \eta_\theta \cos\phi\mathbf{k}$$

$$\frac{\partial \boldsymbol{\delta}}{\partial \phi} = \boldsymbol{\delta}_\phi = \{(a+\eta)\cos\phi\cos\theta + \eta_\phi \sin\phi\cos\theta\}\mathbf{i}$$
$$+ \{(a+\eta)\cos\phi\sin\theta + \eta_\phi \sin\phi\sin\theta\}\mathbf{j}$$
$$+ \{-(a+\eta)\sin\phi + \eta_\phi \cos\phi\}\mathbf{k}$$

で，これらから基本量を計算すると，

$$E = (a+\eta)^2 \sin^2\phi + \eta_\theta^2, \quad F = \eta_\theta \eta_\phi, \quad G = (a+\eta)^2 + \eta_\phi^2$$
$$\Delta = EG - F^2 = (a+\eta)^4 \sin^2\phi + (a+\eta)^2 \eta_\theta^2 + (a+\eta)^2 \eta_\phi^2 \sin^2\phi$$

となる．次に，

$$\mathbf{N} = \frac{1}{\Delta}(N_i \mathbf{i} + N_j \mathbf{j} + N_k \mathbf{k})$$

とすれば，

$$N_i = -(a+\eta)\eta_\theta \sin\theta - (a+\eta)^2 \sin^2\phi \cos\theta + (a+\eta)\eta_\phi \sin\phi\cos\phi\cos\theta$$
$$N_j = -(a+\eta)^2 \sin^2\phi \sin\theta + (a+\eta)\eta_\theta \cos\theta + (a+\eta)\eta_\phi \sin\phi\cos\phi\sin\theta$$
$$N_k = -(a+\eta)^2 \cos\phi\sin\phi - (a+\eta)\eta_\phi \sin^2\phi$$

である．次に，$\boldsymbol{\delta}$ の 2 階微分であるが，

$$\boldsymbol{\delta}_{\theta\theta} = \{-(a+\eta)\sin\phi\cos\theta - 2\eta_\theta \sin\phi\sin\theta + \eta_{\theta\theta}\sin\phi\cos\theta\}\mathbf{i}$$
$$+ \{-(a+\eta)\sin\phi\sin\theta + 2\eta_\theta \sin\phi\cos\theta + \eta_{\theta\theta}\sin\phi\sin\theta\}\mathbf{j}$$
$$+ \eta_{\theta\theta}\cos\phi\mathbf{k}$$

$$\boldsymbol{\delta}_{\theta\phi} = \{-(a+\eta)\cos\phi\sin\theta + \eta_\theta \cos\phi\cos\theta + \eta_{\phi\theta}\sin\phi\cos\theta - \eta_\phi \sin\phi\sin\theta\}\mathbf{i}$$
$$+ \{(a+\eta)\cos\phi\cos\theta + \eta_\theta \cos\phi\sin\theta + \eta_{\phi\theta}\sin\phi\sin\theta + \eta_\phi \sin\phi\cos\theta\}\mathbf{j}$$
$$+ (-\eta_\theta \sin\phi + \eta_{\phi\theta}\cos\phi)\mathbf{k}$$

$$\boldsymbol{\delta}_{\phi\phi} = \{-(a+\eta)\sin\phi\cos\theta + 2\eta_\phi \cos\phi\cos\theta + \eta_{\phi\phi}\sin\phi\cos\theta\}\mathbf{i}$$
$$+ \{-(a+\eta)\sin\phi\sin\theta + 2\eta_\phi \cos\phi\sin\theta + \eta_{\phi\phi}\sin\phi\sin\theta\}\mathbf{j}$$
$$+ \{-(a+\eta)\cos\phi - 2\eta_\phi \sin\phi + \eta_{\phi\phi}\cos\phi\}\mathbf{k}$$

である．L, M, N に関しては，η の演算で2乗項を1乗項に対して省略すれば，

$$L = \frac{1}{\Delta}\{-(a^3 + 3a^2\eta)\sin^3\phi + a^2\eta_\phi \sin^2\phi\cos\phi + a^2\eta_{\theta\theta}\sin\phi\}$$

$$M = \frac{1}{\Delta}(-a^2\eta_\theta \cos\phi + a^2\eta_{\phi\theta}\sin\phi)$$

$$N = \frac{1}{\Delta}\{-(a^3 + 3a^2\eta)\sin\phi + a^2\eta_{\phi\phi}\sin\phi\}$$

となる．E, F, G, Δ についても同様の省略を行えば，

$$E = (a^2 + 2a\eta)\sin^2\phi, \quad F = 0, \quad G = a^2 + 2a\eta$$

$$\Delta = (a^4 + 4a^3\eta)\sin^2\phi$$

であるので，平均曲率は

$$\frac{1}{R_1} + \frac{1}{R_1} = \frac{EN - 2FM + GL}{EG - F^2} = \frac{\Delta \times (EN - 2FM + GL)}{\{(a^4 + 4a^3\eta)\sin^2\phi\}^{3/2}}$$

である．ここで，分母に関して

$$\frac{1}{\{(a^4 + 4a^3\eta)\sin^2\phi\}^{3/2}} = \frac{1}{a^6 \sin^3\phi} \frac{1}{(1 + 4\eta/a)^{3/2}}$$
$$\approx \frac{1}{a^6 \sin^3\phi}\left(1 - \frac{6\eta}{a}\right)$$

として，再び η の演算で2乗項を1乗項に対して省略すれば，分子に関しては

$$\Delta \times EN = (a^5 + 5a^4\eta)\sin^3\phi - a^4\eta_{\phi\phi}\sin^3\phi$$

$$\Delta \times FM = 0$$

$$\Delta \times GL = (a^5 + 5a^4\eta)\sin^3\phi - a^4\eta_\phi \sin^2\phi\cos\phi + a^4\eta_{\theta\theta}\sin\phi$$

となって，

$$\frac{1}{R_1} + \frac{1}{R_1} = \frac{2}{a} - \frac{2\eta}{a^2} - \frac{1}{a^2}\left(\frac{\cos\phi}{\sin\phi}\eta_\phi + \eta_{\phi\phi} + \frac{1}{\sin^2\phi}\eta_{\theta\theta}\right) \tag{9.27}$$

が得られる．

例題9.3の円柱座標系では上面において η を採用したが，側面に η を採用して

$$r = a + \eta(z, \theta)$$

とすると，例題9.4と同じような計算法で

$$\frac{1}{R_1} + \frac{1}{R_2} = \frac{1}{a} - \frac{1}{a^2}\left(\eta + a^2 \frac{\partial^2 \eta}{\partial z^2} + \frac{\partial^2 \eta}{\partial \theta^2}\right) \tag{9.28}$$

が得られる．

9.4 無重力での液滴と泡の振動

軌道上の衛星が完全に無重力となった場合には，内部の液体はタンク壁に張り付いた状態となる．振動問題の基本としては共振を避ければよいので，この場合の固有振動数のオーダー評価としては，以下のように見積もることができる．まず，1自由度系の固有振動数は，式 (2.6) より

$$\omega = \sqrt{\frac{k}{m}}$$

である．無重力の場合，ばね定数（剛性）として表面張力 σ であり，慣性力での質量は体積，すなわち代表長さ l の3乗に密度 ρ をかける．よって，

$$\omega = \sqrt{\frac{k}{m}} = \sqrt{\frac{\sigma}{\rho l^3}} \tag{9.29}$$

となり，これが外力（加振力）の振動数とオーダー的に近ければ，より詳細な検討が必要となる．

無重力では，液体は表面積最小，すなわち球になる．この場合，**液滴**の挙動は球座標系で取り扱うことができて，数学的にすっきりとした解が求められる．

図 9.6 のように，液体領域1と液体領域2で構成される球滴を考える．それぞれの領域で速度ポテンシャルが定義され，基礎方程式としてラプラスの方程式が成立する．この速度ポテンシャルの解は，注釈 8.2 と注釈 8.4 で見てきたように領域1では $r=0$ となるので，球調和関数

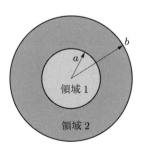

図 9.6 球滴，泡

$$Y_{mn}(\phi,\theta) = P_m^n(\cos\phi)\cos n\theta$$

として

$$\Phi_1 = C_{mn}r^m Y_{mn}e^{j\omega t} \tag{9.30}$$

であり，領域2では $r \neq 0$ なので，$1/r^{m+1}$ の項も含まれて

$$\Phi_2 = \{A_{mn}r^m + B_{mn}r^{-(m+1)}\}Y_{mn}e^{j\omega t} \tag{9.31}$$

である．

境界条件としては，半径 b で表される境界は剛壁で

$$\frac{\partial \Phi_2}{\partial r} = 0 \tag{9.32}$$

である．また，二つの液体の境界面 $r = a$ で速度が等しいので，幾何学的境界条件として

$$\frac{\partial \Phi_1}{\partial r} = \frac{\partial \Phi_2}{\partial r} \tag{9.33}$$

であり，力学的境界条件として表面張力によるラプラスの式が成立するが，これについては後で取り上げる．

Φ_2 に対して $r = b$ での剛壁の境界条件式 (9.32) を適用すれば，

$$mA_{mn}b^{m-1} - (m+1)B_{mn}b^{-(m+2)} = 0$$

であるので，

$$B_{mn} = \frac{m}{m+1}b^{2m+1}A_{mn}$$

であり，$r = a$ での速度が等しい幾何学的境界条件 (9.33) より，

$$mC_{mn}a^{m-1} = mA_{mn}a^{m-1} - (m+1)B_{mn}a^{-(m+2)}$$
$$= A_{mn}\{ma^{m-1} - mb^{2m+1}a^{-(m+2)}\}$$

であるので，

$$C_{mn} = A_{mn}\left\{1 - \left(\frac{b}{a}\right)^{2m+1}\right\}$$

である．

次に，境界面の力学的境界条件として表面張力によるラプラスの式を考える．**平均曲率**については，球面の方程式を $r = a + \eta(\phi,\theta,t)$ と球面座標で考える．平均曲率は式 (9.27) より，

$$\frac{1}{R_1} + \frac{1}{R_2} = \frac{2}{a} - \frac{2\eta}{a^2} - \frac{1}{a^2}\left(\frac{\cos\phi}{\sin\phi}\eta_\phi + \eta_{\phi\phi} + \frac{1}{\sin^2\phi}\eta_{\theta\theta}\right) \tag{9.34}$$

と表すことができる．圧力は

$$p = -\rho\frac{\partial \Phi}{\partial t}$$

であるので，σ_{12} を領域 1 と領域 2 との境界の表面張力として，

$$\Delta p = p_2 - p_1 = \rho_1\frac{\partial \Phi_1}{\partial t} - \rho_2\frac{\partial \Phi_2}{\partial t}$$
$$= \sigma_{12}\left\{\frac{2}{a} - \frac{2\eta}{a^2} - \frac{1}{a^2}\left(\frac{\cos\phi}{\sin\phi}\eta_\phi + \eta_{\phi\phi} + \frac{1}{\sin^2\phi}\eta_{\theta\theta}\right)\right\}$$

で，両辺を時間 t で偏微分し，さらに，速度ポテンシャルの定義から

$$\frac{\partial \eta}{\partial t} = \frac{\partial \Phi}{\partial r}$$

の関係より η を Φ で書き換えて，

$$\rho_1\frac{\partial^2 \Phi_1}{\partial t^2} - \rho_2\frac{\partial^2 \Phi_2}{\partial t^2}$$
$$= -\frac{\sigma_{12}}{a^2}\left(2\frac{\partial \Phi}{\partial r} + \frac{\cos\phi}{\sin\phi}\frac{\partial^2 \Phi}{\partial \phi \partial r} + \frac{\partial^3 \Phi}{\partial \phi^2 \partial r} + \frac{1}{\sin^2\phi}\frac{\partial^3 \Phi}{\partial \theta^2 \partial r}\right)$$
$$= -\frac{\sigma_{12}}{a^2}\frac{\partial}{\partial r}\left(2\Phi + \frac{\cos\phi}{\sin\phi}\frac{\partial \Phi}{\partial \phi} + \frac{\partial^2 \Phi}{\partial \phi^2} + \frac{1}{\sin^2\phi}\frac{\partial^2 \Phi}{\partial \theta^2}\right) \tag{9.35}$$

である．右辺の括弧の中の後ろ 3 項は

$$\frac{1}{\sin\phi}\frac{\partial}{\partial \phi}\left(\sin\phi\frac{\partial \Phi}{\partial \phi}\right) + \frac{1}{\sin^2\phi}\frac{\partial^2 \Phi}{\partial \theta^2}$$

となるが，式 (8.63) より

$$\frac{1}{\sin\phi}\frac{\partial}{\partial \phi}\left(\sin\phi\frac{\partial Y}{\partial \phi}\right) + \frac{1}{\sin^2\phi}\frac{\partial^2 Y}{\partial \theta^2} = -m(m+1)Y_{mn} \tag{9.36}$$

である．よって，式 (9.35) は

$$\rho_1\frac{\partial^2 \Phi_1}{\partial t^2} - \rho_2\frac{\partial^2 \Phi_2}{\partial t^2} = -\frac{\sigma_{12}}{a^2}\frac{\partial}{\partial r}\{2 - m(m+1)\}\Phi \tag{9.37}$$

となる．この式の右辺の Φ としては Φ_1，Φ_2 のどちらを採用してもよいが，ここでは係数 A_{mn} を使って Φ_1 を採用する．この式に，幾何学的境界条件を適用した速度ポテンシャルの式 (9.30), (9.31) を代入すれば，改めて $\omega = \omega_{mn}$ として

$$-\omega_{mn}^2\left[\rho_1\left\{1-\left(\frac{b}{a}\right)^{2m+1}\right\}a^m - \rho_2\left(a^m + \frac{m}{m+1}\frac{b^{2m+1}}{a^{m+1}}\right)\right]$$
$$= \frac{\sigma_{12}}{a^2}m(m+2)(m-1)a^{m-1}\left\{1-\left(\frac{b}{a}\right)^{2m+1}\right\}$$

となり，固有角振動数 ω_{mn} は

$$\omega_{mn}^2 = \frac{\sigma_{12}}{a^3}\frac{m(m+2)(m-1)\left\{1-\left(\frac{b}{a}\right)^{2m+1}\right\}}{\rho_1\left\{1-\left(\frac{b}{a}\right)^{2m+1}\right\} - \rho_2\left\{1 + \frac{m}{m+1}\left(\frac{b}{a}\right)^{2m+1}\right\}}$$

となる．この中の分数 b/a を 1 より小さい a/b として書き換えて，

$$\omega_{mn}^2 = \frac{\sigma_{12}}{a^3}\frac{m(m+2)(m-1)\left\{1-\left(\frac{a}{b}\right)^{2m+1}\right\}}{\rho_1\left\{1-\left(\frac{a}{b}\right)^{2m+1}\right\} + \rho_2\left\{\left(\frac{a}{b}\right)^{2m+1} + \frac{m}{m+1}\right\}} \tag{9.38}$$

となる．重要なことは，固有角振動数 ω_{mn} に円周方向波数 n が寄与しないことで，球面調和関数の次数 m のみの関数となることである．

式 (9.38) の特別な場合を考えてみよう．まず，無限空間に浮いた球滴 (図 9.7 (a)) については，$\rho_2 = 0$ として

$$\omega_{mn}^2 = \frac{\sigma_1}{\rho_1 a^3}m(m+2)(m-1) \tag{9.39}$$

となる．タンクの中の液体がタンク壁面にくっついて，中央に半径 a の泡がある場合 (図 (c))，$\rho_1 = 0$ として

$$\omega_{mn}^2 = \frac{\sigma_2}{\rho_2 a^3}\frac{m(m+2)(m-1)}{\left\{\left(\frac{a}{b}\right)^{2m+1} + \frac{m}{m+1}\right\}}\left\{1-\left(\frac{a}{b}\right)^{2m+1}\right\} \tag{9.40}$$

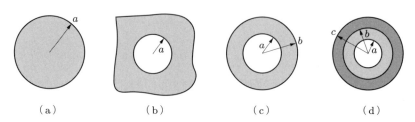

図 9.7 球滴，泡の振動

となる．境界のない半径 a の泡 (図 (b)) については，さらに $b \to \infty$ として，

$$\omega_{mn}^2 = \frac{\sigma}{\rho a^3}(m-1)(m+1)(m+2) \tag{9.41}$$

と与えられる．これらの式で与えられる固有振動数の解は，$m \geq 2$ であることに注意されたい．実際の球形タンクでは $m = 1$ の振動が生じる可能性があり，これは静的位置からの微小振動とすれば数値計算では計算される (例題 9.7 参照)．なお，図 (d) も含めた様々な場合が，Bauer[165, 170] により計算されている．

9.5 軸対称タンクにおけるメニスカス

メニスカスを求める方法は古来，多くの方法が提案されている．解析的な研究によれば，メニスカスは楕円曲面でよく近似されることが明らかとなっている．いずれの方法でも数値計算になってしまうので，始めから微分方程式を数値的に解いてしまうのが簡単であろう．複雑な形状のメニスカス計算には，**Surface Evolver** というフリーソフトが使える．

図 9.8 に示すような軸対称タンクにおけるメニスカスを導く．メニスカスは軸対称なので，ラプラスの公式 (9.2) の曲率項に式 (9.25) を採用し，η と r を z と x で置き換える．z' を z の x に関する微分として，

$$\sigma\left\{\frac{z'}{x(1+z'^2)^{1/2}} + \frac{z''}{(1+z'^2)^{3/2}}\right\} = \rho g z + \lambda \tag{9.42}$$

となる．ここに，λ はある z における圧力項で定数となる．この定数はメニスカスが生成される過程において体積一定条件で決めていく．接触角 θ は

$$\theta = \theta_c \quad \text{または} \quad \tan^{-1}\frac{dz}{dx} = \theta_c \tag{9.43}$$

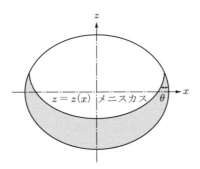

図 9.8 軸対称タンクでのメニスカス

の条件となる．さらに，体積一定条件が課せられて，

$$V = 2\pi \int xz\,dx = \text{const.} \tag{9.44}$$

である．式 (9.42) は非線形であるので，次の例題のように数値的に解く．

例題 9.5 円筒タンクでのメニスカスを接触角 $10°$ と $-10°$ として計算せよ．用いる数値は

タンク半径 $a = 10\,\text{cm}$, 水位 $h = 0.25a$, 表面張力 $\sigma = 74\,\text{dyne/cm}$,

密度 $\rho = 1\,\text{g/cm}^3$, ボンド数 $Bo = 0, 10, 25, 100$

である．

解答 基礎式 (9.42) をルンゲ–クッタ–ギル法 (Runge–Kutta–Gill 法) で使えるように，見かけ上変数を二つにして 1 次の方程式に変換する．すなわち，

$$z' = y$$
$$y' = \left\{ C + \frac{\rho g z}{\sigma} - \frac{y}{x(1+y^2)^{1/2}} \right\}(1+y^2)^{3/2}$$

として初期値問題として数値計算する．ここで，$C = \lambda/\sigma$ である．初期値は

$$z(0) = 0, \quad y(0) = 0$$

である．本例題では，体積一定条件を課さず，メニスカス形状を見るため，初期値 $z_I = z(0)$ を 0 としている．計算の流れ図を図 9.9 に示す．図中の x_T, z_T はタンク壁面の座標値で，Δx は計算ステップの刻みである．結果として得られた C の値を表 9.2 に，接触角

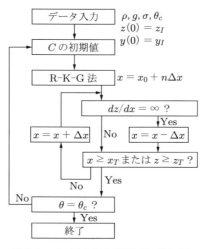

図 9.9 メニスカスの計算アルゴリズム

9.5 軸対称タンクにおけるメニスカス

表 9.2 メニスカスの計算例

Bo	接触角 $10°$ の場合			接触角 $-10°$ の場合		
	C	$z(R)$	θ_c	C	$z(R)$	θ_c
0	0.197	8.39	9.998	-01972	-0.840	-9.937
10	0.06292	4.16	10.01	-0.0635	-4.21	-10.03
25	0.01874	2.78	10.01	-0.0191	-2.83	-9.933
100	0.0003495	1.36	10.11	-0.000367	-1.416	-10.447

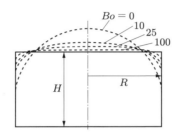

図 9.10 低重力での円筒タンクでのメニスカス

が $-10°$ の場合のメニスカス形状を図 9.10 に示す.

なお，$(dz/dx) \ll 1$ として式 (9.26) のように線形化することも考えられるが，この例題の場合，図 9.10 で明らかなように，タンク壁面近くでは $(dz/dx) \ll 1$ の条件は成立しなくなる．

例題 9.6 z 軸に回転対称な楕円タンクで，液体充填率が 0.36 の場合のメニスカスを計算せよ．用いる数値は

タンク半径 $a = 20$ cm, タンク高 $b = 17.32$ cm, ボンド数 $Bo = 5, 10, 20$,

接触角 $\theta_c = 7°$

である．

解答 先ほどと同じようにルンゲ－クッター－ギル法で解析を進めていくが，今回は体積一定条件が課される．メニスカスが計算されたら，その時点で液体の体積を計算し，過剰であれば出発点（中心軸）の $z(0) = z_I$ の値を下げ，足りなければ上げて，試行錯誤法で計算する．計算結果を表 9.3 に，そのときの形状を図 9.11 に示す．

表 9.3 メニスカスの計算例

Bo	C	$z(0)$	θ_c	$V/V_{\max}$
5	3.00	-0.366	6.8	0.355
10	3.65	-0.300	6.9	0.359
20	5.29	-0.251	8.3	0.357

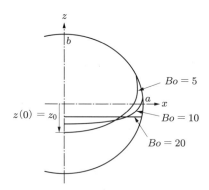

図 9.11　回転楕円タンクにおけるメニスカス

9.6　低重力でのスロッシング

一般形状タンクについてのモード重畳法を用いた解析法は多く提案 (文献 [53], [54], [76] など) されているが，固有振動数については，表面張力の影響は次元解析により，次のようにオーダー評価できる．スロッシングの復元力として，重力と表面張力があり，それらは $\rho g l^3$, σl で，慣性力は

$$ma = \rho l^3 \frac{v}{t} = \rho \frac{l^4}{t^2} = \rho l^2 v^2$$

である．ここに，m, v, l はそれぞれ質量，速度，長さである．この系に角振動数 ω の調和振動を考えると $v = l\omega$ である．1 自由度系の振動数は，式 (2.6) より

$$\omega^2 = \frac{k}{m} = \frac{kl}{ml} = \frac{\rho g l^3 + \sigma l}{\rho l^4} = \frac{g}{l}\left(1 + \frac{\sigma}{\rho g l^2}\right) = \frac{g}{l}\left(1 + \frac{1}{Bo}\right) \qquad (9.45)$$

とオーダー評価できる．よって，ボンド数 Bo が 10 以下程度でないと，固有振動数にはほとんど影響しないことがわかる．なお，低重力であっても長さの寸法 l が大きいと Bo は大きくなる．再度，例題 1.11 を吟味されたい．

式 (9.45) で表面張力の影響はオーダー評価できるが，これをもう少し詳しく見てみよう．円筒タンクで接触角が $90°$ の場合，自由表面の力学的境界条件は，線形化した式 (9.26) を採用した

$$\frac{\partial \Phi}{\partial t} + g\eta - \frac{\sigma}{\rho}\left(\frac{\partial^2 \eta}{\partial r^2} + \frac{1}{r}\frac{\partial \eta}{\partial r} + \frac{1}{r^2}\frac{\partial^2 \eta}{\partial \theta^2}\right) = 0 \qquad (9.46)$$

となる．第 2 章での円筒タンクでのスロッシングで，基礎方程式とほかの境界条件は同じなので，式 (2.83) より

$$\Phi(r,\theta,z,t) = C_1 \cos n\theta \cdot J_n(\lambda_{ni}r)\frac{\cosh\lambda_{ni}(z+h)}{\cosh\lambda_{ni}h}e^{j\omega t} \tag{9.47}$$

$$\eta_{ni} = \frac{1}{j\omega}C_1\lambda_{ni}\tanh\lambda_{ni}h\cos n\theta \cdot J_n(\lambda_{ni}r)e^{j\omega t} \tag{9.48}$$

である．ただし，

$$J'_n(\lambda_{nm}r)|_{r=a} = 0, \quad \lambda_{nm} = \xi_{nm}a \tag{9.49}$$

である．第 2 章のときと同じく，自由表面での力学的境界条件式 (9.46) を使って固有角振動数 ω を決める．η は，そもそもベッセル関数を含む，式 (9.48) のような形で与えられているので，式 (9.46) の最後の項は

$$\frac{1}{r^2}\frac{\partial^2 \eta}{\partial \theta^2} = \frac{-n^2}{r^2}\eta$$

となる．よって，式 (9.46) の括弧の中はベッセルの微分方程式 (2.72) となり，

$$\frac{\partial^2 \eta}{\partial r^2} + \frac{1}{r}\frac{\partial \eta}{\partial r} - \frac{n^2}{r^2}\eta = -\alpha\eta = -\lambda_{nm}^2\eta$$

となる．よって，式 (9.46) は

$$\frac{\partial \Phi}{\partial t} + g\eta + \frac{\lambda_{nm}^2\sigma}{\rho}\eta = 0 \tag{9.50}$$

となる．この式を t で微分して，自由表面の幾何学的境界条件式 (2.64) を利用して Φ だけの式にすれば，

$$\frac{\partial^2 \Phi}{\partial t^2} + \left(g + \frac{\lambda_{nm}^2\sigma}{\rho}\right)\frac{\partial \Phi}{\partial z} = 0 \tag{9.51}$$

である．調和振動であるので，$\xi_{nm} = \lambda_{nm}a$ に注意して

$$\omega_{nm}^2 = \lambda_{nm}g\tanh\lambda_{nm}H \cdot \left(1 + \lambda_{nm}^2\frac{\sigma}{\rho g}\right)$$

$$= \frac{\xi_{nm}g}{a}\tanh\frac{\xi_{nm}H}{a} \cdot \left(1 + \xi_{nm}^2\frac{1}{Bo}\right) \tag{9.52}$$

となる．

定性的な検討には式 (9.52) で十分であるが，接触角を考慮した近似式として，1 次の振動数に関して $\xi_{11} = 1.841$ として，

$$\omega_{11}^2 = 1.841\frac{g}{a}\tanh\frac{1.841h}{a} \cdot \left(1 + \frac{3.39}{Bo} - \frac{2.59}{Bo}\cos\theta_c\right) \tag{9.53}$$

がある[50]．ここに，θ_c は接触角である．

9.7 低重力での数値計算法

低重力になった場合，液体の自由表面においては表面張力が支配的となる．また，2種類の液体により界面が作られるときも同様である．ここでは，衛星に搭載する球形タンクにおいて問題となる低重力でのスロッシングを取り上げる．解析においては，表面張力は膜として取り扱うことができる．

第2章での軸対称液体要素やシェル要素と同じように使える**表面張力要素**の剛性行列は，次のように導くことができる．表面張力による仕事量 Π は，w を自由表面のつり合い状態からの面外変位として，

$$\Pi = \frac{1}{2}\sigma \int_S \left\{ \left(\frac{\partial w}{\partial x}\right)^2 + \left(\frac{\partial w}{\partial y}\right)^2 \right\} dS \tag{9.54}$$

である．これは弦のエネルギーと同じ表示である．変位を

$$w(s,\theta) = \tilde{w}(s)\cos n\theta$$

と 8.5.2 項のシェル要素の w と同じ形にする．ただし，膜であるので曲げ剛性はもたず，節点変位 $\tilde{w}_1$ と $\tilde{w}_2$ により，**図 9.12** に示すような表面張力要素内の変位は

$$\tilde{w} = \tilde{w}_1\left(1 - \frac{s}{l}\right) + \tilde{w}_2\frac{s}{l}$$

と節点変位により補間される．この微分は

$$\frac{\partial \tilde{w}}{\partial x} = \frac{\partial \tilde{w}}{\partial s} = \frac{1}{l}(\tilde{w}_2 - \tilde{w}_1)\cos n\theta$$

$$\frac{\partial \tilde{w}}{\partial y} = \frac{\partial \tilde{w}}{r\,\partial \theta} = \frac{n}{r(s)}\left\{\tilde{w}_1\left(1 - \frac{s}{l}\right) + \tilde{w}_2\left(\frac{s}{l}\right)\right\}\sin n\theta$$

となるので，

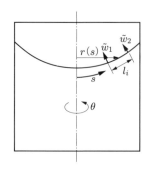

図 9.12　表面張力要素

$$\{\varepsilon\} = [B]\{\delta\} \tag{9.55}$$

という形にする．これを具体的に書けば，

$$\begin{Bmatrix} \dfrac{\partial \tilde{w}}{\partial s} \\ \dfrac{\partial \tilde{w}}{r\, \partial \theta} \end{Bmatrix} = \begin{bmatrix} -\dfrac{\cos n\theta}{l} & \dfrac{\cos n\theta}{l} \\ -\dfrac{n}{r}\left(1-\dfrac{s}{l}\right)\sin n\theta & -\dfrac{n}{r}\dfrac{s}{l}\sin n\theta \end{bmatrix} \begin{Bmatrix} \tilde{w}_1 \\ \tilde{w}_2 \end{Bmatrix} \tag{9.56}$$

である．一つの要素の中で式 (9.54) を適用すると，

$$\Pi = \frac{1}{2}\sigma\{\varepsilon\}^T \int_s [B]^T[B]\, r\, d\theta\, ds\, \{\varepsilon\}$$

となる．要素の剛性行列 $[K_s]$ の定義は

$$\Pi = \frac{1}{2}\{\varepsilon\}^T[K_s]\{\varepsilon\}$$

であるので，積分において $r(s)$ を要素内で一定と近似して，$r(s) = R_i$ とすれば，膜の剛性マトリックスは，

$$[K_s] = \sigma\pi\frac{R_i}{l_i}C \begin{bmatrix} 1+\dfrac{n^2}{3}\left(\dfrac{l_i}{R_i}\right)^2 & -1+\dfrac{n^2}{6}\left(\dfrac{l_i}{R_i}\right)^2 \\ -1+\dfrac{n^2}{6}\left(\dfrac{l_i}{R_i}\right)^2 & 1+\dfrac{n^2}{3}\left(\dfrac{l_i}{R_i}\right)^2 \end{bmatrix} \tag{9.57}$$

となる．これが表面張力要素の剛性行列である．ここに，σ は表面張力，l_i は要素の弧の長さ，R_i は要素の中央線の半径である．C は $n=0$ のとき 1，$n \geq 1$ で $1/2$ である．

なお，膜要素として表面張力を扱っただけであるので，表面張力要素として，質量はゼロで質量行列はない．

例題 9.7 無重力場で，半径 $b = 30\,\mathrm{cm}$ の球形タンクに厚さ $a = 15\,\mathrm{cm}$ で水が壁面にくっついている場合の固有振動数を求めよ．ただし，表面張力 $\sigma = 74\,\mathrm{dyne/cm}$，水の密度 $\rho = 1\,\mathrm{g/cm^3}$ とせよ．

解答 境界有限要素法では 66 要素の液体要素と同数の表面張力要素（シェル要素ではない）を使って解析する．理論解は，式 (9.41) を使って $f = \omega/2\pi$ が図 9.13 の括弧の中の数値のように得られる．

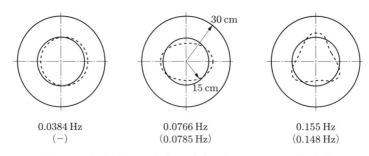

0.0384 Hz	0.0766 Hz	0.155 Hz
(−)	(0.0785 Hz)	(0.148 Hz)

図 9.13　無重力下での球形タンク中の水のスロッシング振動数

例題 9.8　半径 $a = 10\,\mathrm{cm}$ の円筒タンクでの固有振動数とスロッシュマスを求めよ．ただし接触角は $170°$ とし，

水位 $h = 10\,\mathrm{cm}$，　液体の密度 $\rho = 1\,\mathrm{g/cm^3}$，　表面張力 $\sigma = 74\,\mathrm{dyne/cm}$

として，ボンド数 $Bo = 0, 10, 25, 100$ の場合を計算せよ．

解答　これも液体に境界要素，表面に表面張力要素を使って計算する．メニスカスを例題 9.5 のように計算し，図 9.10 のようになる．この形状を要素分割して計算した固有振動数と 1 次のスロッシュマスを図 9.14 に示す．

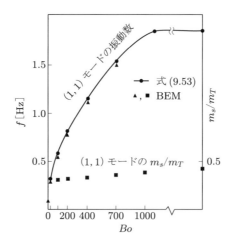

図 9.14　スロッシング振動数とスロッシュマス

低重力でのメカニカルモデルの計算例 (文献 [53]，[76]) はあまり多くなく，断定的なことはいえないが，低重力になると，$1g$ のときに比べてスロッシュマスはほんの少し (差は 5% 以下) 小さくなるようである．第 1 近似としては，$1g$ のときの値を用いて差し支えない．

9.8 プロペラントマネージング

低重力になると，表面張力が優位となり，液体がつねに重力方向に集まっている保証はない．宇宙環境利用実験ではこの微小重力環境を有効に使うが，宇宙機の制御の面から見ると，タンク内にある多量の液体がタンクのどこにあるかわからなくては困るので，液体捕捉が問題となる．表面張力により，壁面に沿って液体が広がり，表面積が体積に比べて大きくなるので，温度の問題も絡んでくる．スピン時には遠心力が表面張力に優越するので，液体の位置は予測可能であるが，非スピンフェーズでは何らかの工夫を行って液体を捕捉する必要がある．衛星での小型タンクでは**ブラダー** (bladder), **ベローズ** (bellows), **ダイヤフラム** (diaphragm) などが使われてきたが，表面張力デバイスを採用するものも多い．ロケットでは**再着火時**に問題となることが多い．

定常運用に入った衛星内のタンクでは，**表面張力デバイス**を使って推進剤をタンク出口に確保するが，打ち上げ後の過渡的な状態では，スピン開始，分離，エンジン着火，姿勢マニューバなどのイベントの前にガスジェットなどで加速度をかけて，液体位置を特定できるようにする．このとき液体はほぼ塊となって移動した後 (文献 [47], [89], [154], [198], [203])，**図 9.15** に示すように平衡位置周りでのスロッシングを起こす．このような**表面張力型タンク**が採用される場合，姿勢制御などの外力により，表面張力デバイスの束縛から液体が逃れることが予想され，十分な検討 (文献 [83], [94], [104], [184], [202], [204]) が必要である．また，微小重力での**液体移送**は熱とも絡む課題である．

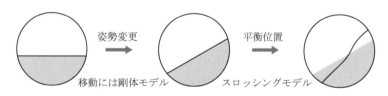

図 9.15 液体の移動と振動

9.9 ブラダー・ダイヤフラム・浮き蓋

スロッシングを抑制するために，自由表面に浮き蓋 (floating lid, 浮き屋根) を置いたり，多数の缶 (floating cans) を浮かせたりする．また，小部屋に分けたり，小さなタンクであれば液体を袋 (bags, bladder) に入れたり，ダイヤフラムでコントロールする．とくに無重力環境の衛星では，液体を排出口近くに保持しておくことが重要

で，これらの工夫のほか，表面張力を利用して液体の排出をコントロールすることも実用化されている．これらのデバイス (図 9.16) には，
- 液体の動きをコントロールする
- スロッシング固有振動数を高める
- 減衰を増やす

の三つの機能がある．

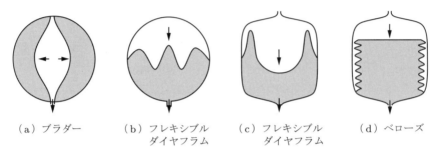

(a) ブラダー　　(b) フレキシブル　　(c) フレキシブル　　(d) ベローズ
　　　　　　　　　ダイヤフラム　　　　ダイヤフラム

図 9.16　各種デバイスの概念

減衰に関してであるが，図 9.17 に示すようなダイヤフラムと袋を球形タンクに取り付けて振動応答を計測した例[25]がある．ダイヤフラムは赤道面でタンクに結合してあり，袋は排出点で結合されている．タンクの直径 $d = 25.3$ cm に対して，ブチルゴム製の膜厚 (0.254〜0.608 mm) の袋を導入している．図 9.18，図 9.19 とも横軸は無次元化振動数 $\omega\sqrt{R/g}$，縦軸は無次元のスロッシュ力 $F_s/\rho g D^3 (X_0/D)$ である．グラフのパラメータは膜厚である．なお，X_0 は加振振幅で，1.27 mm である．膜が薄いので，膜の剛性が重力加速度に比べて小さく，スロッシング振動数はあまり大きく変化しないが，共振点での応答の高さは膜がない場合に比べて 1/2〜1/3 程度になっているので，等価な減衰比は 2〜3 倍になっていると解釈できる．

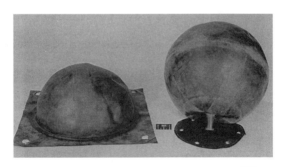

図 9.17　球形タンクのダイヤフラム（左）と袋 (Stofan[25], Fig. 2)

9.9 ブラダー・ダイヤフラム・浮き蓋　279

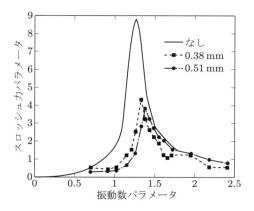

図 9.18　球形タンクの袋の減衰効果[25]

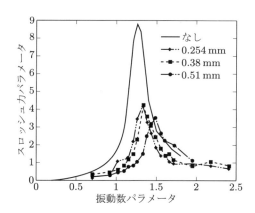

図 9.19　球形タンクのダイヤフラムの減衰効果[25]

次に，ゴム製のダイヤフラムを球形タンクに入れた場合のスロッシングの計算例を示す．100% 充填でない限り，初期形状は一般的には不定であるが，ここでは球形シェルの軸対称座屈形状に仮定する．ゴムはシェルでモデル化をして，使った数値は

タンク半径 $a = 0.25$ m，　ゴム厚 $h = 0.001$ m

ゴムのヤング率 $E = 4 \times 10^6$ Pa，　ゴムの密度 $\rho = 0.96 \times 10^3$ kg/m^3，

ゴムのポアソン比 $\nu = 0.46$

で，重力加速度 g は地上の加速度 $g = 9.8$ m/s^2 である．要素分割は，図 9.20 に示すように液体については 29 の軸対称境界要素で，ダイヤフラムは軸対称シェル要素で液体と同じ分割で 29 シェル要素であるが，節点 1 から節点 18 までは固定している．したがって，ゴム膜は赤道より上の部分が変形できる．形状に関しては，座標原点を球形タ

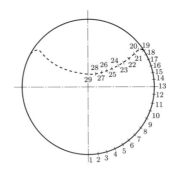

図 9.20 弾性袋の付いた球形タンクでのスロッシングの要素分割

ンクの中心として，節点 20 が $(z = 190\,\mathrm{mm},\ x = 137\,\mathrm{mm})$，節点 29 が $(z = 48\,\mathrm{mm},\ x = 0\,\mathrm{mm})$ である．重力の有無，ゴム厚さを 1/10 にしたものを合わせて**表 9.4** に示す．ここで計算しているのは，横スロッシング $(n = 1)$ の固有振動数である．

先に述べたように，表面張力デバイス，ダイヤフラムやブラダー付のスロッシングはパラメータが多いので，一般論は述べにくい．実際の解析例がいくつかある（文献 [28], [63], [83], [93], [94], [96], [104], [167], [196], [223], [226]) ので，それらを参照されたい．

表 9.4 ダイアフラム付球形タンクでのスロッシング固有振動数 $(n = 1,\ 単位\ \mathrm{Hz})$

	$h = 1\,\mathrm{mm}$ $g = 9.8\,\mathrm{m/s^2}$	$h = 1\,\mathrm{mm}$ $g = 0$	$h = 0.1\,\mathrm{mm}$ $g = 9.8\,\mathrm{m/s^2}$	$h = 0.1\,\mathrm{mm}$ $g = 0$
1次	3.23	2.90	1.54	0.77
2次	5.12	4.62	2.49	1.11
3次	7.23	6.72	3.20	1.76

参考文献

液体スロッシングについては,ロケットや衛星の宇宙分野で 1950 年代から精力的に研究が行われてきた.その集大成が NASA SP-106[48] である.これは 500 ページに近い資料集で,数値計算関係の分野を除けば現在でもこの方面の第 1 級のモノグラフである.2000 年に Southwest Research Institute から再発行され[215],これはインターネットから入手できる.再発行といっても,原著の半分くらいに内容が取捨されている.最近の研究成果まで網羅している成書として [219] がある.950 ページにもなる大著であるが,原著論文からの直接の写しが多く,原著論文以上の説明はないため,研究者向きの書物であって教科書とはなりがたい.

耐震設計の分野では,スロッシングそのものより,タンクに作用する荷重を問題とし,座屈が起こるか,転倒モーメントは大丈夫かなどの構造工学的な検討に主眼が置かれたため,Housner モデルのような質量に不整合のあるモデルが現場では用いられてきた.現在は有限要素法が手軽に使えるので,スロッシング,バルジングと分けずに一気に動的応答が解析できる.

[1] Lord Rayleigh: On the Capillary Phenomena of Jets, Proceedings of the Royal Society, 29, pp. 71–97, 1879.

[2] Lamb, H.: Hydrodynamics, 6th ed., Dover, 1945.(邦訳)ラム:流体力学 2(今井,橋本共訳)東京図書,1981.

[3] Graham, E. W. and Rodriguez, A. M.: The Characteristics of Fuel Motion Which Affect Airplane Dynamics, J. of Applied Mechanics, Vol. 19, No. 3, pp. 381–388, 1952.

[4] 倉西正嗣:応用弾性学,共立全書 71,共立出版,1953.

[5] 寺澤寛一:自然科学者のための数学概論,岩波書店,1954.

[6] Case, K. M. and Parkinson, W. C.: Damping of Surface Waves in an Incompressible Liquid, J. of Fluid Mechanics, Vol. 2, No. 2, pp. 172–184, 1957.

[7] 元良誠三:船体運動力学,1.2 節,共立出版,1957.

[8] Miles, J. W.: Ring Damping of Free Surface Oscillations in a Circular Tank, J. of Applied Mechanics, Vol. 25, pp. 274–276, 1958.

[9] Keulegan, G. H. and Carpenter, L. H.: Forces on Cylinders and Plates in an Oscillating Fluid, Journal of Research of the National Bureau of Standards, Vol. 60, No. 5, pp. 423–440, 1958.

[10] 数学ハンドブック編集委員会編:理工学のための数学ハンドブック,丸善,1960.

[11] 森口繁一,宇田川銈久,一松信:岩波 数学公式 3,岩波書店,1960.

[12] Bauer, H. F.: Theory of the Fluid Oscillations in a Circular Cylindrical Ring Tank Partially Filled with Liquid, NASA TN D-557, 1960.
[13] Chu, W. H.: Free Surface Condition for Sloshing Resulting from Pitching and Some Corrections, ARS J., Vol. 30, pp. 1093–1094, 1960.
[14] 鬼頭史城：物体の水中振動について，日本機械学会誌, Vol. 63, No. 503, pp. 1605–1612, 1960.
[15] 安達忠次：ベクトル解析，培風館，1961.
[16] Abramson, H. N., Chu, W. H., and Ramsleben, G. E., Jr.: Representation of Fuel Sloshing in Cylindrical Tanks by an Equivalent Mechanical Model, ARS J., Vol. 31, pp. 1697–1705, 1961.
[17] Miles, J. W. and Troesch, B. A.: Surface Oscillations of a Rotating Liquid, J. of Applied Mechanics, Vol. 28, No. 4, pp. 491–496, 1961.
[18] Silveria, M. A., Stephens, D. G.: An Experimental Investigation of the Damping of Liquid Oscillations in Cylindrical Tanks, NASA TN D-715, 1961.
[19] Stephens, D., Leonard, H. W., and Silveria, M. A.: An Experimental Investigation of the Damping of Liquid Oscillations in an Oblate Spheroidal Tank with and without Baffles, NASA TN D-808, 1961.
[20] Leonard, H. W. and Walton, W. C., Jr.: An Investigation of the Natural Frequencies and Mode Shapes of Liquids in Oblate Spheroidal Tanks, NASA TN D-904, 1961.
[21] Silveria, M. A., Stephens, D. G., and Leonard, H. W.: An Experimental Investigation of the Damping of Liquid Oscillations in Cylindrical Tanks with Various Baffles, NASA TN D-715, 1961.
[22] Stofan, A. J. and Armstead, A. L.: Analytical and Experimental Investigation on Forces and Frequencies Resulting from Liquid Sloshing in a Spherical Tank, NASA TN D-1281, 1962.
[23] Stephens, D., Leonard, H. W., and Perry, T. W.: Investigation of Damping of Liquids in Right-Circular Cylindrical Tanks, Including the Effects of a Time-Variant Liquid Depth, NASA TN D-1367, 1962.
[24] Abramson, H. N., Chu, W.-H., Garza, L. R., and Ransleben, G. E., Jr.: Some Studies of Liquid Rotation and Vortexing in Rocket Propellant Tanks, NASA TN D-1212, 1962.
[25] Stofan, A. J. and Pavli, A. J.: Experimental Damping of Liquid Oscillations in a Spherical Tank by Positive-Expulsion Bags and Diaphragms, NASA TN D-1311, 1962.
[26] Naghdi, P. M. and Kalnins, A.: On Vibrations of Elastic Spherical Shells, J. of Applied Mechanics, Vol. 29, No. 1, pp. 65–72, 1962.
[27] Lindholm, U. S., Kana, D. D., and Abramson, H. N.: Breathing Vibrations of a Circular Cylindrical Shell With an Internal Liquid, J. of Aerospace Sciences, Vol. 29, No. 9, pp. 1052–1059, 1962.

[28] Unterberg, W. and Congelliere, J.: Zero Gravity Problems in Space Powerplants: A Status Survey, ARS J., Vol. 32, No. 6, pp. 862–872, 1962.
[29] Abramson, H. N., Chu, W.-H., and Garza, R.: Liquid Sloshing in Spherical Tanks, AIAA J., Vol. 1, No. 2, pp. 384–389, 1963.
[30] Sumner, I. E. and Stofan, A. J.: An Experimental Investigation of Viscous Damping of Liquid Sloshing in Spherical Tanks, NASA TN D-1991, 1963.
[31] Hutton, R. E.: An Investigation of Resonant, Nonlinear, Nonplanar Free Surface Oscillation of a Fluid, NASA TN D-1870, 1963.
[32] Kalnins, A.: Effect of Bending on the Vibrations of Spherical Shells, J. of Acoustical Society of America, Vol. 36, pp. 74–81, 1964.
[33] Prasad, C.: On Vibrations of Spherical Shells, J. of Acoustical Society of America, Vol. 36, pp. 489–494, 1964.
[34] Bauer, H. F.: Fluid Oscillations in the Containers of a Space Vehicle and Their Influence upon Stability, NASA TR R-187, 1964.
[35] Lomen, D. O.: Liquid Propellant Sloshing in Mobile Tanks of Arbitrary Shape, NASA CR-222, 1965.
[36] Hwang, C.: Longitudinal Sloshing of Liquid in a Flexible Hemispherical Tank, J. of Applied Mechanics, Vol. 32, No. 3, pp. 665–670, 1965.
[37] Sumner, I. E.: Experimentally Determined Pendulum Analogy of Liquid Sloshing in Spherical and Oblate-Spheroidal Tanks, NASA TN D-2737, 1965.
[38] Lomen, D. O.: Digital Analysis of Liquid Propellant Sloshing in Mobile Tanks with Rotational Symmetry, NASA CR-230, 1965.
[39] Rogge, T. R. and Weiss, H. J.: An Approximate Nonlinear Analysis of the Stability of Sloshing Modes under Translational and Rotational Excitation, NASA CR-220, 1965.
[40] Weiss, H. J. and Rogge, T. R.: A Nonlinear Analysis for Sloshing Forces and Moments on a Cylindrical Tank, NASA CR-221, 1965.
[41] Stephens, D. G.: Experimental Investigation of Liquid Impact in a Model Propellant Tank, NASA TN D-2913, 1965.
[42] Harlow, F. H. and Welch, J. E.: Numerical Calculation of Time-Dependent Viscous Incompressible Flow of Fluid with Free Surface, The Physics of Fluids, Vol. 8, No. 12, pp. 2182–2189, 1965.
[43] Rattayya, J. V.: Sloshing of Liquids in Axisymmetric Ellipsoidal Tanks, AIAA Paper 65-114, 1965.
[44] Percy, J. H., Pian, T. H. H., Klein, S., and Navaratna, D. R.: Application of Matrix Displacement Method to Linear Elastic Analysis of Shells of Revolution, AIAA J., Vol. 3, No. 11, pp. 2138–2145, 1965.
[45] Dodge, F. T. and Kana, D. D.: Moment of Inertia and Damping of Liquids in Baffled Cylindrical Tanks, NASA CR-383, 1966.
[46] Roberts, J. R., Basurto, E. R., and Chen, P. Y.: Slosh Design Handbook I, NASA CR-406, 1966.

[47] Harlow, F. H. and Welch, J. E.: Numerical Study of Large-Amplitude Free-Surface Motions, The Physics of Fluids, Vol. 9, No. 5, pp. 842–851, 1966.
[48] Abramson, H. N. (ed.): The Dynamic Behavior of Liquids in Moving Containers, NASA SP-106, 1966.
[49] Abramson, H. N., Chu, W. H., and Kana, D. D.: Some Studies of Non-linear Sloshing in Rigid Containers, J. of Applied Mechanics, Vol. 33, No. 4, pp. 777–784, 1966.
[50] Reynolds, W. and Satterlee, H. M.: Liquid Propellant Behavior at Low and Zero g, Chap. 11 in NASA SP-106, 1966.
[51] Garza, L. R.: A Comparison of Theoretical and Experimental Pressures and Forces Acting on a Ring Baffle under Sloshing Conditions, NASA CR-385, 1966.
[52] 高野瞳：流体力学, 岩波書店, 1967.
[53] Dodge, F. T. and Garza, L. R.: Experimental and Theoretical Studies of Liquid Sloshing at Simulated Low Gravities, J. of Applied Mechanics, Vol. 34, No. 3, pp. 555–562, 1967.
[54] Yeh, G. C. K.: Free and Forced Oscillations of a Liquid in an Axisymmetric Tank at Low-Gravity Environments, J. of Applied Mechanics, Vol. 34, No. 1, pp. 23–28, 1967.
[55] Stephens, D. G. and Scholl, H. F.: Effectiveness of Flexible and Rigid Ring Baffles for Damping Liquid Oscillations in Large-Scale Cylindrical Tanks, NASA TN D-3878, 1967.
[56] Schwind, R. G., Scotti, R. S., and Skogh, J.: Analysis of Flexible Baffles for Damping Tank Sloshing, J. of Spacecraft and Rockets, Vol. 4, No. 1, pp. 47–53, 1967.
[57] Garza, L. R. and Dodge, F. T.: A Comparison of Flexible and Rigid Ring Baffles for Slosh Suppression, J. of Spacecraft and Rockets, Vol. 4, No. 6, pp. 805–806, 1967.
[58] Luke, J. C.: A Variational Principle for a Fluid with a Free Surface, J. of Fluid Mechanics, Vol. 27, No. 2, pp. 395–397, 1967.
[59] Neumann, G. and Pierson, W. J., Jr.: Principles of Physical Oceanography, Prentice Hall, Inc., pp. 272–292, 1967.
[60] Greenspon, J. E. (ed.): Flow-Induced Interaction, ASME, p. 206, 1967.
[61] Baker, W. E., Woolam, W. E., and Young, D.: Air and Internal Damping of Thin Cantilever Beams, Int. J. of Mechanical Sciences, Vol. 9, pp. 743–766, 1967.
[62] Eggleston, D. M.: Dynamic Stability of Space Vehicles, Vol. 14—Testing for Booster Propellant Sloshing Parameters, NASA CR-948, 1968.
[63] Lacovic, R. F., Yeh, F., Szabo, S. V., Brun, R. J., Stofan, A. J., and Berns, J. A.: Management of Cryogenic Propellants in a Full-Scale Orbiting Space Vehicle, NASA TN D-4571, 1968.
[64] Propellant Slosh Design, NASA SP-8009, 1968.

[65] Moiseyev, N. N. and Rumyantev, V. V.: Dynamic Stability of Bodies Containing Fluid, Springer-Verlag, New York, 1968.
[66] Guyan, R. J., Ujihara, B. H., and Welch, P. W.: Hydroelastic of Axisymmetric Systems by a Finite Element Method, AFFDL TR-68-150, 1968.
[67] Tai, C. L. and Uchiyama, S.: A New Approach to the Interaction Problems of Fluid-Filled Elastic Membrane Shells, Proc. 38th Symp. on Shock, Vibration, and Associated Environments, St. Louis, pp. 212–226, 1968.
[68] Slosh Suppression, NASA SP-8031, 1969.
[69] Daly, B. J.: Numerical Study of the Effect of Surface Tension on Interface Instability, The Physics of Fluids, Vol. 12, No. 7, pp. 1340–1354, 1969.
[70] Luk, C. H.: Finite Element Analysis for Liquid Sloshing Problems, ASRL TR-144-3, MIT, 1969.
[71] Daly, B. J.: A Technique for Including Surface Tension Effects in Hydrodynamic Calculations, J. of Computational Physics, Vol. 4, pp. 97–117, 1969.
[72] Viecelli, J. A.: A Method for Including Arbitrary External Boundaries in the MAC Incompressible Fluid Computing Technique, J. of Computational Physics, Vol. 4, pp. 543–551, 1969.
[73] Engin, A. E.: Vibrations of Fluid-Filled Spherical Shells, J. of Acoustical Society of America, Vol. 46, pp. 186–190, 1969.
[74] Abramson, H. N., Dodge, F. T., and Kana, D. D.: Propellant Dynamics Problems in Space Shuttle Vehicles, NASA TM X-52876, Vol. 2, pp. 59–77, 1970.
[75] Amsden, A. and Harlow, F. H.: The SMAC Method: A Numerical Technique for Calculation Incompressible Fluid Flows, Los Alamos Scientific Laboratory of the University of California, LA-4370, 1970.
[76] Chu, W.-H.: Low-Gravity Fuel Sloshing in an Arbitrary Axisymmetric Rigid Tank, J. Applied Mechanics, Vol. 37, No. 3, pp. 828–837, 1970.
[77] 今井功：流体力学, 岩波書店, 1970.
[78] Kito, F.: Principles of Hydroelasticity, Yokendo, 1970.
[79] Prevention of Coupled Structure-Propulsion Instability (POGO), NASA SP-8055, 1970.
[80] Advani, S. H. and Lee, Y. C.: Free Vibrations of Fluid Filled Spherical Shells, J. of Sound and Vibration, Vol. 12, No. 4, pp. 453–462, 1970.
[81] Meyerhoff, W. K.: Added Mass of Thin Rectangular Plates Calculated from Potential Theory, J. of Ship Research, Vol. 14, pp. 100–111, 1970.
[82] Martin, E. R.: Fuel Slosh and Dynamic Stability of Intelsat, AIAA Paper 71-954, 1971.
[83] DeBrock, S. C., Grove, R. K., Slome, R. O., Balzer, D. L., Brill, Y., and Yankura, G. A.: A Survey of Current Developments in Surface Tension Devices for Propellant Acquisition, J. of Spacecraft and Rockets, Vol. 8, No. 2, pp. 83–98, 1971.

[84] Khabbaz, G. R.: Dynamic Behavior of Liquids in Elastic Tanks, AIAA J., Vol. 9, No. 10, pp. 1985–1990, 1971.

[85] Lakis, A. A. and Païdoussis, M. P.: Free Vibration of Cylindrical Shells Partially Filled with Liquid, J. of Sound and Vibration, Vol. 19, No. 1, pp. 1–15, 1971.

[86] MacNeal, R. H. (ed.): The NASTRAN Theoretical Manual—Addendum, Chap. 16, Interaction of Structures and Fluids, NASA SP-221, 1972.

[87] Bolotin, V. V. (近藤誠治,中田和夫共訳):弾性系の動的安定,コロナ社,1972.

[88] Runyan, H. L. and Goetz, R. C.: Space Shuttle—A New Area for the Structural Dynamicist, Dynamic Response of Structures (edited by G. Herrman and N. Perrone), Pergamon Press, pp. 115–138, 1972.

[89] Betts, W. S., Jr.: An Analytical Study of Reduced-Gravity Liquid Reorientation Using a Simplified Marker and Cell Technique, NASA CR-120944, 1972.

[90] 小高昭夫,那須信治,竹内盛雄,桜井譲爾,谷内資信:耐震・耐風構造,建築構造学7,鹿島出版会,1972.

[91] Abramowitz, M. and Stegun, I. A. (eds.): Handbook of Mathematical Functions, 9th ed., Dover, 1972.

[92] Scholl, H. F., Stephens, D. G., and Davis, P. K.: Ring-Baffle Pressure Distribution and Slosh Damping in Large Cylindrical Tanks, NASA TN D-6870, 1972.

[93] Ujihara, B. H. and Guyan, R. J.: Hydroelastic Properties of a Full Scale S-II LOX Tank, AIAA Paper 72-173, 1972.

[94] Dowdy, M. W. and DeBrock, S. C.: Selection of a Surface-Tension Propellant Management System for the Viking 75 Orbiter, J. of Spacecraft and Rockets, Vol. 10, No. 9, pp. 549–558, 1973.

[95] 今井功:流体力学(前編),裳華房,pp. 291–300,1973.

[96] Welch, P. W. and Ujihara, B. H.: Zero-g Mercury Dynamics Analysis, AIAA Paper 73-1121, 1973.

[97] Coppolino, R. N.: Exact Hydrodynamic Solution for an Ideal Fluid in a Hemispherical Container, J. of Spacecraft and Rockets, Vol. 10, No. 9, pp. 612–613, 1973.

[98] 赤坂隆:数値計算,pp. 148–152,コロナ社,1973.

[99] Hsiung, H.: Dynamic Analysis of Hydroelastic Systems Using the Finite Element Methods, Ph.D. Thesis, University of Southern California, 1973.

[100] Bradshaw, R. D. and Kramer, J. L.: An Analytical Study of Reduced-Gravity Propellant Settling, NASA CR-134593, 1974.

[101] 庄司正弘:表面張力に関連した熱,流体問題(連載記事),機械の研究,第26巻,第6号~第27巻,第1号,1974.

[102] Seide, P.: Small Elastic Deformations of Thin Shells, Noordhoff, pp. 598–620, 1975.

[103] Le Méhauté, B.: An Introduction to Hydrodynamics and Water Waves, Springer-Verlag, pp. 174–178, 1975.

[104] Boulay, J. L. and Larigaldie, S.: Étude d'un réservoir a rétention capillaire en état d'impesanteur, ONERA T.P. No. 1975-116, 1975.

[105] Chen, J. C. and Garba, J. A.: Determination of Propellant Effective Mass Properties Using Modal Test Data, The Shock and Vibration Bulletin, Vol. 45, 3-5, pp. 15–23, 1975.

[106] 小松敬治, 戸田勧：リング補強シェルの振動と座屈, 航空宇宙技術研究所報告 NAL TR-417, 1975.

[107] 岡田綻夫, 坂井藤一, 迫田治行：有限要素法による大型液体タンクの地震応答解析, 川崎技報, 59号, pp. 69–74, 1975.

[108] 岡田綻夫, 坂井藤一, 迫田治行：有限要素法による大型液体タンクの地震応答解析（続報）, 川崎技報, 61号, pp. 120–125, 1976.

[109] Bradshaw, R. D., Kramer, J. L., and Zich, J. L.: An Analytical Study of Reduced-Gravity Flow Dynamics, NASA CR-135023, 1976.

[110] 曽我部潔, 重田達也, 柴田碧：液体貯槽の耐震設計, 日本機械学会誌, Vol. 79, No. 689, pp. 305–315, 1976.

[111] 地震・耐震工学特集, 日本機械学会誌, Vol. 79, No. 689, 1976.

[112] Miles, J. W.: Nonlinear Surface Waves in Closed Basins, J. of Fluid Mechanics, Vol. 75, No. 3, pp. 419–448, 1976.

[113] Chung, T. J. and Rush, R. H.: Dynamically Coupled Motion of Surface-Fluid-Shell System, J. of Applied Mechanics, Vol. 43, No. 3, pp. 507–508, 1976.

[114] Kiefling, L. and Feng, G. C.: Fluid-Structure Finite Element Vibration Analysis, AIAA J., Vol. 14, No. 2, pp. 199–203, 1976.

[115] Metzger, R.: Stability Problems of Liquid Propellant Apogee Motor, ESA SP-129, pp. 143–155, 1977.

[116] Attitude Control of Space Vehicles: Technological and Dynamical Problems Associated with the Presence of Liquids, ESA SP-129, 1977.

[117] Jaswon, M. A. and Symm, G. T.: Integral Equation Methods in Potential Theory and Elastostatics, Academic Press, 1977.

[118] 小林昭七：曲線と曲面の微分幾何, p. 61, 裳華房, 1977.

[119] Brevins, R. D.: Flow-Induced Vibration, Van Nostrand Reinhold Company, 1977.

[120] 大形タンクの問題点小特集, 日本機械学会誌, Vol. 80, No. 703, 1977.

[121] 坂井藤一, 月岡康一, 真砂昌和, 酒井守雄：浮屋根式貯槽スロッシングに関する一研究（解析と実験）, 圧力技術, Vol. 15, No. 1, pp. 23–29, 1977.

[122] Au-Yang, M. K. and Brown, S. J., Jr. (eds.): Fluid-Structure Interaction Phenomena in Pressure Vessel and Piping Systems, ASME PVP-PB-026, 1977.

[123] Huynh, H. T.: Étude paramétrique d'un amortisseur d'extrémité contenant deux liquides non miscibles faiblement visqueux, ESA J., Vol. 2, pp. 249–253, 1978.

[124] Giroire, J. and Nedelec, J. C.: Numerical Solution of an Exterior Neumann Problem Using a Double Layer Potential, Mathematics of Computation, Vol. 32, No. 144, pp. 973–990, 1978.

[125] 今村勤：物理とグリーン関数，岩波書店，1978.
[126] 近藤尚夫：浮き屋根の上下自由振動解析，日本機械学会論文集，Vol. 44, No. 380, pp. 1214–1223, 1978.
[127] 木村憲明，大橋弘隆：軸対称容器におけるスロッシングの非線形応答 (第 1 報，支配方程式の導出と解の性質)，日本機械学会論文集，Vol. 44, No. 385, pp. 3024–3033, 1978.
[128] 木村憲明，大橋弘隆：軸対称容器におけるスロッシングの非線形応答 (第 2 報，数値計算及び実験との比較)，日本機械学会論文集，Vol. 44, No. 386, pp. 3446–3454, 1978.
[129] Belytschko, T. and Geers, T. L. (eds.): Computational Methods for Fluid Interaction Problems, ASME, AMD-Vol. 26, 1978.
[130] Fluid-Structure Interaction, Int. J. for Numerical Methods in Engineering, Vol. 13, No. 1, Special Issue, 1978.
[131] Krieg, R.: Coupled Problems in Transient Fluid and Structural Dynamics in Nuclear Engineering, Pt. 1, Applied Mathematical Modelling, Vol. 2, pp. 81–89, 1978.
[132] DeRuntz, J. A. and Geers, T. L.: Added Mass Computation by the Boundary Integral Method, Int. J. for Numerical Methods in Engineering, Vol. 12, pp. 531–550, 1978.
[133] Geers, T. L., Loden, W. A., and Yee, H. C.: Boundary Element Analysis of Fluid-Solid Impact, ASME, AMD-Vol. 26, pp. 125–138, 1978.
[134] Ferman, M. A. and Unger, W. H.: Fluid-Structure Interaction Dynamics in Aircraft Fuel Tanks, J. of Aircraft, Vol. 16, No. 12, pp. 885–890, 1979.
[135] Schlichting, H.: Boundary Layer Theory, 7th ed., pp. 93–94, McGraw-Hill, 1979.
[136] Nayfeh, A. H. and Mook, D. T.: Nonlinear Oscillations, John Wiley & Sons, 1979.
[137] Bishop, R. E. D. and Price, W. G.: Hydroelasticity of Ships, Cambridge University Press, 1979.
[138] Komatsu, K.: Vibration Analysis of Spherical Shells Partially Filled with a Liquid Using an Added Mass Coefficient, Transactions of The Japan Society for Aeronautical and Space Sciences, 22-56, pp. 70–79, 1979.
[139] 小松敬治：流体を満たす軸対称容器の振動解析，日本機械学会論文集 (C 編)，Vol. 45, No. 391, pp. 295–303, 1979.
[140] 小野周：表面張力，共立出版，1980.
[141] 古賀達蔵，小松敬治：円筒かくの自由振動における支配方程式と固有値，日本機械学会論文集 (C 編)，Vol. 46, No. 401, pp. 1–7, 1980.
[142] 石油貯槽耐震設計特集号，圧力技術，Vol. 18, No. 4, 1980.
[143] 河野和間，山本鎮雄，河田叡治，清水信行，山田信自：円筒貯槽の地震入力，圧力技術，Vol. 18, No. 4, pp. 170–176, 1980.
[144] 小松敬治：液体の入った球型シェルの振動解析，航空宇宙技術研究所報告 NAL TR-630, 1980.

[145] Johnson, C. and Nedelec, J. C.: On the Coupling of Boundary Integral and Finite Element Methods, Mathematics of Computation, Vol. 35, No. 152, pp. 1063–1079, 1980.

[146] Brebbia, C. A. and Walker, S.: Boundary Element Techniques in Engineering, Newnes-Butterworths, 1980.

[147] Bauer, H. F.: Bestimmung des Effectiven Trägheightsmoments einer Flüssigkeitsgefüllten Kugel bei Harmonisher Rotationsschwingung, Z. für Flugwissenschaften und Weltraumforschung, Band 4, Heft 1, pp. 48–51, 1980.

[148] Donea, J. (ed.): Advanced Structural Dynamics, Applied Science Publishers, 1980.

[149] Walker, S.: Boundary Elements in Fluid-Structure Interaction Problems Shells, Applied Mathematical Modelling, Vol. 4, No. 5, pp. 345–350, 1980.

[150] Agrawal, B. N. and James, P.: Energy Dissipation Due to Liquid Slosh in Spinning Spacecraft, Proc. 3rd Dynamics and Control of Large Flexible Spacecraft Conf., Blacksburg, Virginia, 6/15–17, pp. 439–452, 1981.

[151] Bauer, H. F.: Freie Flüssigkeitsschwingungen in Paraboloidbehalterformen, Z. für Flugwissenschaften und Weltraumforschung, Band 5, Heft 4, pp. 249–253, 1981.

[152] Sayhi, M. N. and Ousset, Y.: Solution of Radiation Problems by Collocation of Integral Formulations in Terms of Single and Double Layer Potentials, J. of Sound and Vibration, Vol. 74, No. 2, pp. 187–204, 1981.

[153] Berry, R. L., Demchak, L. J., Tegart, J. R., and Craig, M. K.: An Analytical Tool for Simulation Large Amplitude Propellant Slosh, AIAA Paper 81-0500, 1981.

[154] Tegart, J. R., Berry, R. L., Demchak, L. J., and Craig, M. K.: Measurement of Forces Due to Liquid Motion in a Propellant Tank, AIAA Paper 81-0566, 1981.

[155] Hirt, C. W. and Nichols, B. D.: Volume of Fluid (VOF) Method for the Dynamics of Free Boundaries, J. of Computational Physics, Vol. 39, pp. 201–225, 1981.

[156] Sarpkaya, T. and Isaacson, M.: Mechanics of Wave Forces on Offshore Structure, Van Nostrand Reinhold Company, pp. 47–51, 1981.

[157] 山本善之：船舶における流力弾性問題，第23回構造強度に関する講演会，pp. 270–279, 1981.

[158] Siekmann, J., Scheideler, W., and Tietze, P.: Static Meniscus Configurations in Propellant Tanks under Reduced Gravity, Computer Methods in Applied Mechanics and Engineering, Vol. 28, pp. 103–116, 1981.

[159] Au-Yang, M. K. and Moody, F. J. (eds.): Interactive Fluid Structure Dynamic Problems in Power Engineering, ASME PVP-Vol. 46, 1981.

[160] Hinton, E., Bettess, P., and Lewis, R. W. (eds.): Numerical Methods for Coupled Problems, Pineridge, 1981.

[161] Sayhi, M. N. and Ousset, Y.: A Direct Determination of the Added Mass Matrix in Fluid Structure Interaction Problems, in [160], pp. 255–268, 1981.
[162] Delhommeau, G., Peseux, B., and Quevat, J. P.: Natural Frequencies of Immersed Plates Evaluated by a Mixed Method, in [160], pp. 346–355, 1981.
[163] 有限要素法ハンドブック I, 培風館, pp. 267–268, 1981.
[164] Agrawal, B. N.: Stability of Spinning Spacecraft with Partially Liquid-Filled Tanks, J. of Guidance, Control and Dynamics, Vol. 5, No. 4, pp. 344–350, 1982.
[165] Bauer, H. F.: Oscillations of Immiscible Liquids in Free Space of Spherical Containers in Zero-Gravity Environment, Ingenieur-Archiv, 51, pp. 363–381, 1982.
[166] 清水信行, 山本鎮男, 河野和間：円筒タンクの耐震設計法に関する研究 (第2報, 水平動に対する剛基礎上の円筒タンクの耐震計算法), 日本機械学会論文集 (C 編), Vol. 48, No. 427, pp. 328–348, 1982.
[167] Schütze, H.: Strukturmechanische Auslegung des Treibstofförderungssystems eines Oberflächenspannungstanks, Z. für Flugwissenschaften und Weltraumforschung, Band 6, Heft 3, pp. 160–167, 1982.
[168] 根木勲, 笹島洋：構造物の接水振動問題の一解法—特異点分布法と有限要素法の連成による応用, 造船学会誌 640, pp. 544–549, 1982.
[169] 小松敬治：液体の入った球形シェルの振動実験, 航空宇宙技術研究所報告 NAL TR-735, 1982.
[170] Bauer, H. F.: Surface- and Interface Oscillations of Freely Floating Spheres of Immiscible Viscous Liquids, Ingenieur-Archiv, 53, pp. 371–383, 1983.
[171] 清水信行：貯そうの耐震設計の研究動向, 日本機械学会論文集 (C 編), Vol. 49, No. 438, pp. 145–153, 1983.
[172] 金子成彦, 葉山真治：回転円筒容器内に部分的に含まれた液体の自由表面波に関する研究, 日本機械学会論文集 (C 編), Vol. 49, No. 439, pp. 370–391, 1983.
[173] Meyer, R. E. (ed.): Waves on Fluid Interfaces, Academic Press, 1983.
[174] Fox, D. W., Kuttler, J. R., and Eisenhower, M. S.: Sloshing Frequencies, ZAMP, Vol. 34, pp. 668–696, 1983.
[175] Kuzma, V. M. and Kholopova, V. V.: Oscillations of the Free Surface Vibrations, Soviet Applied Mechanics, Vol. 19, No. 3, pp. 249–253, 1983.
[176] Ivashchenko, B. P. and Nikitin, S. K.: Determination of the Natural Frequencies and Modes of a Liquid in Containers of Arbitrary Shape, Soviet Applied Mechanics, Vol. 19, No. 2, pp. 158–162, 1983.
[177] Komatsu, K.: Fluid-Structure Interaction, Chap. 7 in Progress in Boundary Element Methods, Vol. 2 (edited by C. A. Brebbia), Pentech Press, 1983.
[178] 小松敬治：任意形状容器におけるスロッシングの非線形応答解析, 航空宇宙技術研究所報告 NAL TR-757, 1983.
[179] Zedd, M. F. and Dodge, F. T.: Energy Dissipation of Liquids in Nutating Spherical Tanks Measured by a Forced Motion Spin Table, AIAA Paper 84-1842, 1984.
[180] Gans, R. F.: Liquid Management in Low Gravity Using Baffled Rotating Containers, NASA TP-2263, 1984.

[181] Bauer, H. F.: Forced Liquid Oscillations in Paraboloid Containers, Z. für Flugwissenschaften und Weltraumforschung, Band 8, Heft 1, pp. 49–55, 1984.

[182] 小松敬治：低重力下におけるスロッシングとそのメカニカルモデル，第28回宇宙科学技術連合講演会講演集，pp. 480–481, 1984.

[183] Brebbia, C. A., Telles, J. C. F., and Wrobel, L. C.: Boundary Element Techniques, Springer, 1984.（邦訳）田中正隆訳：境界要素解析—理論と応用，丸善，1984.

[184] 飯田千里，長島隆一，今野彰，塩冶震太郎，石田光昭，鈴木寛，安澤眞一：衛星表面張力型タンク，日本航空宇宙学会誌，Vol. 33, pp. 59–68, 1985.

[185] Mehta, G. and Attar, J.: Vehicle Propellant Surface Motion by Numerical Method, AIAA Paper 85-1202, 1985.

[186] Bauer, H. F. and Eidel, W.: Effektives Trägheitsmoment von Flüssigkeiten, Z. für Flugwissenschaften und Weltraumforschung, Band 9, Heft 5, pp. 294–306, 1985.

[187] 小松敬治：境界要素法の構造解析への応用技術(1985.5/30–5/31)：流体構造連成問題への応用，日本機械学会第596回講習会，教材，pp. 103–116, 1985.

[188] 太田和秀，香川洸二，本田巌：流体−構造連成振動解析法に関する研究(第1報：境界要素法とモーダル解析法を用いた計算理論)，日本機械学会論文集(C編), Vol. 51, No. 467, pp. 1690–1696, 1985.

[189] 太田和秀，香川洸二，本田巌：流体−構造連成振動解析法に関する研究(第2報：計算法の適用)，日本機械学会論文集(C編), Vol. 51, No. 467, pp. 1697–1703, 1985.

[190] 小松敬治：宇宙における液体スロッシング，日本航空宇宙学会誌，Vol. 34, No. 392, pp. 461–469, 1986.

[191] 橋本弘之：液体スロッシング問題の現状と将来，日本機械学会誌，Vol. 89, No. 810, pp. 512–517, 1986.

[192] Fluid Dynamics and Space, ESA SP-265, 1986.

[193] Kamotani, Y. and Ostrach, S.: Design of a Thermocapillary Flow Experiment in Reduced Gravity, AIAA Paper 86-0200, 1986.

[194] Microgravity Fluid Management Symposium, NASA CP-2465, 1987.

[195] Komatsu, K.: Non-linear Sloshing Analysis of Liquid in Tanks with Arbitrary Geometries, Int. J. of Non-linear Mechanics, Vol. 22, No. 3, pp. 193–207, 1987.

[196] Dodge, F. T. and Kana, D. D.: Dynamics of Liquid Sloshing in Upright and Inverted Bladdered Tanks, J. of Fluids Engineering, Vol. 109, pp. 58–63, 1987.

[197] Kana, D. D.: A Model for Nonlinear Rotary Slosh in Propellant Tanks, J. of Spacecraft and Rockets, Vol. 24, No. 2, pp. 169–177, 1987.

[198] 小松敬治，小野修壽，清水順一郎，長島隆一，安澤眞一：球形タンク内液体の動的挙動解明のための二つの試験，日本航空宇宙学会誌，Vol. 35, No. 400, pp. 266–269, 1987.

[199] Peterson, L. D., Crawley, E. F., and Hansman, J.: Nonlinear Fluid Slosh Coupled to the Dynamics of a Spacecraft, AIAA J., Vol. 27, No. 9, pp. 1230–1240, 1989.

[200] Gupta, A. K.: Response Spectrum Method, CRC Press, Inc., 1990.

[201] Bauer, H. F. and Eidel, W.: Linear Liquid Oscillations in Cylindrical Container under Zero-Gravity, Applied Microgravity Technology, Vol. 2, pp. 212–220, 1990.

[202] Jaekle, D.: Propellant Management Device Conceptual Design and Analysis: Vanes, AIAA Paper 91-2172, 1991.

[203] 小松敬治, 清水順一郎：タンク内液体の大変形時での減衰の評価, 航空宇宙技術研究所報告 NAL TR-1095, 1991.

[204] Jaekle, D.: Propellant Management Device Conceptual Design and Analysis: Sponges, AIAA Paper 93-1970, 1993.

[205] Monaghan, J. J.: Simulating Free Surface Flows with SPH, J. of Computational Physics, Vol. 110, pp. 399–406, 1994.

[206] Hung, R. J. and Long, Y. T.: Response and Decay of Rotating Cryogenic Liquid Helium Reacted to Impulsive Acceleration Microgravity, Transactions of The Japan Society for Aeronautical and Space Sciences, 37-118, pp. 291–310, 1995.

[207] ジョージ・サットン：ロケット推進工学, 山海堂, 1995.（原著）Sutton, G. P.: Rocket Propulsion Elements, 6th ed.

[208] ツィエンキーヴィッツ, テイラー：マトリックス有限要素法, 改訂新版, 科学技術出版社, 1996.

[209] 糸山直之：LNG 船がわかる本, 成山堂書店, 1996.

[210] Chiba, M.: Free Vibration of a Partially Liquid-Filled and Partially Submerged, Clamped-Free Circular Cylindrical Shells, J. of Acoustical Society of America, Vol. 100, No. 4, pp. 2170–2180, 1996.

[211] 山本善之, 大坪英臣, 角洋一, 藤野正隆：船体構造力学（二訂版）, 成山堂書店, 1997.

[212] 大原資生：最新耐震工学, 第 5 版, 森北出版, 1998.

[213] 内海雅彦：涙滴形タンク内スロッシングのメカニカルモデル, 日本機械学会論文集（C 編）, Vol. 65, No. 637, pp. 3575–3582, 1999.

[214] 姫野武洋, 渡辺紀徳：微小重力環境における気液界面挙動の数値解析, 日本機械学会論文集（B 編）, Vol. 65, No. 635, pp. 2333–2340, 1999.

[215] Dodge, F. T.: The New "Dynamic Behavior of Liquids in Moving Containers," Southwest Research Institute, 2000.

[216] 前田久明：浮遊海洋構造物と流体との相互干渉について, ながれ 20, pp. 285–294, 2001.

[217] ドゥジェンヌ, ブロシャール-ヴィアール, ケレ（奥村剛訳）：表面張力の物理学, 吉岡書店, 2003.

[218] 日本機械学会編：事例に学ぶ流体関連振動, 技報堂出版, 2003.

[219] Ibrahim, R. A.: Liquid Sloshing Dynamics, Cambridge University Press, 2005.

[220] JSME テキストシリーズ, 振動学, 第 7 章, 2005.

[221] 太田外氣晴, 座間信作：巨大地震と大規模構造物, 共立出版, 2005.

[222] Komatsu, K. and Nishimoto, M.: Liquid Damping in a Concentric Membrane Tank, Society of Experimental Mechanics, 25th Int. Modal Analysis Conf., IMAC XXV, Orlando, Florida, S41-132, 2007.

[223] Chatman, Y., Schlee, K., Gangadharan, S., Ristow, J., Sudermann, J., and Walker, C.: Modeling and Parameter Estimation of Spacecraft Fuel Slosh with Diaphragms Using Pendulum Analogs, 30th Annual AAS (American Astronautical Society) Guidance and Control Conf., Breckenridge, Colorado, AAS 07-004, 2007.
[224] 小松敬治：機械構造振動学, 森北出版, 2009.
[225] Goudarzi, M. A., Sabbagh-Yazdi, S. R., and Marx, W.: Investigation of Sloshing Damping in Baffled Rectangular Tanks Subjected to the Dynamic Excitation, Bull. of Earthquake Engineering, Vol. 8, pp. 1055–1072, 2010.
[226] Sances, D. J., Gangadharan, S. N., Sudermann, J. E., and Marsell, B.: CFD Fuel Slosh Modeling of Fluid-Structure Interaction in Spacecraft Propellant Tanks with Diaphragms, 51st AIAA/ASME/ASCE/AHS/ASC Structures, Structural Dynamics, and Materials Conference, AIAA 2010-2955, Orlando, Florida, 2010.
[227] 内海雅彦, 石田和雄, 日詰雅之：非線形スロッシングによる石油タンク浮き屋根の振動に関する研究, IHI技報, Vol. 51, No. 1, pp. 55–62, 2011.
[228] Yang, H. Q., Purandare, R., Peugeot, J., and West, J.: Prediction of Liquid Slosh Damping Using a High Resolution CFD Tool, 48th AIAA/ASME/SAE/ASEE Joint Propulsion Conference & Exhibit, AIAA 2012-4294, Atlanta, 2012.
[229] 小松敬治：機械構造弾性力学, 森北出版, 2013.
[230] 荒井誠, 遠山泰美, 渋江唯司, 修理英幸, 深沢塔一：船体構造　振動編, 船舶海洋工学シリーズ 8, 2013.
[231] 幸節雄二：液体ロケットの構造システム設計, 九州大学出版会, 2013.

索引

英数先頭
BEM　51
CFD　104
Diniの展開　113
Donnellの理論　225
FEM　51
Flow-3D　18
Fluent　18
frequency-reversal　186
Milesの式　99
Q値　24
SPHysics　18
SRS　12
Surface Evolver　18, 269

あ 行
圧力計　24
圧力方程式　33
板の曲げ剛性　218
渦度　31, 83
渦なし運動　31
運動方程式　30
永年項　164
液体移送　277
液滴　265
液面揺動　1
円周方向波数　40
円柱関数　38
重み付き残差法　51

か 行
回転　32
回転運動　188
回転加振　149
ガウスの曲率　260
ガウスの積分　53
ガウスの発散定理　29
仮想質量　204
ガル　133
慣性モーメント　106
間接法　52

幾何学的境界条件　35
球調和関数　238
球面調和関数　238
境界層　78
境界要素法　51
曲率　255
曲率半径　255
空力弾性学　217
クーリガン−カーペンター数　98
グリーンの定理　51, 56
係数励振振動　16, 199
減衰固有角振動数　21
減衰比　21
固定マス　9, 127
固有角振動数　20

さ 行
再着火時　277
砕波条件　154
散逸エネルギー　26
散逸関数　83
地震応答スペクトル　12, 13
縞球関数　239
周期パラメータ　98
自由減衰波形　21, 25
十字形のバッフル　99
従法線ベクトル　256
主法線ベクトル　254
衝撃応答スペクトル　12, 13
振動数−応答曲線　168
振動数比　22
振動方程式　19
吸い込み　28
水平加振　149
ストークス近似　76
ストークスの2次理論　168
ストークスの関係　75
ストローハル数　98
スロッシュマス　9, 127
スロッシング　1

スワール　14
正弦波掃引　162
積分方程式法　51
接触角　252
接触平面　254
接線ベクトル　254
接平面　258
背骨曲線　161, 168
全曲率　260
選点法　52
速度2乗抵抗　204
速度ポテンシャル　32
ソフトニング　158
ソフトばね特性　158

た 行
第1基本量　258
第2基本量　259
第2粘性係数　74
大域解　240
対数減衰率　25, 96
体積力　74
ダイヤフラム　277
多重尺度法　162
ダフィングの方程式　158
ダランベールの背理　206
単層吹き出し　212
直接法　52
抵抗係数　205
低重力　16
伝達率　24
動粘性係数　72, 93
動粘度係数　93
特異点　52
飛び移り　15

な 行
内部共振　177, 197
ナビエ−ストークスの方程式　75
二重吹き出し　212

ねじれ率　256
粘性係数　72
粘性減衰係数　20
ノイマン関数　38

は　行
ハウスナーのモデル　11, 140
波高計　24
発散　27
発散定理　29, 53
バッフル　8
ハードニング　158
ハードばね特性　158
バルジング　3, 246
比減衰容量　26
表面張力　16, 251
表面張力型タンク　277
表面張力デバイス　277
表面張力要素　274
付加慣性モーメント　206
付加質量　18, 204, 206, 218
付加質量行列　51
付加質量係数　206, 221, 224, 229, 241
縁領域解　240
ブラダー　277
フレネの公式　256
ベアタンク　93
平均曲率　260, 266
平面運動　188
ベッセル関数　38
ベッセル関数のゼロ点　40
ベッセルの微分方程式　38

ベルヌーイ方程式　33
ベローズ　277
変形球ベッセル関数　120
変形球ベッセル関数の微分方程式　120
変形ベッセル関数　39, 223
変数分離法　37
法平面　254, 258
ポゴ振動　201
ポテンシャル問題　51
ボンド数　16, 252

ま　行
マシューの方程式　199
マルティプルスケール法　162, 174
ムーニエの定理　259
メカニカルモデル　9, 127
メニスカス　17, 251
モード寄与率　150
モード減衰　149
モード剛性　149
モード座標　58
モード質量　149
モード重畳法　58
モリソンの式　205

や　行
有限波高理論　35, 168
有限要素法　51
有効慣性モーメント　107, 128, 130
横スロッシング　2, 42

ら　行
ラグランジュの運動方程式　128
ラプラシアン　32
ラプラスの定理　253
ラプラスの方程式　32, 36
力学的境界条件　35
リサジュー図形　24
粒子法　18
流力弾性学　217
臨界減衰係数　21
臨界レイノルズ数　122
リングバッフル　94
ルジャンドル-ガウスの数値積分公式　61
ルジャンドル関数　235
ルジャンドル多項式　235
ルジャンドルの陪微分方程式　119, 230, 232
ルジャンドルの微分方程式　235
ルジャンドル陪関数　120, 230, 232
ルジャンドル陪多項式　237
レイノルズ数　76
レイノルズの相似法則　77
連続方程式　28

わ　行
湧き出し　28, 51, 52

著者略歴

小松　敬治（こまつ・けいじ）
　1949 年　広島県広島市に生まれる
　1972 年　東京大学工学部航空学科卒業
　1972 年　航空宇宙技術研究所入所
　1983 年　工学博士（東京大学）
　2003 年　（独）宇宙航空研究開発機構宇宙科学研究所教授
　2010 年　東京大学大学院工学系研究科教授（兼務）
　2015 年　（独）宇宙航空研究開発機構名誉教授

著　書　Progress in Boundary Element Methods, Volume 2
　　　　(1983, 共著), Pentech Press
　　　　モード解析の基礎と応用 (1986, 分担執筆), 丸善
　　　　モード解析ハンドブック (2000, 分担執筆), コロナ社
　　　　人工衛星と宇宙探査機 (2001, 共著), コロナ社
　　　　スペクトル解析ハンドブック (2004, 分担執筆), 朝倉書店
　　　　人工衛星の力学と制御ハンドブック (2007, 分担執筆), 培風館
　　　　機械構造振動学 (2009), 森北出版
　　　　機械構造弾性力学 (2013), 森北出版

編集担当　富井　晃（森北出版）
編集責任　石田昇司（森北出版）
組　版　　プレイン
印　刷　　エーヴィスシステムズ
製　本　　協栄製本

スロッシング
液面揺動とタンクの振動　　　　　　　　　　　　　　Ⓒ 小松敬治　2015

2015 年 5 月 1 日　第 1 版第 1 刷発行　　　【本書の無断転載を禁ず】

著　　者　小松敬治
発 行 者　森北博巳
発 行 所　森北出版株式会社
　　　　　東京都千代田区富士見 1-4-11（〒102-0071）
　　　　　電話 03-3265-8341/FAX 03-3264-8709
　　　　　http://www.morikita.co.jp/
　　　　　日本書籍出版協会・自然科学書協会　会員
　　　　　JCOPY　＜(社) 出版者著作権管理機構　委託出版物＞

落丁・乱丁本はお取替えいたします.
Printed in Japan／ISBN978-4-627-61451-2